国家科技支撑计划项目（2007BAC30B01）研究成果

Study on Water and Reservoir of Soil within the Qinghai Lake Basin

青海湖流域
土壤水与土壤水库研究

赵景波 曹军骥 著

科学出版社
北京

内 容 简 介

本书通过对青海湖流域草原土壤大量钻孔取样和对土壤含水量、土壤入渗率、粒度成分和孔隙度的测定与分析，研究了该区不同降水年土壤水动态变化、土壤水运移、土壤干层、水循环、水分平衡、土壤水库的特点、荒漠化发生原因和适宜发展的植被。揭示了研究区土壤含水量的剖面分布特点和季节变化，认识到了该区土壤水分运移规律、滞留性和土壤水库的蓄水及调控能力，确定了土壤干层发育的等级、分布特点和土壤水分循环特点，揭示了土壤干层恢复过程和恢复的降水条件。根据土壤水和土壤水库蓄水量特点，提出了青海湖地区的荒漠化防治和牧业发展的建议。

本书可供地理、生态、水土保持、农牧业与环境科学研究人员和大专院校师生参考。

图书在版编目(CIP)数据

青海湖流域土壤水与土壤水库研究／赵景波，曹军骥著．—北京：科学出版社，2012

ISBN 978-7-03-035563-8

Ⅰ. 青… Ⅱ. ①赵…②曹… Ⅲ. 青海湖–流域–土壤水–研究 Ⅳ. S159.244

中国版本图书馆 CIP 数据核字（2012）第 217043 号

责任编辑：李 敏 王 倩／责任校对：刘小梅
责任印制：徐晓晨／封面设计：耕者设计

科学出版社 出版
北京东黄城根北街 16 号
邮政编码：100717
http://www.sciencep.com

北京京华虎彩印刷有限公司 印刷
科学出版社发行 各地新华书店经销

*

2012 年 9 月第 一 版　开本：787×1092　1/16
2017 年 4 月第二次印刷　印张：13
字数：300 000

定价：160.00 元
（如有印装质量问题，我社负责调换）

前　言

  青海省的草原是我国六大牧区之一，青海湖地区的草原是青海省的主要牧业基地。该区草原是我国东部生态环境的重要屏障，对其研究和保护具有重要的现实意义。

  土壤水是指存在地表包气带中的水或地下水位以上土层中的水（杨培岭，2005），是地表水、地下水以及大气降水相互联系的纽带。土壤水以松束缚水占绝对优势，主要以薄膜的形式存在。土壤水是重要的水资源，把土壤水作为水资源的研究起源于20世纪80年代（Lvovich，1980；Budagovskii，1985）。随着农、牧业的发展和生态环境建设的需要，土壤水资源的研究越来越受到人们的重视。土壤水是陆生生态系统最重要的组成部分，是一切陆生植物赖以生存的基础。国际地圈生物圈计划（IGBP）强调界面过程研究，力图把全球物理气候总循环模型（GCMs）与全球水循环模型耦合，土壤水亦是其组成部分。水文学中最重要的组成内容——产汇流理论，亦取决于下垫面的土壤水状况（雷志栋等，1999）。世界上约1/3的地区，包括我国西北和青藏高原的绝大部分和华北部分地区，均处于干旱和半干旱地带，水分的缺乏严重困扰着这些地区的经济发展，这些地区的包括土壤水在内的水资源的研究受到了广泛重视，已成为当今土壤物理学中最为活跃的研究领域（马履一，1997）。

  人们对西北黄土地区人工林地土壤含水量进行了许多研究（侯庆春和韩蕊莲，2000；杨文治和邵明安，2002；杨文治和田均良，2004；许喜明等，2006；赵景波等，2005a；2005b；2007a；2007b；2007c；2007d；2008c），对沙漠区沙层水分循环也开展了一定研究（邵天杰等，2011），取得了许多有价值的成果。20世纪60年代，在陕西东部旱塬首次发现了土壤干层（李玉山，1983）。由于土壤干层对农、林业的持续发展和区域水循环带来了不利影响，近年来人们对其开展了大量研究。根据前人研究可知，土壤干层是广大干旱、半干旱地区普遍存在的一种特殊的土壤水文现象（杨文治和邵明安，2002），其实质是在区域大气干旱和水分不足的大环境下，由于土壤蒸发和植物水分利用的双重作用，区域或局部水分持续亏缺而产生的土壤干燥化结果（杨文治等，1984；杨文治和余存祖，1992；杨文治和邵明安，2002；胡良军和杨海军，2008）。季节性土壤干层通常在雨季消失，一般不认为是土壤干层。研究结果表明，土壤干层并非绝对意义上的土壤干燥层，而是一个含水量低于凋萎湿度的低湿层（杨文治和邵明安，2002）。如何判断土壤干层的初始发生条件和如何科学界定土壤干层含水量范围，是判断土壤干化发生与否及评价其发生程度的重要基础理论问题（胡良军和杨海军，2008）。也有的研究者认为，土壤干层存在一个水分含量的上限和下限，其上限为凋萎湿度或毛管断裂湿度，下限为稳定湿度或死亡湿度（杨文治和邵明安，2002）。王力等（2000）认为，土壤干层的量化指标应从决定土壤水分性质的因素及土壤水分动态变化和利用特征入手，以田间持水量的50%~70%为干层的上限，以稳定凋萎湿度为下限，并在陕西延安地区确定了土壤干层的量化指标和等级划分，认为该区含水量为 9% ~ 12% 的土层为轻度干层，含水量为 6% ~ 9% 的土层为中度干层，含水量小于 6% 的土层为严重干层。这些指标都是从土壤自身的水分特性来考虑的，没有与植物的生理学反应相联系，因而具有一定的局限性。土壤的干化是相对于土壤环境所生长的植物而言的，因此对土壤干层的识别、指标及类型判定等问题的科学界定，应首先从植物对水分环境的生理生态响应机制分析入手，并且所应用的判定指标应具有严谨、明晰的科学含义和数学界定（胡良军和杨海军，2008）。在黄土高原地区，目前已对土壤干层区域分异、影响因素、恢复条件、减缓措施等进行了许多研究（杨文治和余存祖，1992；王克勤和王斌瑞，1998；侯庆春等，1999；王力等，2001；王志强等，2003；陈洪松等，2005；郭海英等，2007；Liu et al.，2010），并取得了许多成果。西北黄土区处在半干旱和湿润气候条件下，降水量偏少，深部土层中的水分不断消耗，使土壤的干化加重，给人工林的生长构成严重威胁（李洪建等，1996；刘刚等，2004；许喜明等，2006）。

土壤水分是土壤-植物-大气连续体的一个关键因子，它不但直接影响土壤的特性和植物的生长，也间接影响到植物分布和类别。土壤水作为植物吸收水分的源泉之一，也是自然界水分循环的一个重要节点（王月玲等，2005），对其研究有助于揭示水循环规律。张北赢等（2007）对我国土壤定位、半定位的土壤水分动态观测研究进展进行了分析，认为我国土壤水分研究需要在基础理论上进一步完善和发展，要注重理论与实践相结合，要在与其他多学科的联合与交叉中开拓出新的领域。雷志栋等（1988）、康绍忠（1994）、杨邦杰和隋红建（1997）对土壤水的理论和实验方法进行了研究，阐述和完善了土壤水分理论及其研究方法。另有许多学者从黄土沉积环境和黄土形成原因入手，探讨了黄土高原土壤干燥化的地质渊源和土壤干燥化的土壤物理学成因，并通过在黄土分布区的土壤水分测定认识到黄土高原土壤水分的空间分异特征与林草布局有密切的关系（杨文治和邵明安，2002；杨文治和田均良，2004；黄明斌等，2001；赵景波等，2007a；2007c；2007d；王志强等，2008）。

经过多年的研究，现已认识到黄土高原人工林地土壤水分普遍不足，2 m 深度以下普遍发育的土壤干层是中龄人工林常出现弯曲和矮小等生长不良的原因（侯庆春和韩蕊莲，2000；杨文治和邵明安，2002；杨文治和田均良，2004；赵景波，2004；Zhao et al.，2007）。近年来研究表明，土壤干层不仅在黄土高原北部普遍存在（侯庆春等，1991；杨文治和邵明安，2002；杨世琦等，2005），而且在中部的洛川地区和关中平原也有发育（黄明斌等，2001；赵景波等，2005a；2005b；2007b；2007d）。干层强弱存在地区差异，改变地表植被能使干层水分得到一定恢复（王志强等，2003）。关于土壤干层产生的原因，通常认为一是与降水量较少有关，二是与在不适宜森林生长地区造林、所选树种不当、造林密度较大（侯庆春等，1991；赵景波和侯甫坚，2003）和土壤侵蚀等多种因素有关。虽然过去对黄土高原土壤水分进行了大量研究，但过去研究的对象一般是正常年和干旱年份土层含水量（李洪建等，2003；刘刚等，2004），对丰水年和丰水年之后土层含水量变化研究很少（赵景波等，2007b；2011i），缺少对降水差异显著年份的土层含水量的对比研究、干层中水分恢复和恢复水平的研究，更缺少对水分恢复速度、恢复的动力机制、恢复后的水分消耗和能否维持人工林长期生长的需要等问题的研究（赵景波等，2011i）。

过去对黄土高原的研究还认识到土壤含水量年际变化趋势受控于降水条件的影响，与年降水量呈显著正相关（王栓全等，2009）。土壤水分具有明显的季节变化，可分为缓慢蒸发期、亏缺期、补偿期和相对稳定期（罗小勇等，2004）。黄土高原区天然草被土壤水分在垂直方向上有着相似的分布特征，以距地表70 cm深处为界将黄土高原天然草被土壤水分在垂直方向上的分布划分为两个层次，即0～70 cm深度的速变层和70 cm深度以下的积累层（黄肖勇和李生宝，2009）。黄土高原土层粒度较细，土层深厚，具有良好的持水能力，具有形成土壤水库的良好条件（张扬等，2009；赵景波等，2009b；2009c；2009d；2009e；2010d；Boix，1997）。根据林地土壤水分利用的程度，可把林地土壤分为0～10 cm的弱利用层、10～60 cm的利用层和60 cm以下的水分调节层（张学龙和车克钧，1998）。

我国学者对内蒙古等草原土壤水分也进行了许多研究，并为草原退化防治提供了重要科学依据。宋炳煜（1995）通过研究内蒙古锡林郭勒草原土壤水，得出土层20 cm以上含水量为10%～18%，20 cm以下水分不足，含水量为5%～10%。李绍良和陈有君（1999）对内蒙古草原锡林河流域的栗钙土及其物理性状与水分动态进行了研究，得出长期低水平的水分循环是栗钙土生产力不高、不稳的主要原因。张玉宝等（2006）研究了兰州皋兰干旱草原和荒漠草原土壤含水量，认识到在植被生长期内，整个2 m左右深度土壤剖面含水量一般小于8%。佟乌云等（2000）研究了锡林郭勒草原暗栗钙土含水量，认识到在年降水量350 mm条件下，30 cm深度之下土层水分严重不足，30 cm以上土壤含水量为15%～30%。邵新庆等（2008）研究了内蒙古巴林右旗草原土壤含水量，认识到未封育的草原土壤含水量小于10%，封育4年之后含水量增加10%～15%。侯琼等（2011）研究揭示了内蒙古典型草原区土壤水分时空变化规律，认识到年内土壤水分基本呈双峰曲线变化，垂向水分含量变化主要发生在60 cm以上土层中。佟长福等（2010）研究了年降水量300 mm条件下呼伦贝尔草原雨季土壤含水量，认识到40 cm之下土层的水分不足，含水量低于10%，40 cm以上土壤含水量多为11%～18%。从内蒙古草原土壤水分的研究可知，该区草原土壤含水量较低，各地差异较大，有的地区约30 cm以上土壤含水量较高，30 cm左右以下土层含水量普遍不足。对沙漠地区沙层水分的研究表明，虽然沙漠地区沙层含水量很少，但大气降水能够通过快速入渗，成为地下水的补给来源（赵景波等，2011e；2011f；2011h；2012b）。

土壤是布满大大小小孔隙的疏松多孔体（赵景波，2004），深厚的土层有显著的存蓄、调节水分的功能，可称为土壤水库。一般认为，地面以下和潜水位以上的土层被定义为土壤水库。土壤作为水库应具备两个条件，一是水源，二是库容。土壤水库的水源主要是大气降水，有的地区有人工灌溉补给水。库容的大小与土壤水分的有效性和调控深度密切相关。一个良好的天然土壤水库，应该具有土层深厚、结构良好，对水分具有一定的渗透性、较好的持水性、移动性和相对稳定性以及吐纳、调节的功能，为农作物生长发育提供较好的生存空间和水资源。土壤水库的研究涉及土壤入渗率、土壤持水性、土壤释水性、土壤孔隙度、土壤调萎湿度、土壤有效水和无效水含量。

由于土壤水库的研究耗时很多,这是对其研究较少的主要原因(赵景波等,2012b)。然而土壤水库的研究非常重要,它对认识一个地区土壤水资源储量、有效土壤水和无效土壤水含量都是特别重要的,对具体地区的生态环境建设、植被恢复和农、林、牧业生产具有重要应用价值,对一个地区的农、林、牧业的长远发展和战略布局具有重要指导作用,所以开展土壤水库的研究是非常必要的。朱显谟院士曾经提出,黄土高原的农、林、牧业生产和生态环境建设要发挥黄土高原独特的土壤水库的作用(朱显谟,2006)。土壤库容受土壤类型、结构、质地和地下水埋藏深度的影响。根据土壤含水量,可将土壤库容分为死库容、吸持库容、滞留库容和最大库容4个(郭凤台,1996)。死库容是根据低于凋萎湿度值计算的库容量,此时的土壤储水量为无效水储量,不能被植物生长利用。吸持库容是根据田间持水量与凋萎湿度之差计算的库容,为有效水储量,是能够为植物生长所利用的储水量。滞留库容是根据饱和持水量与田间持水量之差计算的库容,为过剩水储量,其存在时间短,且占据空气通道,限制根的呼吸作用,也是植物难以利用的。土壤水库具有蓄水、供水、水文调节和侵蚀控制的功能,各地区的土壤水库差别很大,需要开展多指标的研究,特别是土壤水分特征曲线的研究,才能可靠地评价土壤水库的特点。

  土壤水库具有重要的调节功能。土壤通过调节自身含水量,灵活供应毛管水,可将大气降水和灌溉等间歇性供水转变为对作物的连续均匀供水,在不良条件下,也能保证供应作物生长所需水分。土壤充分拦蓄降水,减少地表径流,减少河流的输沙量。充分调用土壤水库也是实现防洪防涝灾害的重要途径之一。因为土壤水库中储存的土壤水是作物直接的水分来源,无论是大气降水、地表水还是地下水,都要通过土壤这个载体,变成储存在土壤中的土壤水,作物才能吸收利用,所以土壤水库的水对农业生产十分重要。对于旱作农业来说,土壤水库不仅能使间歇性的不均匀供水变为对作物的连续均匀供水,而且对满足作物总需水量要求也有重要的调节作用(郭凤台,1996)。

  土壤水库对作物供水的调节作用有年内调节和年际调节。年内调节主要表现在随着当年降水的丰、枯变化,土壤水库表现为充水和失水的变化,而且土壤水库一年内可以多次重复作用。年际调节主要表现为丰水年储存在深层土壤中的水分在枯水年供作物吸收利用,减少作物的受害和产量损失。如果雨前土壤水库的蓄水量大,则降雨形成的地表水或地下水就多,相应地蓄存在土壤水库中的水分就减少,降雨有效利用程度降低。如果雨前土壤水库的蓄水量小,则降雨蓄存在土壤中的水分增加,地表水和地下水就相应地减少,降雨有效利用程度提高。土壤水库的库容大小取决于土壤类型和非饱和土层的厚度,要求有足够的水源补给,蓄存的水分主要是毛管水,所蓄存的水主要是非重力水。由于蓄存的水通常是非重力水,不能像重力水那样人工抽取利用。水库的调节靠土壤入渗和作物吸水利用来实现。土壤水库的库容一般用单位面积土壤蓄水能力和蓄水量,即折算为水层深度(mm)计量,当然也可以用蓄水体积(m^3)或单位面积的质量(t/km^2)表示。土壤水库的供给源通常是降水和灌溉,消耗于土壤蒸发与植物蒸腾。土壤水库的周期与地面水库一致,约为一年。陆地上除裸岩、沙漠和冰盖等特殊自然地理景观类型外,凡有土壤和一定降水的地方,都有土壤水库分布，同其他陆地水体相比较，土壤水库分布的广泛性和连续性是最高的。黄土高原土层深厚，土壤水库蓄水量巨大（赵景波等，2009b；2009d；2009e；2010d）。虽然有一些学者对黄土高原地区的土壤水库进行了一定的研究（李玉山，1983；朱显谟，2006），并取得了有重要应用价值的成果，但与土壤含水量的研究相比，对土壤水库的研究还很少。在我国国民经济发展中，水资源不足的矛盾促使人们重新估价旱作农业的增产潜力和考虑灌溉农业中的节水灌溉问题。在这中间，土壤水库及其对作物供水的调节功能正在日益受到人们的高度重视。实际上，土壤水在解决农田供水、提高旱作产量和节约灌溉水方面，有其自身的特殊作用。只有通过土壤水库的调控、保蓄作用，合理利用地上、地下水资源，方可实现农田系统水资源的可持续利用。因此，应当加强对土壤水库的研究。

关于青藏高原的土壤水，已有学者进行了一定研究，并取得了重要成果。过去的研究表明，青海省土壤水的普遍特点是土壤上部含水量较高，1.0 m 深度范围内土壤含水量一般为 15% ~ 28%（张国胜等，1999）。我们近年的研究揭示，该区土壤水分含量具有上部高下部低的突出特点（赵景波等，2011b；2011c；2011d；2012a）。过去的研究认为，在牧草返青期，浅层土壤水分明显处于低值期，40 ~ 60 cm 土层是土壤水分的高值区，土壤水分不断向浅层输送，可弥补大气降水的不足（张国胜等，1999）。在牧整个草生长季节，20 cm 深度土层的土壤水分处于低值区，40 ~ 60 cm 土层的土壤水分处于高值区，70 ~ 100 cm 土壤水分在牧草的整个生长季保持相对稳定（张国胜等，1999）。研究表明，1988 ~ 2007 年青海省天然草地土壤水分具有略微减少的趋势，在全省范围内土壤水分的变化规律是从西到东、从南到北，两头略低、中间略高（祁如英等，2009）。在 0 ~ 50 cm 范围内可分为 0 ~ 20 cm 的活跃层、20 ~ 40 cm 的次活跃层、40 ~ 50 cm 的较稳定层（祁如英等，2009）。过去的研究认为，气候变暖是青海省土壤水分减少的直接原因，也是草地退化的主要直接原因之一（祁如英等，2009）。在 1999 ~ 2007 年的兴海县草地、1988 ~ 2008 年的甘德县草地、1989 ~ 2007 年的河南县草地、1997 ~ 2007 年的海北县草地，0 ~ 50 cm 深度范围内含水量普遍较高，含水量几乎都高于 14%，从上向下含水量呈逐渐减少的趋势，只有曲麻莱县草地的含水量较低，在 50 cm 深度含水量低于 10%（祁如英等，2009）。过去对青海湖地区天然草地含水量的研究表明，环青海湖地区天然草地春季解冻时土壤含水量与上年封冻时的土壤含水量之间存在较好的相关性，据此可进行主要土壤层次含水量的长期预报（宋理明和娄海萍，2006）。牧草返青期土壤含水量平均状况除与当年 3 ~ 4 月降水量有关外，在很大程度上受到上年乃至前年降水量的影响，可据此进行春季平均土壤含水量的长期预报（宋理明和娄海萍，2006）。年度土壤含水量既与当年的降水量有关，也与上年度的降水量相关联，降水对土壤含水量在时间上存在明显的滞后效应，这种滞后效应既表现在年内，也表现在年际间。在环青海湖半湿润气候区，土壤水分不能充分满足天然牧草生长发育的需要，土壤水分的不足阻碍了当地光热资源的充分利用（宋理明和娄海萍，2006）。青藏高原东缘高寒地区土壤水分存在空间异质性（李元寿等，2008；柳领君等，2009），影响土壤水分空间异质性的控制因子主要是微地形。虽然过去对青海湖地区土壤水分进行了一定研究，但总的说来研究较少，特别需要开展深入的研究工作。

国外对现代土壤水研究较多的是土壤水动态变化、土壤水与降水的关系和土壤水对作物生长的影响。国外学者 Nassar（1996）研究了黏土性土中水分转移，提出了这种条件下的入渗模式。Atrick（2002）根据土壤性质和模拟实验，估算了现代作物根部土壤含水量。Michael 等（2008）研究了干旱区土壤水的持续性和稳定性，认识到除降水因素之外，土壤性质起到了主要作用。Anne 等（2009）通过模拟实验研究了气候变化对土壤水动态影响，认为到 21 世纪中期气候暖干化将使美国勃兰登堡地区可利用土壤水减少 4%~15%。Tang 和 Thomas（2009）研究了美国科罗拉多土壤水的时空变化，揭示了干旱事件发生年土壤含水量很低，且存在异常变化。Paolo 等（2009）研究了意大利土壤水的滞留性，认为根据粒度成分和有限的水分滞留资料，可以确定土壤水滞留过程的变化。Patricio 等（2010）研究了美国中部大平原作物非生长季节土壤水分恢复，提出了预测土壤水分的经验模型。Sonia 等（2010）研究了气候变化与土壤湿度的相互作用，认为土壤湿度是反映气候系统变化的钥匙，土壤水对气候有多方面的影响。

气候变化与土壤水的关系最为密切和最为直接，对土壤性质和土壤水分的影响最为强烈（Zhao, 1992; 2003; 2004; 2005a; 2005b; 2005c），对土层水分垂向分带的影响也很显著（Zhao et al., 2006; 2008; 2009; 2012a; 2012b）。气候变化的尺度可分为 4 种：一是冰期-间冰期旋回，时间尺度为 10^4~10^5 年；二是千年尺度气候振荡，时间尺度为 10^3 年；三是十年和百年尺度气候振荡，时间尺度为 10~10^2 年；四是年际气候变率。20 世纪 70 年代以前，气候系统被认为是静态和保持整体稳定的，气候的平均状况用气候要素的 30 年平均来描述（张强等，2005）。在 70 年代，气候在各个时间尺度上都存在变化的观点被认同。80 年代提出了地球系统的科学思想，地球的整体性和动态变化性成了人们认识地球的新视角，并构成全球变化研究的出发点（张兰生等，1997）。90 年代以后，人们开始关注气候的突变性（符淙斌和王强，1992；符淙斌，1994；戴洋等，2010；吕少宁等，2010），并且在气候突变尺度问题上，已经由千年尺度减少到年代尺度（Cheng, 2004）。在全球尺度下，土壤水分与地球气候系统相互作用，通过蒸发控制着水循环和气候变化（Porporato et al., 2004），以土壤水作为切入点对气候变化开展研究已成为当前土壤水研究的热点之一（Jasper et al., 2006）。在中尺度下，土壤中原有的水分状况将影响径流的形成，从而可引发土壤侵蚀和洪灾（Grayson and Western, 1998）。在较小的尺度下，当地的土壤水入渗模式和土壤中的优先流可促进杀虫剂、重金属等溶解物的下渗，导致与土壤水有关的生态环境问题不断出现，造成土壤与地下水的污染等问题出现（Ritsema, 1999）。气候变暖是当前气候变化的显著特征，也是气候变化科学的核心问题。土壤水是气候变化中较为敏感的环境因子（王建源和杨容光，2009），其时空变化对区域水文、水土保持、农业土壤、生态与环境甚至全球的气候都有着很大的影响（李海滨等，2001；沈大军和刘昌明，1998）。在大、小重要的国际会议中（刘苏峡和刘昌明，1997）以及国际土壤水分计划（GSWP）和国际地圈生物圈计划（IGBP）的核心项目"水文循环的生物圈方面（BAHC）"中，土壤水已被作为专门的议程来进行探讨和研究（李海滨等，2001）。当前，国内外学者已对气候变化影响下的土壤水分变化进行了一定的研究，得出了较为一致的结论：近几十年以来，气候变暖导致蒸发加强，造成土壤水分呈现减少的趋势。

虽然过去对青海湖地区土壤水进行了一定的研究，但研究的一般是在 0.5 m 深度以上土壤的含水量（张国胜等，1999；宋理明和娄海萍，2006；李元寿等，2008），对 0.5 m 深度以下研究较少，对土壤入渗率、土壤水库的特点、土壤水库调蓄能力、土壤水分平衡、土壤水分运移特点、土壤水的滞留性、土壤干层发育特点、土壤干层的水分恢复和土壤水的存在形式研究不够。本书通过对 2009～2011 年采集的 600 多个人力钻孔剖面土壤样品的含水量测定和部分钻孔剖面的粒度分析、孔隙度测定以及野外现场入渗实验，对青海湖流域的土壤水含量动态变化、高草地与低草地土壤入渗率、土壤水库蓄水量和调蓄功能、土壤水分循环与平衡、土壤水分运移特点和土壤水的滞留性、土壤干层分布和发育等级、土壤干层的水分恢复等进行了系统、全面的研究。根据土壤含水量与土壤水库蓄水量的研究结果，探讨了青海湖流域草原退化原因和荒漠化防治以及植被恢复的措施。

本书由赵景波和曹军骥执笔完成。参加野外采样和实验分析工作的有邵天杰、马延东、邢闪、侯雨乐、郁科科、岳应利、杜娟、罗小庆、魏君平、胡健、古力扎提·哈不肯、张冲、陈颖、马淑苗、祁子云、李黎黎、成爱芳、孟静静、白君丽、温震军、张鹏飞、杨龙、白小娟、周妮、邹馥蔓。安芷生院士、伏洋高工给予了许多支持，谨此致谢！

目　　录

前言	i
第1章　青海湖流域自然地理概况	1
1.1　青海湖概况	1
1.2　青海湖流域的气候	2
1.3　青海湖流域的植被	2
1.4　青海湖流域的土壤	3
1.5　青海湖流域的地貌	4
1.6　青海湖流域的河流与水文	4
1.7　青海湖流域生态环境问题	6
1.8　主要采样区的自然地理概况	8
第2章　青海湖流域草地土壤水与水循环	10
2.1　刚察县沙柳河镇地区南部正常年土壤水与土壤干层	10
2.2　刚察县吉尔孟地区正常年土壤水与水循环	18
2.3　共和县江西沟地区正常年土壤水与水分平衡	25
2.4　共和县石乃亥地区正常年土壤水与水分运移	31
2.5　青海湖流域土壤上部水分的滞留性	36
第3章　刚察县沙柳河镇地区多雨年土壤水与干层恢复	39
3.1　沙柳河镇地区2010年与2011年土壤含水量	39
3.2　沙柳河镇地区多雨年土壤干层恢复	48
3.3　沙柳河镇地区多雨年土壤水分平衡	53
第4章　吉尔孟与江西沟地区多雨年土壤含水量与干层恢复	55
4.1　吉尔孟地区2010年土壤含水量剖面变化	55
4.2　吉尔孟地区2011年土壤含水量剖面变化	59
4.3　吉尔孟地区土壤干层与恢复深度	68
4.4　吉尔孟地区土壤干层水分恢复的降水条件	70
4.5　吉尔孟地区土壤水分平衡与适于发展的植被	71
4.6　江西沟地区丰水年土壤含水量变化与干层恢复	72
第5章　青海湖流域薄土层含水量与草原退化	80
5.1　沙柳河镇地区薄土层含水量与草原退化	80
5.2　吉尔孟地区薄土层含水量与草原退化	91
5.3　泉吉乡地区薄土层含水量与水分转化	96

5.4	青海湖流域草原荒漠化与发生原因	100

第6章 海晏县地区人工林土壤水与水分平衡　105

6.1	三角城镇地区杨树林与沙柳林土壤含水量	105
6.2	西海镇地区沙柳林土壤含水量	110
6.3	海晏县地区人工林土壤干层与水分运移	113
6.4	海晏县地区水分循环与适于发展的植被	114

第7章 刚察县地区土壤渗透性与适用模型　117

7.1	刚察县吉尔孟地区土壤入渗率与模拟	118
7.2	刚察县泉吉乡地区土壤入渗率与适用模型	126
7.3	刚察县沙柳河镇地区土壤入渗率与模拟	134

第8章 青海湖流域土壤物理性质与土壤水库　140

8.1	青海湖流域土壤粒度组成	141
8.2	刚察县地区土壤孔隙度	159
8.3	沙柳河镇与新源镇地区土壤吸力	161
8.4	青海湖流域土壤水库的特点	162
8.5	沙柳河镇地区南部土壤水分特征曲线	163
8.6	青海湖流域土壤水库与草原产草量	169

第9章 青海湖流域近50年气候变化对土壤水的影响　171

9.1	青海湖流域近50年气温变化	172
9.2	青海湖流域近50年降水量变化	175
9.3	厄尔尼诺与拉尼娜事件对青海湖流域气温的影响	179
9.4	厄尔尼诺与拉尼娜事件对青海湖流域降水量的影响	183
9.5	气候变化对青海湖流域土壤水的影响	183

参考文献　185

第1章 青海湖流域自然地理概况

1.1 青海湖概况

青海湖位于青藏高原东北部，地处北纬36°21′~37°12′、东经99°38′~100°45′。青海湖流域东靠日月山，南傍青海南山，西临阿木尼尼库山，北依大通山，形成一个四周群山环绕的封闭式内陆盆地，东南低且缓，西北高且陡。流域总面积为29 661 km²，海拔介于3194~5174 m（刚察县志编纂委员会，1997）。青海湖是我国第一大咸水湖，湖面面积约为4473 km²，湖水容量约为850亿 m³。青海湖流域内有70多条河流，较著名的有布哈河、乌哈阿兰河、哈尔盖河、沙柳河、黑马河等（刚察县志编纂委员会，1997）。青海湖入湖径流分布极不对称，较大河流如沙柳河、哈尔盖河、布哈河和泉吉河等集中位于青海湖北边和西边，占全湖径流量的80%以上，其中布哈河和沙柳河的径流量占总径流量的64%（青海省地方志编纂委员会，1998）。

青海湖湖水微咸带苦，水体的盐度为14.1 g/L，属于硫酸钠亚型，几个子湖的水体也都属于硫酸钠亚型，均为典型的大陆内陆水体特征。含盐量为12.5‰~15.2‰，pH为9.0~9.25，总硬度为170~225度（德度）（DH），比重为1.011。湖水生物营养元素中，硝酸盐含量很低，最大值为0.02 mg/L，总铁量比较多，一般为0.10~0.70 mg/L，硅酸盐含量较高，一般为0.20~1.0 mg/L，湖中营养元素缺乏，属于贫营养型湖泊（史建全等，2004）。据1985~1989年的资料记载，青海湖湖水的总矿化度为14.46 mg/L，主要阳离子浓度变化顺序为$Na^+ + K^+ > Mg^{2+} > Ca^{2+}$，阴离子$Cl^- > SO_4^{2-} > CO_3^{2-} + HCO_3^-$。不论在横向或纵向上，湖水的总矿化度、pH及化学组分的浓度变异系数甚小。除Ca^{2+}浓度变化较大和变异系数为30.7%外，其他成分如总矿化度、Na^+、K^+、Mg^{2+}、Cl^-、SO_4^{2-}、CO_3^{2-}及HCO_3^-浓度变化极小，变异系数仅为2.69%~4.88%（青海省地方志编纂委员会，1998）。

地质学家很早就对青海湖区地质条件进行了考察，提出青海湖以及它最大支流——布哈河在古代可能经过青海东南一小支流与汗唐河谷（黄河一支流）流入黄河，后来在新构造运动的作用下，才与黄河分离，成为内流闭塞的咸水湖（孙健初，1938；施雅风等，1958）。青海湖的形成主要是构造运动决定的，但湖泊面积大小也受气候的影响。青海湖位于青藏高原的东北边缘，是上升运动相当强烈的区域。黄河两岸阶地与湟水河谷中的阶地表明其在新构造运动时上升。青海湖西、北两侧侵蚀面向青海湖倾斜，表明青海湖处于相对下陷地区。在较早时期，青海湖地区的气候是湿润的，流水很丰富，为形成这样的大湖创造了条件。

一方面，新构造运动加剧且有节奏的上升，同时由于黄河与湟水不断下切，形成了数级整齐的阶地；另一方面，黄河与青海湖之间、黄河与珠荣河间有高地隆起，加之气候变得干旱，青海湖与珠荣河水量减少，无力突破隆起高地的障碍，因而与黄河分离，自成水系。由于气候干燥，水量收支逆差，青海湖水变咸，湖面收缩，形成如今的青海湖（青海省地方志编纂委员会，1998）。

1.2 青海湖流域的气候

气候决定植被与土壤的类型，气候是决定植被类型和土壤类型的主要因素（赵景波，2005；赵景波等，2008a；2011a）。青海湖流域是西风和东南季风、西南季风的交汇带，属于生态系统典型脆弱地区和全球气候变化的敏感地区，是典型的高原半干旱高寒气候（刚察县志编纂委员会，1997），具有常年多风、少雨、干寒、温差较大、太阳辐射强的特点。青海湖地区属内陆高原半干旱气候，夏、秋季温凉，冬、春季寒冷。年平均气温-1.5～+1.5℃，最高月平均气温16～20℃，极端最高气温26℃，最低月平均气温-23～-18℃，极端最低气温-35.8℃（史建全等，2004）。青海湖水文与气候互相影响，湖区气温在一年中有五个月在0℃以下，影响湖水冬季结冰。初冰一般在10月末，湖面形成固定冰盖在12月上旬，冰盖厚度一般为30～45 cm。2月中旬冰盖开始破裂，4月中旬完全消失。年日照时数为2800余小时，年总辐射量为670kJ/cm²。年平均降水量为300～400 mm，5～9月占全年雨量的90%左右，年蒸发量为1440 mm左右（青海省地方志编纂委员会，1998）。境内多风，夏季以东南风为主，冬、春季以西北风最强，年平均风速为3.2～4.4 m/s。湖区海拔接近高空盛行西风，地面风受高空风影响深刻，全年均以西风最多，3～6月风力强，最大瞬时风速可超过30 m/s，全年6级以上大风日数在40天左右（施雅风等，1958）。

1.3 青海湖流域的植被

由于青海湖流域为半干旱气候，年降水量不是很少，流域草原植物生长较为茂盛。湖滨常见的草类有芨芨草、蒿属、滨草、紫云英、莎草、委陵菜、香青、鹅冠草、赖草、紫宛、白头翁、龙胆、狼毒等，后两者为有毒植物。7月中旬，地面植被盖度达60%～80%，除芨芨草高达0.5～1.0 m外，一般矮草高度不足20 cm。在山地隆坡与河溪湿地，繁生矮小灌木，山地有锦鸡儿属生长，河边有水柏枝分布。植被的分布规律是水热条件综合作用的结果，而地形地貌特征可导致水热条件组合变化，从而影响植被分布。青海湖地区植被的分布主要表现为以下两个方面的规律（陈桂琛和彭敏，1993）。

植被东西方向显示出一定的水平变化规律。湖盆地区及河谷地带以草原植被为主，植被变化规律大致表现为刚察县的泉吉和南岸的青海湖渔场以东地区以菠芨草草原占主导地位。青海湖南岸江西沟以东湖盆及山前洪积扇主要分布以西北针茅和短花针茅占优势的温性草原。青海湖西面和刚察县的泉吉以西的湖滨地带以冰草和高山薹草等为优势种的温性草原为主。流域的西北部和北部山坡比其南部和东部更加接近祁连山，铁卜加草原站、鸟岛以西的布哈河河谷区和青海湖北部的哈尔盖河谷区以及山前洪积扇分布区有大面积的紫花针茅高寒草原植被分布。在一些相对潮湿地带还发育有以紫花针茅、高山蒿草、矮蒿草等为优势种构成的高寒草甸化草原（陈桂琛和彭敏，1993）。湖盆由东而西植被整体表现为具有更加适应耐寒旱的倾向。四周山地垂直带谱的东西变化分异不大，主要表现为分布海拔上的微小差异。青海湖流域为一完整的内陆盆地。除了湖区西南方向因地形影响，草原植被相对不发育之外，以菠葜草、西北针茅、短花针茅、青海固沙草、冰草、高山薹草等为优势种形成的温性草原在湖盆地区呈环带状分布（陈桂琛和彭敏，1993）。温性草原在湖盆四周形成一条狭窄的环形草原带。西北部及北部地区发育的大面积紫花针茅高寒草原则是真正代表本区气候特征的植被类型（陈桂琛和彭敏，1993）。本区植被水平地带性分异受到青海湖的影响，但其植被组合及特征却表现出与青藏高原植被的明显相似性。

湖泊四周山地植被具有垂直变化特征。随着山地海拔的升高也表现出一定的垂直分布变化。东部南北坡面的变化是，在青海湖南部的山地阴坡依次是温性草原—高寒灌丛—高寒草甸—高寒流石坡植被；青海湖北部植被垂直变化也较清楚，依次是温性草原—高寒草原—高寒灌丛与高寒草甸—高寒流石坡植被。在青海湖西部的垂直变化表现为布哈河南部的山地阴坡垂直带依次是高寒草原—寒温性针叶林—高寒灌丛与高寒草甸—高寒流石坡植被。在布哈河北部的山地阳坡垂直变化依次是高寒草原—高寒灌丛与高寒草甸—高寒流石坡植被。整个地区植被垂直带谱的变化表现为以青海湖为中心，从湖滨地带随海拔升高依次是草原带、高寒灌丛和高寒草甸（陈桂琛和彭敏，1993）。

1.4 青海湖流域的土壤

青海湖流域土壤主要为栗钙土类，A层为暗棕色粉砂黏壤土，团粒结构。B层为棕色粉砂壤土，根系发育而土质松散。30~50 cm以下，为坚密干燥多孔隙的黄土状物质，整个土壤剖面呈碱性反应。

土壤及分布受地质结构和地形地貌的控制影响，湖区主要的土壤母质有砂岩、碳酸岩盐、花岗岩、冲洪积物、湖相沉积物及风积黄土等，在上述各类土壤母质上发育的主要土壤类型有以下7个土类。①高山草甸土：包括原始高山草甸土、碳酸盐高山草甸土、普通高山草甸土、高山灌丛草甸土（郭晓娟和马世震，1999）。②山地草甸土：包括山地草原化草甸土。③黑钙土：包括淋溶黑钙土、碳酸盐黑钙土。④栗钙土：包括暗栗钙土、栗钙土、淡栗钙土、盐化栗钙土（郭晓娟和马世震，1999）。⑤盐土：沼泽盐土。⑥沼泽土：包括泥炭土、泥炭沼泽土、草甸沼泽土（郭晓娟和马世震，1999）。⑦风沙土：包括半固定风沙土、流动风沙土。湖区土壤类型水平分布规律不明显（郭晓娟和马世震，1999）。受气候变化影响，土壤垂直分布明显，其垂直带谱一般随海拔的升高，依次分布有栗钙土、黑钙土、山地草甸土、高原草甸土。盐土、沼泽土和风沙土则属不规律的隐域性土壤，无明显的分布规律（青海省地方志编纂委员会，1998）。

1.5　青海湖流域的地貌

青海湖湖盆长轴平行于区域主要构造线方向——西北—东南方向，最长 104 km，最宽 62 km，湖面海拔 3196 m，最大水深 29 m。湖区北及东北面是祁连山东南延伸的分支，高度达 4500 m 的大通山及 4000 m 以上的团保山、达坂山和日月山构成了湖区与大通河流域和湟水流域的分水岭。湖区南及东南面，被高 4000~4500 m 的青海南山所包围，它把湖区和共和盆地（属黄河流域）分割成两个地貌景观截然不同、新构造运动特征也有明显差异的地区。野牛山和青海南山东段的加拉山、蛙里贡山组成了湖区与贵德盆地的分水岭，青海南山西段的中吾农山向西延伸成为湖区与柴达木盆地的分水岭（施雅风等，1958）。

湖区四周山地呈现出明显的多层地形，有三级夷平面广泛分布（陈克造等，1964）。第Ⅰ级海拔 4200~4600 m，由于升起时间最早，故保存最差，其发育有峥嵘尖削的冰川地貌，无新沉积物覆盖。第Ⅱ级海拔 3800~4000 m，升起时代较早，保存较差，常为深沟切割部，常见有上新统红层覆盖。第Ⅲ级海拔 3500~3600 m，升起时代最晚，保存最好，局部地区有新沉积物覆盖。

青海湖区由各级夷平面组成的层层山势、山麓带一个又一个冲积扇的存在、湖盆流域内的各种阶地、环湖分布的新老湖堤、湖水中岛屿的规律性分布以及湖盆东岸的新月形沙丘堆积等，这些共同组成了一幅十分独特的内陆湖泊地貌景观。这一地貌主要是在新生代山脉不断上升与扩大，并在气候因素的影响下，湖水不断退缩的结果（青海省地方志编纂委员会，1998）。青海湖面积在中更新世规模最大，反映了中更新世降水量较多，全新世以来湖泊面积呈减小趋势（袁宝印等，1990）。

1.6　青海湖流域的河流与水文

青海湖周围大小河流有 70 余条，呈明显的不对称分布。湖北岸、西北岸和西南岸河流多，流域面积大，支流多。湖东南岸和南岸河流少，流域面积小。布哈河是流入湖中最大的河流，青海湖每年获得径流补给主要来自布哈河、沙柳河、泉吉河和黑马河（史建全等，2004）。湖水来源有下面三个主要部分（施雅风等，1958）。①湖面降水：以每年 350 mm 计，每年获得约 14.7 亿 m³ 降水。②河流注入水：河流注入水量可从两个不同角度估计。第一是从个别河流的个别流量推算，在 7 月中旬测得布哈河流量大约为 30 m³/s，而湖南岸的小支流都不到 0.5 m³/s，这相当于一般中高水位流量，冬、春水量远小于此。估计布哈河一年入湖水量为 5 亿 m³。因布哈河流域已占了青海流域的一半面积，其他汇入湖中的各河流水量，估计亦与布哈河相当。第二是从一般径流系数推算，根据西宁湟水流量与降水量比较，湟水流域的径流系数为 0.375，但青海湖流域较湟水干燥，前者的草原植被较后者耕作地面裸露情况为优，径流系数可能要下降至 0.3 以下。如果不包括青海湖的面积，按照青海湖流域面积为 25 000 km²、年平均降水量为 320 mm、径流系数为 0.30 计算，每年径流入湖水量为 16.5 亿 m³，高于第一种计算方法所得结果。以上两方面青海湖每年收入水量估计为25亿~31亿 m³。③地下水注入：完全缺乏材料，根据青海湖所处的地形条件，注入湖中的地下水亦不在少数。湖水的去路主要是蒸发。青海湖面蒸发量大，干旱年可能要超过青海湖的收入水量，近几十年来湖水处于支出大于收入的状态（秦伯强和施雅风，1992；王芳等，2008）。

降水是青海湖流域河湖水量及地下水的主要补给来源。该区虽为内陆盆地，但由于西南暖湿气流的影响，加上湖泊本身的调节作用和西风带系统过境频繁，所以降水量相对于其他内陆地区较多。多年平均年降水量为268.6~415.8 mm，多年平均24小时降水量为25~35 mm，最大达70 mm左右。从多年平均年降水量可知，年降水量由湖北山区向南递减，但湖南的黑马河地区靠近南山，形成另一个降水相对高值区。这是青海湖南山引起水汽上升和冷却降水造成的。全年降水主要集中在夏、秋两季，5~9月降水量约占年降水量的85%以上（丁永建和刘凤景，1995）。

蒸发是流域内水量的主要损失途径（秦伯强和施雅风，1992；王芳等，2008）。由于气候干燥、多风，蒸发量大，多年平均蒸发量为1000~1800 mm。其地区分布呈由北向南递增的趋势。蒸发量的年际变化不大，年内分配与降水量基本一致，但季节变化相对比较均匀，5~9月蒸发量约占全年蒸发量的一半。

冰川位于青海湖流域西部、北部海拔4700 m以上山区（布哈河上游），分布有大小冰川22条，面积为13.29 km²，储水量为5902亿 m³，其消融量对河川径流量的补给占全部河川径流量的比例甚小（年约0.1054亿 m³），约占6‰。

青海湖区内的地下水主要来源于大气降水和河水的渗漏补给。据勘探分析，由于受地层结构的控制，山前平原区为潜水及承压水双层地下水分布区，估算每年约有1亿 m³地下水可直接补给湖泊。

根据青海省水文站统计计算，青海湖流域多年平均出山地表径流量为16.12亿 m³，年际变化较大，最大年份为28.76亿 m³（1967年），最小年份只有6.54亿 m³（1973年）（曲耀光，1994）。地表径流在地区上的分布与降水量基本一致，湖北地区为高值区，而布哈河的右岸地区和湖东地区为两个低值区。年径流系数为0.15~0.35。径流的年际变化比降水的年际变化大得多。例如，布哈河最大年平均流量为52.7 m³/s，而最小年平均流量仅6.30 m³/s。

青海湖流域各河洪水属雨雪混合补给型，一般有春汛和夏汛之分，其中春汛为流域积冰雪消融形成，多发生在4~5月。夏汛则以降雨补给为主，多发生在7~8月，年最大流量一般出现在夏汛。因地处高寒，即使在夏季也可能降雪，年最大洪峰流量的年际变化很大。由于降水年内分配不均，大部分小河为季节性，干枯季断流，即使几条较大的河流，枯季流量也很小。

青海湖流域河湖一般于10月前后进入冰冻期，至次年4~5月初结束，整个冰冻期可分为结冰期、封冻期、解冻期3个阶段。由于所处地理纬度和河流补给不同，各河冰期迟早不一（陈克造等，1964；中国科学院兰州地质研究所，1979；青海省水文总站，1984；青海省地方志编纂委员会，1998；刘小园，2004）。因各河具有宽、浅、比降大、水流急的特点，所以冰情特别复杂，常出现冰、冰上流水、层冰层水等情况。大部分河流冰厚主要是冰上增厚的结果（陈克造等，1964；中国科学院兰州地质研究所，1979；

青海省水文总站，1984；青海省地方志编纂委员会，1998；刘小园，2004）。

1.7 青海湖流域生态环境问题

青海湖是维系青藏高原东北部生态安全的重要水体和阻挡西部荒漠化向东蔓延的天然屏障，也是区域内最重要的水汽源和气候调节器。青海湖流域是国家"生态脆弱区域生态系统功能的恢复重建"的重点区域。近50年来由于全球气候变暖和人畜压力的不断增加，湖泊萎缩、草地退化、土地沙漠化和生物多样性减少等生态和环境问题日益突出，严重影响着该区域生态安全和经济社会的可持续发展。青海湖流域属于全球变化的敏感地区和生态系统典型脆弱地区（唐仲霞和王有宁，2009），气候寒冷，降水较少，已成为制约该地区植被发育的关键因素。人们对该区和周边地区草地退化、青海湖水位下降、荒漠化面积扩大等问题进行了许多研究（张登山，2000；铁媛，2009；熊国富，2009；赵小军，2009），初步认识到了生态环境退化的原因。青海湖地区的生态和环境问题已经引起了中央和地方政府、国际社会和科学家们的极大关注。国家先后对青海湖流域及周边地区的生态和环境开展了一系列治理工程，先后实施了天然林保护工程、"三北"防护林工程、退耕还林工程、野生动植物保护及自然保护区建设工程。开展了以灭鼠治虫、草地改良、人工种草、畜棚建设、牧民定居为主要内容的草地基础建设和保护治理工作，使青海湖流域及周边地区生态环境得到局部改善。但是青海湖水位持续下降、沙化面积日趋扩大、植被破坏、草场退化、鱼类资源减少等一系列生态环境的总体恶化局面并没有从根本上得到遏制，需要加大保护与治理的力度。目前该区仍然存在以下生态环境问题。

1.7.1 青海湖流域的草原退化

青海是我国六大牧区之一，天然草场面积占全国草场面积的1/10，居全国第4位。有天然草场3645万 hm^2。其中可利用草场面积3160万 hm^2，占草场总面积的86.7%（李广英和赵生奎，2008）。青海湖区的优良草场由20世纪50年代的201万 hm^2 下降到90年代末的109万 hm^2，单产鲜草量由1963年的1740 kg/hm^2 下降到1996年的1089.6 kg/hm^2，34年间下降37.4%（黄哲仁，2004）。近十多年来，由于超载过牧和气候变化影响，流域草地退化不断加剧，退化面积达93.3万 hm^2，占可利用草地面积的49.13%。其中，中度以上退化草地为65.67万 hm^2，占该流域可利用草地面积的34.58%；重度退化草地13.44万 hm^2，占7.08%；极重度退化草地8.98万 hm^2，占4.68%（白乾云，2005）。受草地开垦影响，草地面积持续减少。1993~2007年减少草地面积的90%转为耕地，只有3.27%转为未利用土地，这反映出青海湖流域天然草地的人为开垦利用现象非常严重（吴向培等，2003）。草地退化的一个重要指标就是盖度下降，1993~2007年高盖度草地（盖度>70%）转化为中盖度（盖度介于30%~70%）草地和低盖度（盖度<30%）草地的面积分别为482.42 hm^2 和1397.37 hm^2，中覆盖草地转化为高覆盖草地和低覆盖草地的面积分别为671.1 hm^2 和5004.43 hm^2，低覆盖草地转换为高覆盖草地和中覆盖草地的面积分别为301.7 hm^2 和3168.79 hm^2。草地转换的结果是

使高覆盖草地减少 906.39 hm², 中覆盖草地减少 2024.32 hm², 低覆盖草地则增加 2931.31 hm²（周笃珺等，2006）。

1.7.2 青海湖水位下降、面积萎缩

在过去 40 余年间，青海湖水位平均每年下降 0.08m 左右，5~7 年大致下降 0.5 m，特别是 1970~1980 年，水位下降更趋明显（杨贵林和刘国东，1992；李林等，2005）。但个别年份却随着气候变化，蒸发与补给关系的相互消长，水位略有回升，回升持续时间不超过 3 年。湖岸线发生过多次的变化，变化幅度较大。湖岸线年度变化遥感监测数据表明，青海湖湖岸线的年度推进量为 40~200 m。

环青海湖地区属半干旱地区，湖泊水源的补给量常常入不敷出，究其原因是气候变化和人类经济活动等影响。青海湖周边水浇地面积约 20 000 hm²，草地灌溉面积 4000 hm²，年灌溉用水量为 0.8 亿 m³，人畜饮用水量为 0.1 亿 m³（时兴合等，2005）。湖泊周边耕地多半是 1958~1960 年开垦的，其后大量废弃，至今保留约一半耕地。耕地在减少，而湖水位却持续下降，这说明湖水位的变化与人类耗用水量之间没有明显的联系（李柯懋等，2009）。对用水量最多的 1960 年及用水量最少的 1970 年进行比较，结果是水位下降最多的年份不是 1960 年而是 1978 年，而 1970 年水位亦无回升迹象（李森等，2004）。青海湖年亏损水量约为 4.5 亿 m³（康相武等，2007）。通过对湖水位变化和人为活动耗水量相关分析表明，湖区人为耗水与否和耗水量的多少对湖水总量的盈亏没有显著影响，人类活动所耗用的水量只占湖泊多年平均亏损水量的 1/5（时兴合等，2005）。因此，环青海湖地区人类活动对湖泊的影响比较小（时兴合等，2005）。青海湖面积变化基本上反映了该流域内降水量的变化。

1.7.3 青海湖流域的沙漠化

沙漠化给工、农业生产和人们的生活带来了严重不利影响，它造成了可利用土地面积减少，土地生产力下降，生产和生存条件恶化，并使粮食产量下降，使农田、牧场、城镇、村庄、交通线路和水利设施等受到威胁。

青海湖及其周边地区已成为强烈的水汽蒸发和沙化区，并发展为青海省土地沙化最严重地区之一。根据 1975 年和 2000 年遥感图像分析，环青海湖东、北、西岸，分布着流动、固定、半固定梁窝状沙丘，东北、西北边缘夹杂有高大的沙山。其中，80% 的流动沙丘分布在湖东的海晏，半固定沙丘主要分布在湖东北的哈尔盖和湖西北的鸟岛附近，固定沙丘地和半裸露沙地全部分布在湖西北的布哈河流域鸟岛等地（马燕飞等，2010）。青海湖流域的沙丘由原来主要集中于东北部正加速向整个湖区扩展（李森等，2004）。

近 45 年中，环青海湖地区土地沙漠化趋势加剧，1956~2000 年沙漠化土地净增面积 1242.24 km²，平均年净增 27.61 km²（汪青春等，2007）。在 20 世纪 80 年代后平均年净增加面积呈增加趋势，尤其是 90 年代中后期年增长率在 10% 以上，1996~2000 年，平均年净增面积为 111.83 km²，土地沙漠化处于强烈发展阶段（马燕飞等，2010）。

1.7.4 青海湖流域湿地面积减少

青海湖流域的湿地主要包括湖滨沼泽与河源沼泽。湖滨沼泽面积为 21 700 hm² (杨川陵，2007)，主要分布在布哈河中下游 50 km 段，沙柳河、哈尔盖河、甘子河下游 10 km 段，倒淌河下游 30 km 以及平坦的冲积、洪积三角洲和大小泉湾、鸟岛、耳海、尕海、沙岛等湖滨湿地区 (杨川陵，2007)。河源沼泽面积为 254 900 hm² (杨川陵，2007)，主要分布在青海湖西北部与北部的河源地区，包括阳康曲、希格尔曲、夏日哈曲和夏日格曲、峻河、吉尔孟曲、泉吉河、沙柳河、哈尔盖河等地，以沼泽湿草地形式出现，多呈斑块状与草甸草原交错镶嵌。这些河源湿地分布海拔为 3800～4200 m，个别地段下延至 3400 m 或上升至 4500 m (杨川陵，2007)。湖滨沼泽与河源沼泽水生、湿生植物丰富，覆盖度高，是食草牲畜的主要牧草地之一，也是众多野生禽兽类动物的栖息与繁衍区域。研究表明，一万多年来，青海湖湖水一直在下降，史前约每年以 1 cm 的速度在下降，特别是近一百多年来气候呈现暖干化的特征，气温上升，蒸发量增大，加上人为生产生活用水，使入湖水量出现下降趋势 (杨川陵，2007)。近 50 多年来，人类生产、生活耗水加剧了湖水亏损的速度。1959～2004 年，水位海拔从 3196.55 m 降至 3192.77 m，湖面面积由 4548.3 km² 缩小到 4186 km² (杨川陵，2007)。研究证明，在降水量不变的前提下，气温升高，则径流量减少。沼泽湿地萎缩是气候暖干化和人类活动综合影响的结果。主导因素是气温上升、降水量下降。气象资料显示，20 世纪 50 年代后期至 90 年代初期，青海湖流域气温上升了 0.5℃；年降水量自 1989 年后，呈缓慢下降趋势。这种变化造成湿地、河流水分补给不足，干旱化日趋严重，沼泽面积缩小，泉水涌水量下降，加上植被的退化，水源涵养功能降低 (杨川陵，2007；赵串串等，2007)。

1.8 主要采样区的自然地理概况

采样区位于刚察县沙柳河镇南部、泉吉乡、吉尔孟乡，共和县石乃亥乡、江西沟乡。采样点位于这些地区的较为平坦地段，一般在青海湖边缘的湖滨平原地区 (图 1-1)，植被以草原为主。

沙柳河镇位于刚察县南部，县政府驻地，面积 1000 km²，地理位置为北纬 37°01′～38°36′、东经 98°44′～100°55′。地处湖滨平原，沙柳河、瓦音河流过境内。地势平坦，土质良好，成土母质主要为冲洪积和风积母质，土壤类型为栗钙土。土壤 pH 为 8.7 左右，酸碱度由南向北逐渐递减。植被覆盖率达 80%～90%，天然灌木分布稀疏，无天然乔木。主要有大风、冰雹、春旱、霜冻等气象灾害。

泉吉乡位于青海省海北藏族自治州刚察县城西南部，距县府驻地 25 km，面积为 1000 km²，地处湖滨平原，泉吉河流过境内汇入青海湖。境内山脉的走向呈西北向，北部高山连绵，南部低缓，该区年平均气温为 1.3℃。年降水量约为 330 mm，多集中在 6～9 月 (刚察县志编纂委员会，1997)。采样与实验地点选在泉吉乡政府南 10 km 左右处地势平坦人为影响小的草原区，草原植被组成可分为两类：一是低草草原，草高一般

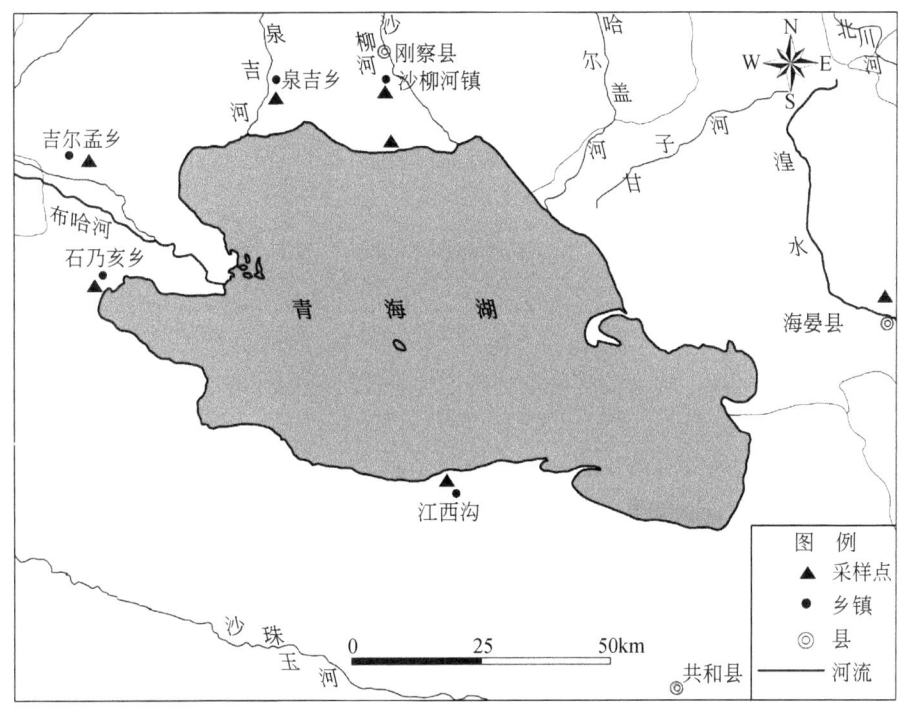

图 1-1 青海湖流域采样位置

小于 20 cm，分布最广，是该区主要的草原。二是芨芨草构成的高草草原，草高 45 cm 左右，小面积分布。

吉尔孟乡位于青海湖西岸的刚察县最西端，东与本县泉吉乡毗邻，西与海西蒙古族藏族自治州天峻县江河镇相连，东南以布哈河为界与海南藏族自治州共和县石乃亥乡相望，北与祁连县阿柔乡为界，地处三州三县交界处。全乡年降水量为 370~400 mm，蒸发量为 1500 mm，日照总时数 3036 小时。年均风速 3.7 m/s，年均大风 47 天，沙尘暴年均 40 天左右，牧草生长期约 120 天。北部是夏季草场，中部是秋季草场，南部为冬、春草场。全乡总面积为 1612 km^2，可利用草场面积为 1464 km^2。辖区内主要河流有江仓河、布哈河、吉尔孟河。

石乃亥乡属于共和县，系牧业乡，位于青海湖畔西侧，地处湖滨平原，草原植被较为茂盛。海拔 3200 m。与刚察县吉尔孟乡相距较近，自然地理条件基本相同。

江西沟乡属共和县，地处青海湖东南侧。年平均气温为 3.97 ℃，1 月平均气温为 –14℃，7 月平均气温为 18.3℃，年平均风速为 1.8 m/s，年日照时数为 2922.4 小时。多年平均降水量比湖北部偏少，为 322 mm，降水多集中在 5~9 月。江西沟一带地势由南部山前向北倾斜，海拔约 3200 m。

第2章　青海湖流域草地土壤水与水循环

　　土壤水分不但直接影响土壤的特性和植物的生长，也影响到植物分布和类别（何其华等，2003；陈怀满，2005）。土壤水分与土壤干化问题是目前生态系统平衡、农牧业发展等方面研究的热点问题，土壤干层是气候与植被共同作用的结果，已引起人们的高度重视（李玉山，1983；2001；杨维西，1996；侯庆春等，1999；李佩成等，1999；赵景波，2005；赵景波等，2005a；2005b；2007a；2007b；2007c；2007d；牛俊杰和赵景波，2008；牛俊杰等，2008；周旗和赵景波，2011）。在降水较少的地区，土壤含水量的多少是决定植物生长状况和植被类型的主要因素（侯庆春等，1999；王力等，2000；赵景波等，2005b；2007a；2008；2008c；2010a；2010c；赵荟等，2010；成爱芳等，2011）。我国学者已对黄土高原地区土壤干层做了大量的研究（李玉山，1983；杨维西，1996；侯庆春等，1999），目前普遍认为干旱与半干旱地区土壤干层主要是由于低降水、高蒸发的气候造成的（郭忠升和邵明安，2003；孙菁，2004）。在土壤水分研究中引起特别重视的是土壤水循环和对植被、作物有不利影响的土壤干层。青海湖流域气候独特，该区是否存在土壤干层以及水循环具有什么特点，是目前尚不清楚的问题。青海湖周边地区是我国生态环境的典型脆弱、敏感区之一，地处内陆高原盆地，地势高耸又封闭，降水较少，蒸发量大，草场易于退化（刚察县志编纂委员会，1997）。因此，研究土壤含水量不仅对查明该地区土壤水分状况具有重要理论意义，而且对土壤水分的科学利用，促进青海湖地区牧业与农业的发展有重要实际意义。

2.1　刚察县沙柳河镇地区南部正常年土壤水与土壤干层

　　2009年7月底，我们在沙柳河镇地区南部的青海湖农场四大队附近选取了三种具有代表性植被样地进行打钻采样，这三种植被分别是草原、含灌木的草原和油菜农田。在每种植被区利用轻型人力钻采取8~12个钻孔的样品，采样间距为10 cm。含水量测定采用烘干称重法。在现场用电子天平称出当时的湿土重（W_1），样品运回实验室后进行烘干，烘干温度105℃左右，烘干时间在24小时以上，之后称量干土重（W_2）。土壤含水量计算公式为

$$W = (W_1 - W_2)/W_2 \times 100\%$$

式中，W为所测样品的土壤含水量；W_1为烘干前样品质量；W_2为烘干后土壤样品质量。

　　根据含水量测定结果绘制含水量剖面变化曲线，并根据以往对黄土高原土壤水分的研究（杨文治和邵明安，2002；王力等，2000）和本书第8章对刚察沙柳河镇地区等的土壤吸力测定，参考含水量20%左右为重力水与非重力水的界限和含水量11%左右为干层与非干层的界限，对土壤含水量进行分层。初步将含水量大于20%的层位划

分为含重力水的土层，含水量为11%~20%的土层划分为正常薄膜水层，含水量小于11%为土壤干层。为了识别土壤水分的亏缺程度，研究地区土壤干层的等级划分按照黄土高原地区的标准（王力等，2000）进行划分。为了清楚识别土壤剖面水分的变化趋势和分层特征，利用最小二乘法对土壤含水量进行4~6次的拟合。

2.1.1 沙柳河镇地区南部不同植被土壤含水量

1. 草灌区土壤含水量

沙柳河镇草灌区采样点是在刚察火车站南青海湖农场四大队附近的灌木草原中。这里地势较平坦，其中高草密布，高10~50 cm；灌木分布稀疏，高70~90 cm。在这一采样点共打12个钻孔，钻孔间距为15~30 m，钻孔深度为0.6~1.9 m。

由各钻孔剖面含水量测定结果可知，含水量均呈现随深度增加而逐渐降低的趋势。钻孔剖面1［图2-1（a）］深100 cm，土壤剖面含水量变化范围为4.7%~29.3%，平均含水量为18.7%。根据含水量的变化特点可划分为深度10~60 cm、70~100 cm两层，平均含水量分别为25.4%、8.7%。钻孔剖面2［图2-1（a）］深100 cm，含水量变化范围为15.3%~31.7%，平均含水量为22.0%。可划分为10~50 cm、60~100 cm两层，平均含水量分别为27.0%、17.0%。钻孔剖面3［图2-1（b）］深140 cm，含水量变化范围为7.9%~29.8%，平均含水量为18.4%。可划分为10~50 cm、60~120 cm、130~140 cm三层，含水量分别为27.8%、15.9%、8.7%。钻孔剖面4［图2-1（b）］深80 cm，含水量变化范围为16.5%~29.2%，平均含水量为18.4%。因在80 cm处含水量小于20%，所以未分层，10~70 cm深处的平均含水量为25.9%。钻孔剖面5［图2-1（c）］深60 cm，平均含水量为25.0%。可划分为10~40 cm、50~60 cm两层，平均含水量分别为29.3%、16.4%。钻孔剖面6［图2-1（c）］深100 cm，含水量变化范围为7.3%~29.3%，平均含水量为18.1%。根据含水量的变化可划分为10~40 cm、50~80 cm、90~100 cm三层，平均含水量分别为25.6%、15.8%、7.5%。钻孔剖面7［图2-1（d）］深70 cm，含水量变化范围为14.6%~29.6%，平均含水量为21.9%。可划分为10~40 cm、50~70 cm两层，平均含水量分别为26.4%、16.0%。钻孔剖面8［图2-1（d）］深70 cm，含水量变化范围为14.8%~24.6%，平均含水量为20.9%。可划分为10~50 cm、60~70 cm两层，平均含水量分别为22.5%、16.9%。钻孔剖面9［图2-1（e）］深180 cm，含水量变化范围为3.6%~27.0%，平均含水量为10.7%。根据含水量的变化可划分为10~30 cm、40~60 cm、70~180 cm三层，平均含水量分别为25.7%、16.1%、5.5%。钻孔剖面10［图2-1（e）］深170 cm，含水量变化范围为1.6%~26.0%，平均含水量为10.5%。根据含水量的变化可划分为10~50 cm、60~170 cm两层，平均含水量分别为23.0%、5.3%。钻孔剖面11［图2-1（f）］深140 cm，含水量变化范围为4.1%~31.5%，平均含水量为15.5%。根据含水量的变化可划分为10~50 cm、60~80 cm、90~140 cm三层，平均含水量分别为27.4%、14.8%、5.9%。钻孔剖面12［图2-1（f）］深190 cm，平均含水量为12.9%。根据含水量的变化可划分为10~50 cm、60~80 cm、90~190 cm三层，平均含水量分别为

27.8%、14.1%、5.9%。

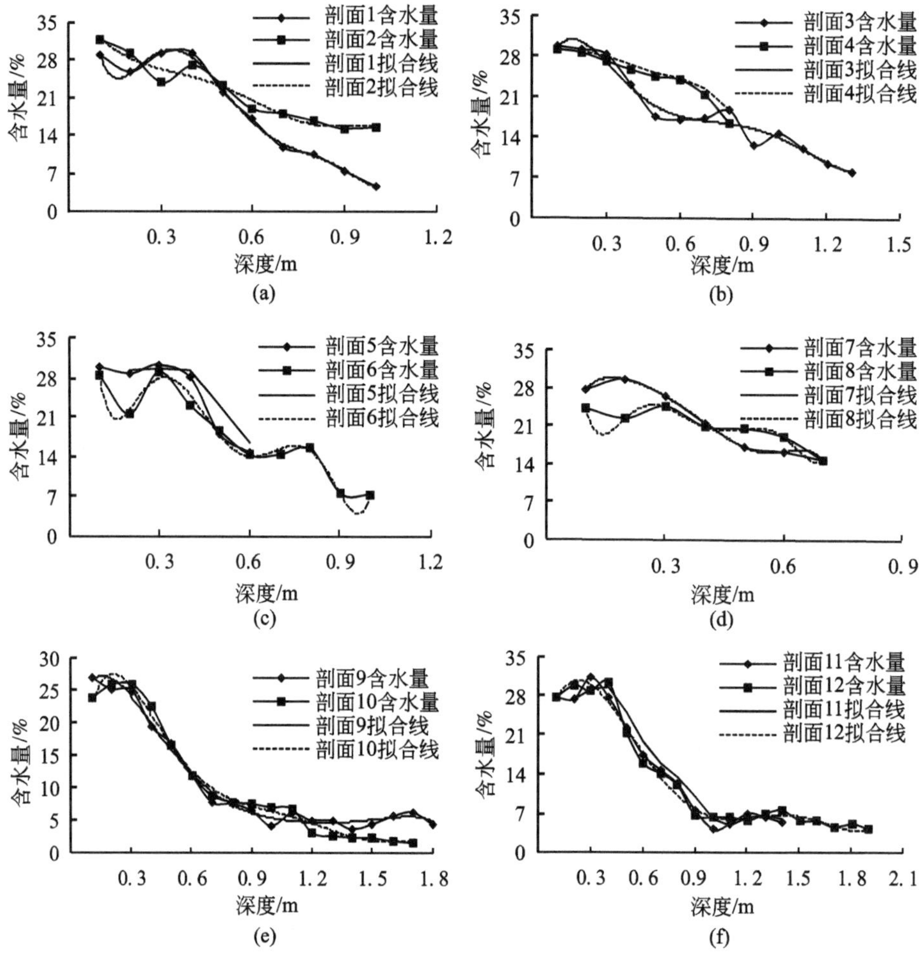

图 2-1 沙柳河镇草灌区土壤含水量

2. 油菜地土壤含水量

油菜地采样点在青海湖农场内,距草灌区采样点南约 1.5 km 处。这一采样点共打钻孔 8 个,钻孔间距为 15~25 m,钻孔深度为 0.7~1.3 m。

由钻孔剖面含水量测定结果可知,剖面 1 [图 2-2 (a)] 含水量变化范围为 13.1%~30.8%,随深度增加呈降低趋势。根据含水量变化可分为 10~50 cm、60~100 cm 两层,平均含水量分别为 26.4%、14.3%。剖面 2 [图 2-2 (a)] 平均含水量为 13.0%,根据含水量的变化可划分为 10~30 cm、40~50 cm、60~100 cm 三层,平均含水量分别为 23.4%、15.1%、6.0%。剖面 3 [图 2-2 (b)] 平均含水量为 22.9%,含水量都大于 12%,因在 80 cm 处含水量才小于 12%,所以未分层,10~70 cm 深度间的平均含水量为 26.4%。剖面 4 [图 2-2 (b)] 平均含水量为 14.8%,根据含水量的变化可划分为 10~60 cm、70~100 cm 两层,平均含水量分别为 22.1%、3.9%。剖面 5 [图 2-2 (c)] 的平均含水量为20%,可分为10~60 cm、70~90 cm两层,平均含水量分别为21.2%、17.5%。剖面6[图2-2(c)]的平均含水量为23.6%,10~60 cm深度的平均含水量为24.7%。剖面7[图2-2(d)]的平均含水量为24.0%,剖面中的含水量大部分高于20%,只有在120 cm处的含水量为19.9%。剖面8[图2-2(d)]的平均含水量为18.1%,可划分为10~30 cm、40~70 cm两层,平均含水量分别为25.9%、13.9%。

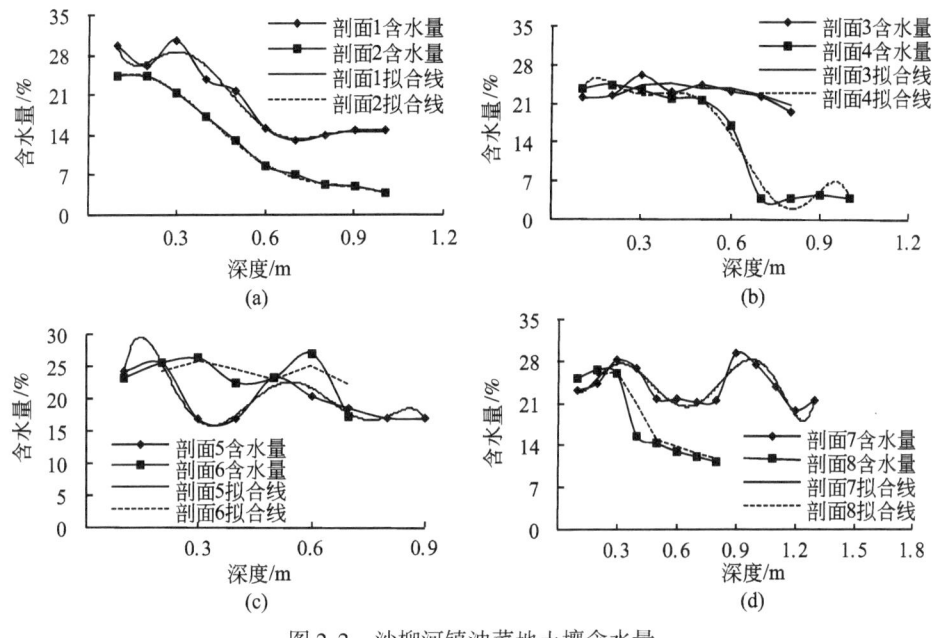

图2-2 沙柳河镇油菜地土壤含水量

3. 草地土壤含水量

草地采样点在油菜地采样点南约2 km处,临近青海湖。草高10~30 cm。这一采样点共打钻孔9个,钻孔间距为15~150 m。

由钻孔剖面含水量测定结果可知,含水量均呈现随深度增加而逐渐降低的趋势。钻孔剖面1[图2-3(a)]平均含水量为21.3%,可划分10~50 cm、60~70 cm两层,平均含水量分别为23.3%、16.5%。剖面2[图2-3(a)]与剖面1相近,平均含水量为21.9%,可划分10~50 cm、60~110 cm两层,平均含水量分别为26.0%、18.5%。钻孔剖面3[图2-3(b)]平均含水量为15%,根据含水量的变化可划分为10~40 cm、50~80 cm、90~130 cm三层,平均含水量分别为22.7%、16.4%、7.7%。钻孔剖面4[图2-3(b)]平均含水量为14.3%,根据含水量的变化可划分为10~50 cm、60~100 cm两层,平均含水量分别为20.8%、7.8%。钻孔剖面5[图2-3(c)]平均含水量为12.8%,根据含水量的变化可划分为10~40 cm、50~70 cm、80~140 cm三层,平均含水量分别为23.5%、13.2%、6.4%。剖面6[图2-3(c)]平均含水量为14.9%,根据含水量的变化可划分为10~50 cm、60~100 cm两层,平均含水量分别为22.8%、7.1%。剖面7[图2-3(d)]平均含水量为17.0%,根据含水量的变化可划分为10～40 cm、50～60 cm、70～80 cm三层，平均含水量分别为22.3%、14.6%、8.7%。剖面8［图2-3（d）］平均含水量为14.4%，根据含水量的变化可划分为10～40 cm、50～60 cm、70～110 cm三层，平均含水量分别为24.3%、16.7%、5.4%。

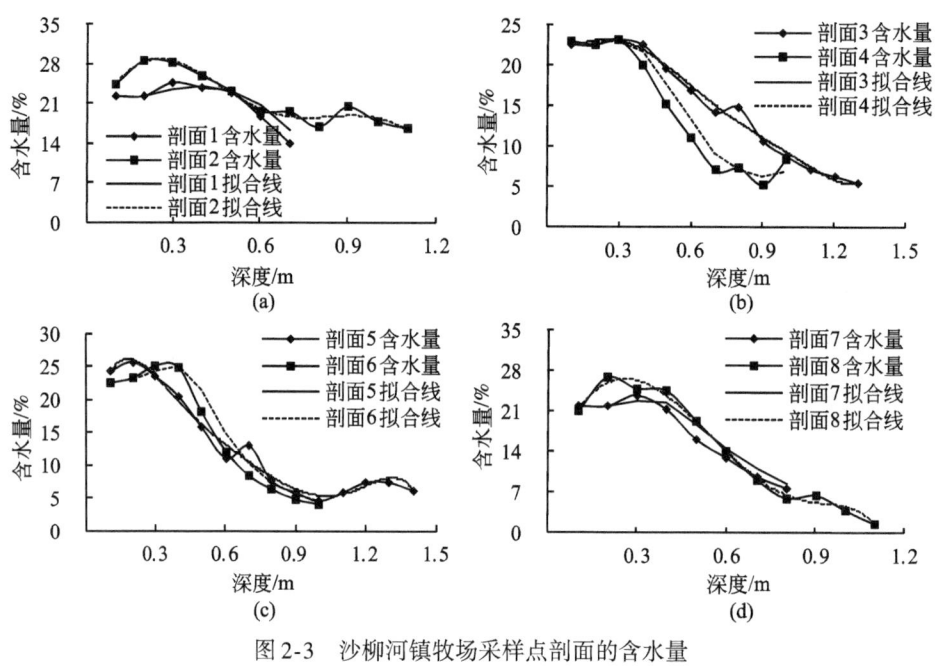

图2-3 沙柳河镇牧场采样点剖面的含水量

2.1.2 沙柳河镇地区南部土壤含水量特点与土壤干层

上述含水量测定结果表明，沙柳河镇地区南部各采样点土壤含水量都存在土壤剖面上部含量高、下部含量低的特点，上部与下部含水量差异很大，上部出现了含量高于20%的重力水，而下部土壤水分则存在明显不足。土壤上部含水量高应该是近几年该区降水较多造成的，也反映了该区土壤水分运移缓慢，使得大气降水能够在土壤上部富集。

目前关于土壤干层的研究主要是在黄土高原地区进行的（李玉山，1983；侯庆春，1999；王力等，2000；杨文治等，2002），其他地区研究很少。关于土壤干层的划分标准，目前尚无统一的认识。在黄土高原地区的研究认为，确定土壤干层的标准是植物开始凋萎时的土壤含水量，等于和低于这一含水量的土层为土壤干层，高于植物开始凋萎时的土壤含水量的土层不是土壤干层。植物因缺少水分而死亡时的土壤含水量被认为是土壤干层的下限含水量，也是土壤有效水含量为零时的含水量。低于植物死亡时的土壤含水量是植物不能吸收利用的无效水含量。需要指出的是，不同生态习性的植物发生凋萎时的土壤含水量会存在一定的差别，同一生态习性的植物发生凋萎时的土壤含水量应该是基本相同的。干旱地区的植物吸水性较强，这种地区的植物凋萎时的土壤含水量会比半湿润地区和湿润地区的植物低。植物发生凋萎表明土壤中的含水量较低，已经不能满足植物正常生长的需要，这时土壤中的有效水是较难利用的水分。

考虑到青海湖流域和黄土高原延安地区都是半干旱气候,在目前青海湖流域缺少植物凋萎湿度的情况下,我们参考黄土高原土壤干层的划分标准来确定和划分研究地区的土壤干层。黄土以粉砂为主,黄土高原的粗粉粒含量从北向南有一定的减少,黏粒有一定增加(赵景波,2002a;2002b)。根据我们对研究区土壤的粒度分析(表2-1)可知,刚察县沙柳河镇地区南部的土壤也是以粉砂为主,但黏粒含量较少,细砂与极细砂含量较多,比黄土高原的黄土粒度粗一些。在黄土高原的延安地区,前人将含水量小于12%的土层确定为土壤干层,含水量为9%~12%的为轻度干层,含水量为6%~9%的为中度干层,6%以下的是严重干层(王力等,2000)。由于沙柳河镇地区的土壤比黄土粗一些,我们将含水量小于11%的土层确定为土壤干层,含水量变化范围为8%~11%的为轻度干层,5%~8%的为中度干层,小于5%的为严重干层。虽然对于不同的植被而论土壤干层的划分标准可能是不同的,但在目前缺少划分青海湖流域土壤干层标准的情况下,结合该区土壤粒度组成,参考黄土高原土壤干层划分标准还是很利于揭示该区土壤水分含量特点、土壤水分的剖面变化特点以及土壤水分能否满足草原植被的需求。

表2-1 刚察沙柳河镇地区南部土壤的粒度成分

采样点剖面	深度/m	黏粒含量/%	粉砂含量/%	砂粒含量/%
草灌地剖面9	1.8	16.1	56.3	27.7
油菜地剖面5	1.0	13.2	46.0	40.8
草地剖面5	1.4	17.3	62.4	20.4

在黄土高原地区,土壤干层分布深度一般在2 m以下(王力等,2000;赵景波等,2007a;2007b;李瑜琴和赵景波,2009),这是由黄土高原区当年降水入渗深度可达到2 m决定的。黄土高原区当年降水入渗可达2 m,所以2 m以上不会形成长期性土壤干层,只会出现季节性干层。刚察县地区降水量较少,年均降水量只有370 mm,降水入渗深度小,所以在地表之下60 cm左右深度就出现了土壤干层,只是需要查明0.6~2 m的干层是季节性干层还是长期性干层。多年存在的干层为长期性干层。从2009年土壤上部0.5 m左右深度出现了重力水来看,似乎0.6 m左右深度以下的干层是季节性干层。在含重力水土层出现的情况下,重力水较快速地向下入渗会使干层消失(赵景波等,2007a;2011i;杜娟和赵景波,2005;2006;2007;李瑜琴和赵景波,2005;2006;2007;2009;陈宝群等,2006)。2009年该区降水量增加,降水量由正常年的330 mm增加到416 mm。降水量的增加和后述的资料表明的该区土壤水分运移非常缓慢导致了该年土壤0.5 m深度以上出现了重力水。从0.6 m左右深度有干层发育分析,该区正常年土壤以重力水形式向下运移的水分一般不会超过0.6 m的深度。如果重力水能够超过0.6 m的深度,那么在1.0 m深度就不会出现土壤干层,这是重力水运移较快决定的(赵景波等,2007a;2011i;陈宝群等,2006;杜娟和赵景波,2006;2007;李瑜琴和赵景波,2005;2009)。同时可知,2008年的重力水没有到达0.5 m深度。因此,刚察县0.6 m深度以下的土壤干层为长期性干层。

沙柳河镇地区南部三种植被土壤含水量存在一定差别(图2-4)。草灌区采样点的大部分钻孔剖面都出现了土壤干层，各钻孔含水量小于11%的土壤干层分布在60 cm以下，干层厚度最小为10 cm，最大为100 cm。虽然该区的土层厚度总体较小，但土层越厚干层越厚（图2-5），且干化程度随着深度的增加而加重，尤以钻孔9至钻孔12的变化表现最为明显，都为中度干层或严重干层。青海湖农场四大队草地采样点的钻孔基本上也都出现了土壤干层，含水量小于11%的干层也分布在60 cm以下，干层厚度最小为10 cm，最大为90 cm，除了钻孔8为严重干层外，其他的都是中度干层。这表明该区的大气降水一般不能通过入渗到达土层的中下部。油菜地采样点土层较薄。除了钻孔2、钻孔4、钻孔8这三个钻孔个别深度的含水量小于11%以外，其他各钻孔均大于11%。油菜地含水量大于20%的层位分布较深，最深达到了130 cm。这是由于经常的灌溉增加了土壤含水量，使得油菜地基本没有土壤干层发育。

干层的存在表明该区土壤下部水分明显不足，降水入渗一般不能到达土层下部。正常年的降水不能通过入渗补给地下水，不适于耗水多的乔木林生长。然而，在土壤上部0.6 m深度以上含水量较高，完全能够满足草原植被生长的需要，指示近年来降水量较多，雨水在土壤上部发生了聚集。

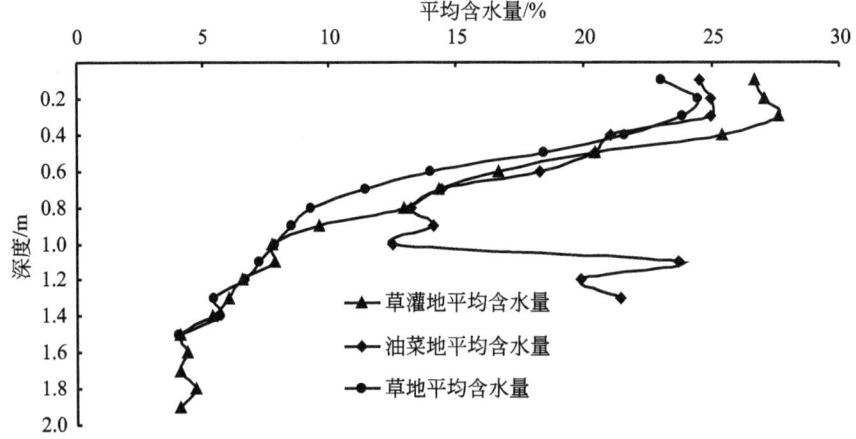

图2-4 沙柳河镇地区南部三种不同植被区土壤平均含水量

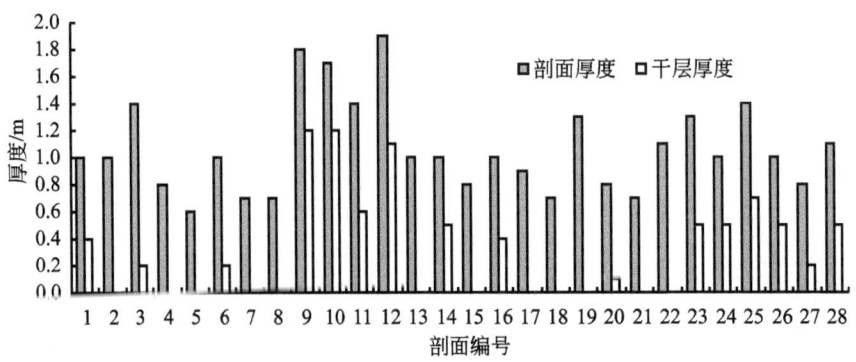

图2-5 沙柳河镇土壤干层分布深度

2.1.3 沙柳河镇地区南部干层成因与水分平衡

沙柳河镇地区南部除了人工灌溉的油菜地没有土壤干层发育之外,其他草地和草灌地均有中度干层发育。为减缓干层的发育强度,值得查明沙柳河镇地区土壤干层产生的成因。黄土高原地区的研究表明,有的土壤干层是人为不合理造林引起的,有的是降水量少和蒸发及蒸腾引起的(侯庆春等,1999;王力等,2000;赵景波等,2007b;2007d)。青海湖地区发育土壤干层的植被主要为天然草原,显然不是人为作用造成的,也表明该区的土壤干层是自然原因造成的。青海湖湖滨平原区海拔约为3200 m,年平均气温为1.2 ℃。由于气温低,蒸发量相对较小,为半干旱气候。该区低草地草高一般不超过20 cm,但草本植物植株间距密集。较少的降水和密集的草本植被吸收消耗水分是该区土壤干层发育的主要原因。该区土壤干层的发育也指示在半干旱的高寒地区也会有自然的土壤干层存在。

土壤干层的发育是在土壤水分的支出大于收入的条件下产生的,也就是说土壤水分处于负平衡的条件下产生的(杨文治和邵明安,2002)。负平衡是大气降水经过蒸发、蒸腾和地表径流损失之后,已没有多余的水分由地表渗入地下,而且植物还可能因吸收深层的土壤水使得原来储存在土壤的水分不断减少。原来储存的水分不断消耗减少是水分负平衡的主要特点。在土壤水分处于负平衡的条件下,地下水缺少大气降水的补给来源,地下水位通常较深。青海湖地区土层越厚,下部干层发育越严重,也表明了该区水分处于负平衡状态。水分负平衡对青海湖水位的影响是很不利的,表明该区除特殊地段之外一般不能通过土壤径流和地下径流补给湖水。要保持青海湖水位的不变或升高,就要保持入湖河流流量不变或使流量增加。因此,应当严格控制对流入青海湖的河流水资源的开发。

已有研究表明,在2004年之前的几十年里,青海湖流域的气候呈向变暖发展的趋势,牧业区气温持续升高,降水量呈现波动变化并略有增加,而蒸发量普遍增大。虽然2004年之后青海湖地区降水量有一定的增加,湖水面有所升高,但2009年土壤中下部普遍都有中度干层发育,指示该区的土壤水分仍然存在不足,不适于深根系乔木生长。由于该区土层较薄,土壤下部水分较为缺乏,所以要维持生态平衡,就必须科学地发展农牧业,合理利用土壤水分,防止草场退化给牧业生产造成不利影响。

黄土高原地区的研究表明,土壤干层的发育会影响植物的正常生长。严重者会导致植物生长不良,出现"小老树"(侯庆春等,1991;王力等,2000),甚至干枯死亡。沙柳河镇地区广泛发育中度土壤干层,在这种情况下,以保持当地自然生长的草原植被为宜,避免发展耗水多、生长快的深根系植被。油菜是沙柳河镇地区主要的经济作物,播种面积较广,也是青海省油菜的主要产区之一。而当地降水量较少,该区一般采取灌溉措施来满足油菜生长的需要。油菜的耗水量要高于其他草本植物(于振文,2003),引河水大面积漫灌会减少入湖水量,导致青海湖湖面下降,所以不宜大面积种植油菜。此外,要大力推广节水灌溉措施,减少不合理灌溉对水分的消耗。

土壤水分不足影响了草地生物量,也限制了牧业的发展。因此,要继续坚持退耕还草战略,以草定畜,科学计算草场的合理载畜量,防止草场退化引起土壤水分的蒸发散失而导致生态环境退化。

2.1.4　沙柳河镇地区适于发展的植被

研究区是我国典型的生态环境脆弱区，气候寒冷、干旱，年蒸发量是年降水量的 3.8 倍，年大风日数多，日照强烈，因而土壤中的水分易处于亏损状态。在青海湖北岸的湖滨平原地区，相对高差不大，造成植物群落在空间地理分布变化的主要原因是环境中的土壤水分含量及土壤全盐含量（刘庆和周立华，1996）。祁如英等（2009）对青海省高寒草地土壤水分变化特征的研究中发现，海北州土壤含水量在地表以下 0.5 m 深度范围内有微弱的下降趋势，降水是影响天然草地土壤水分最直接的因子，当表层土壤趋于干化的情况下，运移较快的重力水和毛管水减少，大气降水补给地下水就会受到限制，从而加剧了深层土壤的缺水，造成整个土层的含水量减少。不同种群的植物根系的水平和垂直分布特征不同（蒋礼学和李彦，2008）。研究区不同降水年不同深度土壤水分的变化特征表明，地表 0.6 m 深度范围内的土层受气象要素影响较大，0.6 m 深度以下的土层在降水较少年和正常年有干层发育，表明该区土壤水分不够充足。青海湖周边区域是我国的主要牧区，尤其是在青海湖巨大湖体所产生的水文效应和气候效应影响下，该区域成为我国优质的天然草场之一。结合研究区土壤含水量变化的特点和土壤干层存在的事实，我们认为研究区应该发展根系较浅、耗水少的草原植被，不适宜较多发展灌木林，更不适宜发展耗水多的乔木种。

2.2　刚察县吉尔孟地区正常年土壤水与水循环

长期以来，土壤水分是森林、草原和农田等生态系统研究的重要内容，尤其是在干旱区和半干旱区，土壤水分的研究更为重要。在干旱和半干旱地区，土壤水分是限制植物生长和分布的主要因子（何其华等，2003），是草原牧业发展、水资源规划与管理及节水农牧业技术研究的重要内容（王月玲等，2005）。过去对黄土高原土壤水分进行了很多研究，认识到黄土高原土壤水分的不足限制了该区人工林的发展，造成了该区造林不成林的问题，并导致了土壤水分的过多消耗和土壤的干化（侯庆春等，1991；侯庆春和韩蕊莲，2000；刘刚等，2004），也造成了异常的水循环（李玉山，1983）。土壤干层在降水增加的条件下是可以恢复的（杜娟和赵景波，2006；赵景波等，2007b；2008c；2011i；李瑜琴和赵景波，2009），但恢复之后降水减少干层还会再次出现。为保持青海湖地区的生态平衡和良好的生态环境，促进该区牧业和旅游业的持续发展，就需要查明该区草原植被生长的土壤水分条件，这对认识该区植被的生长是否正常、草原植被的稳定性以及预测草原产量变化都有非常重要的现实意义。

2.2.1　吉尔孟地区土壤含水量剖面变化

2009 年 8 月我们在吉尔孟乡附近选择了三个采样点进行打钻取样，每个样点打钻孔 8 个，共采取了 24 个钻孔剖面的土壤样品，采样间距为 10 cm。与沙柳河镇一样利用烘干称重法测定土壤含水量。我们仍根据与沙柳河镇相同的土壤水分划分标准，将含水量20%确定为重力水与非重力水的界限,将含水量11%作为干层与非干层的界限,并考虑土壤干化的强度差异进行土壤含水量的分层。

1. 吉尔孟地区第1采样点土壤含水量

第1采样点位于吉尔孟乡政府驻地东南约4.5 km处,位于原吉尔孟火车站南约200 m,采样点周围地形平坦。植被为较低矮的草本植物构成的草原。采样钻孔深度取决于土层厚度,一般打到粗砂或砾石层顶部,钻孔深度一般为1.6~4.4 m。由各钻孔剖面含水量测定结果可知,剖面1[图2-6(a)]平均含水量为5.7%,根据含水量特点可划分为三层,各层深度分别为10~60 cm、70~90cm、100~270 cm,含水量分别为15.1%~22.6%、3.1%~11.0%、0.5%~2.9%,平均含水量分别为18.3%、6.5%、1.4%。剖面2[图2-6(a)]平均含水量为7.2%,可分为两层,各层深度为10~90 cm、100~270 cm,含水量分别为14.4%~19.9%、0.5%~11.5%,平均含水量分别为17.5%、2.0%。剖面3[图2-6(b)]平均含水量为14.7%,可划分为三层,深度分别为10~60 cm、70~110 cm、120~200 cm,含水量分别为20.7%~27.8%、14.0%~17.9%、4.8%~10.6%,平均分别为24.4%、16.0%、7.4%。剖面4[图2-6(b)]平均含水量为9.5%,可划分为三层,各层深度分别为10~60 cm、70~110 cm、120~230 cm,含水量分别为17.2%~25.5%、9.4%~11.7%、1.2%~6.9%,平均含量分别为21.2%、10.2%、3.4%。剖面5[图2-6(c)]平均含水量为8.0%,可划分为三层,各层深度分别为10~20 cm、30~70 cm、80~170 cm,含水量分别为22.6%~26.1%、9.2%~17.3%、0.9%~6.5%,平均分别为24.2%、12.2%、2.8%。剖面6[图2-6(c)]平均含水量为10.5%,可分为两层,各层深度

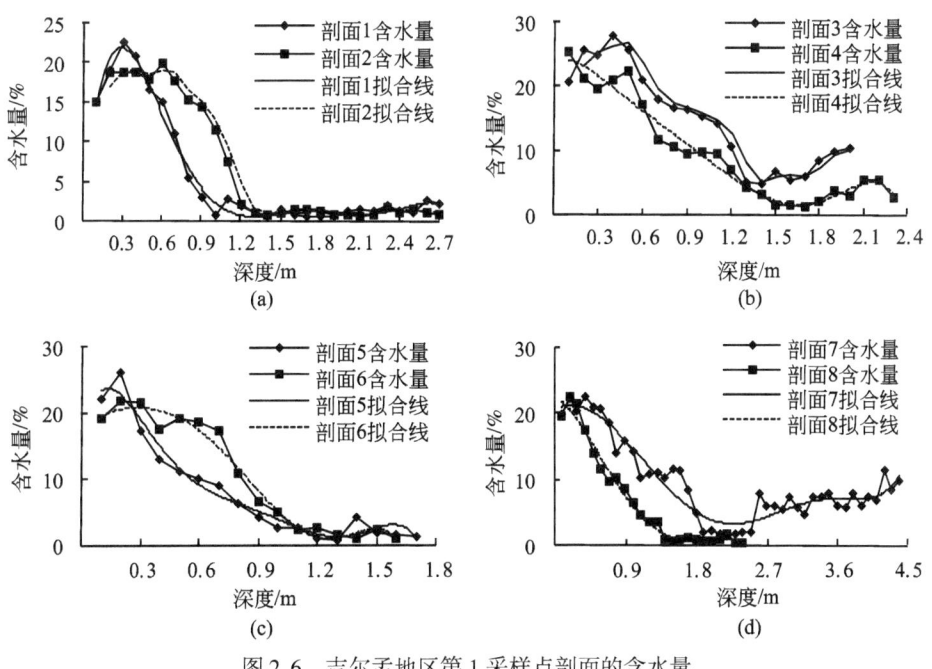

图2-6 吉尔孟地区第1采样点剖面的含水量

分别为10~70 cm、80~160 cm，含水量分别为17.2%~21.8%、0.9%~10.8%，平均分别为19.3%、3.7%。剖面7［图2-6（d）］平均含水量为9.5%，可分为四层，各层深度分别为10~70 cm、80~160 cm、170~250 cm、260~440 cm，含水量分别为18.6%~22.7%、10.3%~14.3%、1.5%~8.5%、4.6%~11.4%，平均分别为20.8%、12.2%、3.0%、7.1%。钻孔剖面8［图2-6（d）］平均含水量为6.8%，可分为三层，各层深度分别为10~40 cm、50~100 cm、110~240 cm，含水量分别为17.5%~22.6%、6.5%~13.9%、0.3%~4.7%，平均分别为20.3%、10.2%、1.5%。

2. 吉尔孟地区第2采样点土壤含水量

第2采样点在第1采样点东约2.5 km，主要植被是较稀疏低矮的草本植物。钻孔间距15~500 m，深度为1.4~4.1 m不等。剖面1［图2-7（a）］平均含水量为8.1%，根据含水量特点可划分为10~40 cm、70~90 cm、100~410 cm三层，含水量变化范围分别为21.2%~23.8%、10.0%~11.4%、2.6%~14.1%，平均含水量分别为22.9%、10.6%、5.4%。剖面2［图2-7（a）］平均含水量为13.3%，根据含水量特点可分为三层，深度分别为10~40 cm、70~90 cm、100~140 cm，含水量变化范围分别为20.2%~25%、9.0%~11.4%、2.5%~10.8%，平均含水量分别为22.5%、10.1%、6.7%。剖面3［图2-7（b）］平均含水量为13.3%，可分为三层，深度分别为10~30 cm、40~90 cm、100~160 cm，含水量变化范围分别为21.0%~21.8%、9.4%~12.9%、3.7%~11.6%，平均分别为21.5%、9.8%、8.5%。剖面4［图2-7（b）］平均含水量为8.5%，根据含水量特点可分为三层，深度分别为10~30 cm、90~190 cm、200~260 cm，含水量变化范围分别为27.6%~31.6%、1.2%~8.4%、3.6%~6.9%，平均含水量30.2%、2.7%、4.9%。剖面5［图2-7（c）］平均含水量为8.5%，根据含水量特点可划分为两层，深度分别为10~30、40~170 cm，含水量变化范围分别为21.5%~29.5%、1.6%~11.7%，平均分别为25.3%、4.1%。剖面6［图2-7（c）］平均含水量为8.4%，根据含水量特点可分为三层，深度分别为10~40 cm、50~80 cm、90~210 cm，含水量变化范围分别为20.5%~23.1%、5.1%~13.1%、1.8%~8.0%，平均含水量分别为21.4%、8.1%、4.2%。剖面7［图2-7（d）］平均含水量为8.7%，根据含水量特点可划分为三层，深度分别为10~20 cm、60~90 cm、100~170 cm，含水量变化范围分别为20.9%~24.9%、6.9%~8.6%、1.7%~5.2%，平均分别为22.9%、7.6%、3.8%。剖面8［图2-7（d）］平均含水量为15.0%，根据含水量特点可划分为两层，深度分别为10~50 cm、110~180 cm，含水量变化范围分别为22.2%~32.8%、4.2%~10%，平均分别为27.9%、6.9%。

3. 吉尔孟地区第3采样点含水量

第3采样点在315国道路南约100 m，青海湖西约2.5 km，地形较平坦，钻孔间距为15~20 m，深度为1.2~2.9 m。主要植被是较稀疏低矮的草本植物。由钻孔剖面含水量测定结果可知，剖面1［图2-8（a）］平均含水量为12.7%，根据含水量特点可划分为两层，深度范围分别为10~40 cm、80~150 cm，含水量变化范围分别为20.0%~26.3%、

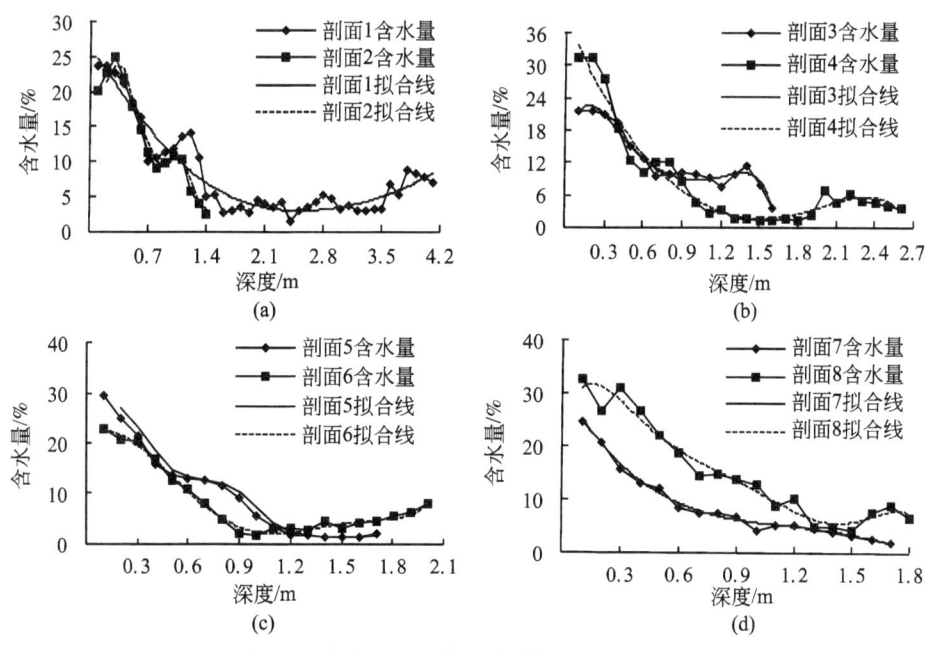

图 2-7 吉尔孟地区第 2 采样点剖面的含水量

55.0%～11.5%，平均分别为 22.4%、7.1%。剖面 2 [图 2-8（a）] 平均含水量为 16.5%，根据含水量特点可划分为两层，深度范围分别为 10～60 cm、90～130 cm，含水量变化范围分别为 20.2%～27.8%、4.5%～11.5%，平均含水量分别为 23.5%、9.2%。剖面 3 [图 2-8（b）] 平均含水量为 15.4%，根据含水量特点可划分为两层，深度范围分别为 10～50 cm、60～110 cm，含水量变化范围分别为 17.9%～27.8%、3.9%～11.6%，平均含水量分别为 23.2%、8.9%。剖面 4 [图 2-8（b）] 平均含水量为 13.8%，根据含水量特点可划分为两层，深度范围分别为 10～20 cm、60～120 cm，含水量变化范围分别为 20.2%～28.5%、6.5%～11.4%，平均含水量分别为 24.3%、9.4%。剖面 5 [图 2-8（c）] 平均含水量为 9.9%，根据含水量特点可划分为两层，深度范围分别为 10～30 cm、80～200 cm，含水量变化范围分别为 20.9%～28.3%、1.3%～9.9%，平均含水量分别为 24.3%、4.5%。剖面 6 [图 2-8（c）] 平均含水量为 9.2%，根据含水量特点可划分为三层，深度范围分别为 10～20cm、120～190 cm、200～290 cm，含水量变化范围分别为 21.8%～29.1%、2.6%～11.6%、0.95%～3.49%，平均含水量分别为 25.5%、6.2%、2.2%。剖面 7 [图 2-8（d）] 平均含水量为 15.0%，根据含水量特点可划分为两层，深度范围分别为 10～60 cm、110～150 cm，含水量变化范围分别为 21.7%～29.5%、2.0%～11.0%，平均含水量分别为 23.8%、5.8%。剖面 8 [图 2-8（d）] 平均含水量为 10.0%，根据含水量特点可划分为三层，深度范围分别为 10～20 cm、110～190 cm、200～290 cm，含水量变化范围分别为 24.0%～29.8%、7.1%～11.8%、1.1%～5.0%，平均含水量分别为 26.9%、9.1%、2.7%。

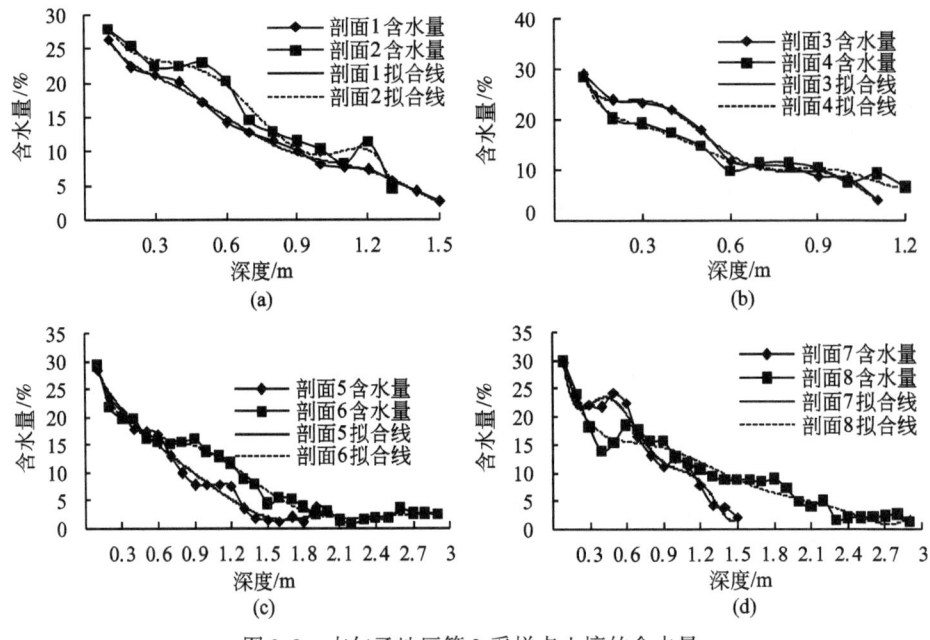

图 2-8　吉尔孟地区第 3 采样点土壤的含水量

2.2.2　吉尔孟地区土壤含水量特点与干层强弱

关于土壤干层及其成因等问题，过去主要是在黄土高原地区进行的研究（黄明斌等，2001；穆兴民等，2003；王志强等，2003；许喜明等，2006；赵景波等，2007a）和关中平原地区开展的研究（赵景波等，2004；2005a；2005b；2007b；2007c；2007d；Zhao et al.，2007），其他地区的研究较少。黄土主要以粉砂为主，一般含量在60%以上，粗粉砂含量多于细粉砂，其次为黏粒和极细砂（刘东生等，1985）。张国胜等（1999）的研究表明，青海省旱地土壤的最大有效水分含量变化范围为20%～25%。根据刚察县吉尔孟地区采样区的粒度分析（见第8章）可知，该区1 m以上以粉砂为主，而1.1 m以下主要是细砂土，上部1 m厚的土层粒度成分与黄土接近，但粗一些。因此，参考黄土高原延安地区土壤干层划分标准（王力等，2000），并结合吉尔孟地区土壤粒度成分特征，把1 m以上11%的含水量作为干层与非干层的标准，即含水量小于11%为土壤干层，大于11%不是土壤干层，含水量变化范围为8%～11%的为轻度干层，5%～8%的为中度干层，5%以下的为严重干层。1.1 m以下干层含水量划分标准应该比黄土高原的低。因此，我们将1.1 m以下的土壤干层标准确定为含水量变化范围为：7%～10%的为轻度干层，含水量为4%～7%的土层为中度干层，含水量小于4%的土层为严重干层。

在黄土高原地区，土壤干层分布深度一般在2 m以下（杨文治和邵明安，2002；赵景波等，2007a；Zhao et al.，2007），这是由黄土高原区当年降水入渗深度可达到2 m左右决定的。如本章2.1节所述，刚察县沙柳河镇地区南部的土壤干层分布深度小，在地表之下60 cm左右深度就出现了长期性土壤干层。吉尔孟地区土壤剖面含水量变化显示，在70cm深度出现了长期性土壤干层。

各采样点的含水量都随着深度增加呈降低趋势，上下部变化幅度极大，且土层下部含水量很低，土壤干化显著，土壤干层发育较强。土层越厚干层就越厚（图2-9），且干化程度随着深度的增加而加重。这三个采样点的植被都是由低矮较稀疏草本植物构成的草原，但土层较厚。把各点的平均含水量进行比较（图2-10）可知，第1采样点平均在80 cm处小于11%，在90～190 cm深度的平均含水量为4.7%，为中度干层；200～290 cm的平均含水量为3.39%，为严重干层；300～440 cm的平均含水量为9.3%，为轻度干层。第2采样点平均在70 cm处含水量低于11%，90～190 cm、200～290 cm、300～410 cm深度范围的平均含水量分别为5.49%、4.48%、5.27%，为中度干层，但也接近严重干层。第3采样点在90 cm处的平均含水量低于11%，100～190 cm的平均含水量为6.8%，为中度干层；200～290 cm含水量小于4%，为严重干层。

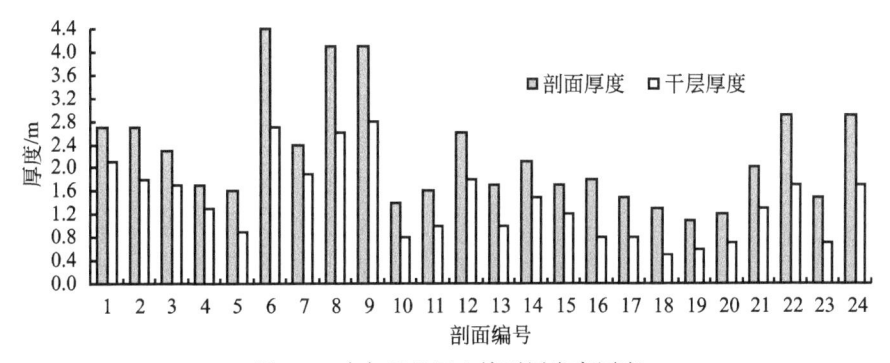

图2-9 吉尔孟地区土壤干层发育厚度

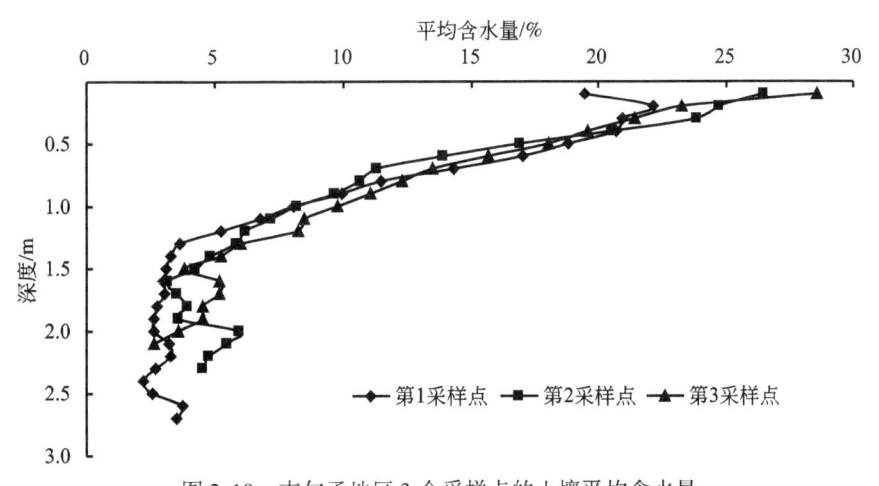

图2-10 吉尔孟地区3个采样点的土壤平均含水量

2009年刚察县降水量为416 mm，属于该地区的降水较多年，水分入渗使得表层土壤含水量显著升高，但当年的降水入渗仍不能到达下部土层，造成了土壤上部含水量明显高于下部。因此，90 cm深度以下的土壤含水量可代表该区正常年土壤含水量和土壤水分不足的状况。

2.2.3 吉尔孟地区生态环境的脆弱性与水循环

生态环境是人类生存和发展的基础。人口的急剧增加和资源的不合理利用，使生态系统自身的调节功能不断下降。生态环境的质量在一定程度上影响着人们的生活质量和生产力的发展水平，因而保护生态环境能够促进生产力的发展。

吉尔孟地区属于高原大陆性气候，降水量较少，限制了植物生长，风速大而且频繁，沙尘暴经常发生。因此，气候条件是决定该区脆弱生态环境的主要因素。该地区的主要植被是草原，草本植物低矮且比较稀疏，由于过度放牧导致了大面积的裸露地表，生态系统极为脆弱，极易发生荒漠化。根据过去制定的生态环境评级指标（史德明和梁音，2002），我们对吉尔孟地区生态环境以权重评分法进行脆弱程度分级，可知本区属于强脆弱区。良好的植被覆盖是维护良好生态环境的重要条件，在本地区脆弱的生态环境下必须高度重视植被建设，恢复和改善已经恶化的生态环境，保护生态安全。

吉尔孟草原土壤普遍发育土壤干层，干层强度一般为中度干层，下部有严重干层。土壤干层的发育是在土壤水分的支出大于收入的条件下产生的，也就是说是在土壤水分处于负平衡的条件下产生的。如本章前面2.1节所述，沙柳河镇地区南部土壤水处于负平衡状态，指示该区大气降水经过蒸发、蒸腾和地表径流损失之后，已没有多余的水分由地表渗入地下，而且植物还可能会因吸收深层的土壤水使得原来储存在土壤的水分不断减少。吉尔孟地区土层越厚，下部干层越强也表明了该区水分处于负平衡状态。水分负平衡对青海湖水位的影响是很不利的，表明在该区一般已不能通过土壤水入渗补给湖水。要保持青海湖水位的不变或升高，就要保持入湖河流流量不变或使流量增加。因此，应当严格控制对流入青海湖的河流水资源的开发。

地表水分的循环形式有蒸发、蒸腾、入渗、泉水流出、地表径流和地下径流（杨文治和邵明安，2002）。刚察吉尔孟一带水循环形式包括蒸发与蒸腾，但其他形式的水循环与降水较多地区水循环（杜娟和赵景波，2006；赵景波等，2007b；2008a；2008c；2011i；李瑜琴和赵景波，2009）有明显不同，值得深入讨论。由于该区降水量较少，加之土壤水分处于亏缺状态，通过入渗进入土壤中的水分很有限，不可能产生蓄满径流，所以通过土壤蓄满产生地表径流并流入青海湖是不可能的。由于降水量少，虽然通过暴雨产生超渗径流可能是存在的，但这部分径流应该是相当小的，所以吉尔孟地区大气降水通过地表径流的方式流入青海湖的水量也是很小的。土壤干层的存在表明大气降水向地下深处的入渗通道被切断（李玉山，1983），大气降水一般不能通过土壤入渗到达地下深处成为地下水的补给来源，也指示该区的水分循环为异常水循环类型。由于通过地表入渗补给地下水的渠道受到阻碍，一般也就缺少通过地下径流流入湖泊的水分。湖滨平原地区地表较为平坦，地下水埋深较大，一般无泉水排泄和泉水形式的水分循环。由此可见，在湖滨平原地区，土壤水分循环的主要形式是大气降水的蒸发和蒸腾。在周围山地地区，地形起伏较大，沟谷发育，利于大气降水的汇集，大气降水通过汇集成为河流，并以这种形式流入青海湖，这也是青海湖湖水最主要的水分来源和补给形式。此外，山前和砂砾分布区水分入渗率高，加之缺少土壤和植被的覆盖，也就很少有蒸发与蒸腾作用的消耗，这样的地区可以构成地下水的补给来源，进而通过地下水的流动构成湖水补给来源。

2.2.4 吉尔孟地区草原荒漠化原因分析

我们的研究（第9章）表明，青海湖流域近50年来降水量总体没有减少，而是在波动中略有增加。近50年来气温增加明显，比全国增温幅度大。气候的这种变化对草原植被会带来什么影响是值得讨论的。过去的研究认为，该区气候的变化是造成该区草原退化和荒漠化的重要原因之一（伏洋等，2007）。如本书第9章所述，该区近50年来气温上升明显，上升幅度高于全国平均值，这会导致蒸发与蒸腾量的增加，但是否会引起土壤含水量减少和草原荒漠化还需要讨论。土壤含水量的测定显示，在经过当前的蒸发与蒸腾消耗之后，该区目前土壤下部水分不足，上部水分较为充足，不能满足深根系耗水多的乔木生长的需要，但能够满足草原植被生长的需要。也就是说升温对近8年的草原退化没有明显影响。相反，在水分较为充足的条件下，升温有利于草原植被的生长和草原产草量的增加。对该区草原生长起关键作用的夏季降水量也没有减少的显示，所以气候变化应该不是该区草原发生荒漠化的主要原因。青海流域确实发生了草原荒漠化，而且较为严重，有些地区发生了严重的沙漠化，很有必要分析其发生的原因。研究区处于高寒地区，气温低造成草原植被较为低矮，生长期较短，生长较为缓慢。在这样的自然条件下，过度放牧很容易引起荒漠化。据研究，青海湖草原区严重超载放牧，这应该是该区草原退化的主要原因。此外，该区荒漠化草原主要分布在青海湖东部和西部的鸟岛附近，这种分布差异的原因值得讨论。严重荒漠化的东部是湖滨平原狭窄地带，是来自日月山的中砂和细砂物质的聚集地带，粗粒的物质组成是湖泊东部发生严重荒漠化的主要原因之一。在湖泊西部发生荒漠化的鸟岛带，是该流域最大河流布哈河入口地区，河流带来的粗粒物质也是西部发生沙漠化的主要原因。由此可见，该区发生荒漠化除了人类的过度放牧因素之外，还与沙漠化地区地表物质较粗、缺乏土壤或土层很薄有很大关系。

2.3 共和县江西沟地区正常年土壤水与水分平衡

土壤水分在区域农业生产、水资源合理利用、环境治理以及生态恢复中具有非常重要的作用。随着全球气候变暖，区域土壤水分的研究备受关注。在中国干旱、半干旱地区以土壤干化为特征的土壤水分亏损状况极为普遍，前人研究了黄土高原的土壤水分问题（李玉山，1983；王力等，2000；杨文治和田均良，2004；陈洪松等，2005；赵景波等，2007a；Zhao et al.，2007），探讨了土壤干化的成因及其区域水文效应，认识到了土壤干化问题及其危害。土壤干化的直接后果是形成土壤干层，严重的干层会直接危害作物和植被的生长。前人对我国黄土高原地区土壤干层的量化指标、区域分异、影响因素、减缓措施以及产生土壤干化的植物种类等方面已做了大量研究，取得了许多成果（杨文治和余存祖，1992；王克勤和王斌瑞，1998；王力等，2001；李林等，2002）。前人曾对青海湖流域土壤水进行过一定的研究，但还缺少对深部土壤水的研究，缺少对土壤水库的评价和江西沟地区土壤水分的研究。鉴于此，我们根据土壤含水量钻孔取样测定，研究江西沟地区土壤水分的剖面分布、土壤水库特点和适于发展的植被，以期为该地区生态环境建设和牧业发展提供科学依据。

虽然青海湖南侧江西沟地区属共和县，但与位于青海湖流域之外南侧共和县城的气候有一定差别，比共和县城的气温偏低，降水偏多。我们于2009年8月1日在共和县江西沟地区选取了三个样点进行采样研究。每个样点利用轻型人力钻采取8个钻孔的样品，各钻孔间隔为10～50 m。第1采样点位于109国道以北约1 km处，海拔3221 km，地理坐标为36°37′N，100°16′E。第2采样点位于第1采样点以北1 km处。第3采样点位于第2采样点以北1 km处。由于受采样点土壤性质的影响，取样深度各不相同，一般为1～2 m，采样间距为10 cm。含水量测定仍采用与前述相同的烘干称重法。为防止水分散失，在采样现场进行烘干前的土壤样品称重。烘干温度为105℃，烘干时间为24小时，烘干前后土重用高精度电子天平称重。

2.3.1　江西沟地区土壤含水量的剖面变化

1. 江西沟地区第1采样点含水量

第1采样点的8个钻孔含水量变化（图2-11）总体类似，但存在一定差别。剖面1取样深度为1.4 m，取样14个。含水量测定结果［图2-11（a）］表明，该孔含水量变化为6.4%～30.1%，平均为16.6%。根据含水量的变化，可将剖面划分为三层。第1层位于0～0.8 m，平均含水量为22.7%。第2层位于0.9～1.1 m，平均含水量为9.8%。第3层位于1.2～1.4 m，平均含水量为7.4%。剖面2取样深度1.3 m，取样13个，含水量变化［图2-11（a）］与剖面1略有不同，深度范围为0.5～0.9 m，剖面2含水量较剖面1约低4%，其余深度均较剖面1高2%～5%。剖面3取样深度2 m，取样20个，含水量变化范围为2.1%～28.9%［图2-11（b）］，平均为13.9%。根据含水量的变化，可将剖面划分为三层。第1层位于0～1 m，平均含水量为20.4%。第2层位于1.1～1.5 m，平均含水量为10.7%。第3层位于1.6～2.0 m，平均含水量为3.9%。剖面4取样深度1.6 m，取样16个，含水量变化与剖面3基本相同［图2-11（b）］。剖面5取样深度2 m，取样20个，含水量变化范围为6.5%～28.9%［图2-11（c）］，平均为13.9%。根据含水量的变化，可将剖面划分为两层。第1层位于0～1.3 m，平均含水量为16.3%。第2层位于1.4～2 m，平均含水量为9.5%。剖面6取样深度1.2 m，取样12个，根据含水量的变化［图2-11（c）］，可将剖面划分为两层。第1层位于0～0.6 m，平均含水量为23.7%。第2层位于0.7～1.2 m，平均含水量为9.2%。剖面7取样深度1.9 m，取样19个，含水量变化范围为2.4%～29.5%［图2-11（d）］，平均为11.2%。根据含水量的变化，可将剖面划分为三层。第1层位于0～0.8 m，平均含水量为20.3%。第2层位于0.9～1.1 m，平均含水量为9.1%。第3层位于1.2～1.9 m，平均含水量为2.9%。剖面8取样深度1.5 m，取样15个，剖面8含水量变化与剖面7略有不同，从第2层下部开始含水量较剖面7约高5%［图2-11（d）］。

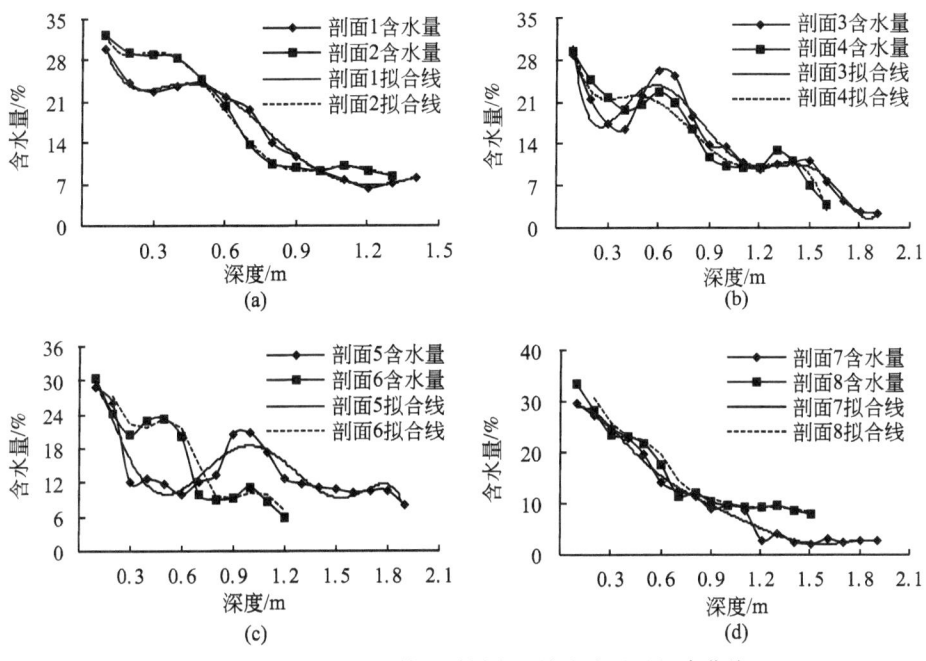

图 2-11　江西沟地区第 1 采样点土壤含水量及拟合曲线

2. 江西沟地区第 2 采样点含水量

第 2 采样点的 8 个钻孔剖面含水量变化（图 2-12）总体类似，但存在一定差别。剖面 1 取样深度 1 m，取样 10 个，含水量变化范围为 2.0%～29.6%［图 2-12（a）］，平均为 16.8%。根据含水量的变化，可将剖面划分为两层。第 1 层位于 0～0.6 m，平均含水量为 22.8%。第 2 层位于 0.7～1.0 m，平均含水量为 7.9%。剖面 2 取样深度 1.1 m，取样 11 个，含水量变化［图 2-12（a）］与剖面 1 不同之处在于 0.4 m 以上较剖面 1 约低 3%，其余深度较剖面 1 约高 4%。剖面 3 取样深度 1.1 m，取样 11 个，含水量变化范围为 3.4%～32.0%［图 2-12（b）］，平均为 15.5%。根据含水量的变化，可将剖面划分为三层。第 1 层位于 0～0.6 m，平均含水量为 21.4%。第 2 层位于 0.7～0.9 m，平均含水量为 10.4%。第 3 层位于 1～1.1 m，平均含水量为 5.1%。剖面 4 取样深度 1 m，取样 10 个，含水量变化［图 2-12（b）］与剖面 3 不同之处在于 0～0.4 m 的含水量较剖面 3 约高 5%，其余深度较剖面 3 约低 3%。剖面 5 取样深度为 1 m，取样 10 个，含水量变化为 1.6%～26.3%［图 2-12（c）］，平均为 13.5%。根据含水量的变化，可将剖面划分为三层。第 1 层位于 0～0.5 m，平均含水量为 19.5%。第 2 层位于 0.6～0.8 m，平均含水量为 9.9%。第 3 层位于 0.9～1m，平均含水量为 3.2%。剖面 6 各层含水量［图 2-12（c）］均较剖面 5 略高。剖面 7 取样深度 1.4 m，取样 14 个，含水量变化范围为 4.5%～29.2%［图 2-12（d）］，平均为 17.1%。根据含水量的变化，可将剖面划分为三层。第 1 层位于 0～0.8 m，平均含水量为 22.4%。第 2 层位于 0.9～1.2 m，平均含水量为 11.7%。第 3 层位于 1.3～1.4 m，平均含水量为 7.1%。

剖面 8 取样深度 1.3 m，取样 13 个，含水量变化特征［图 2-12（d）］与剖面 7 不同之处在于第 3 层下部较剖面 7 约低 4%。

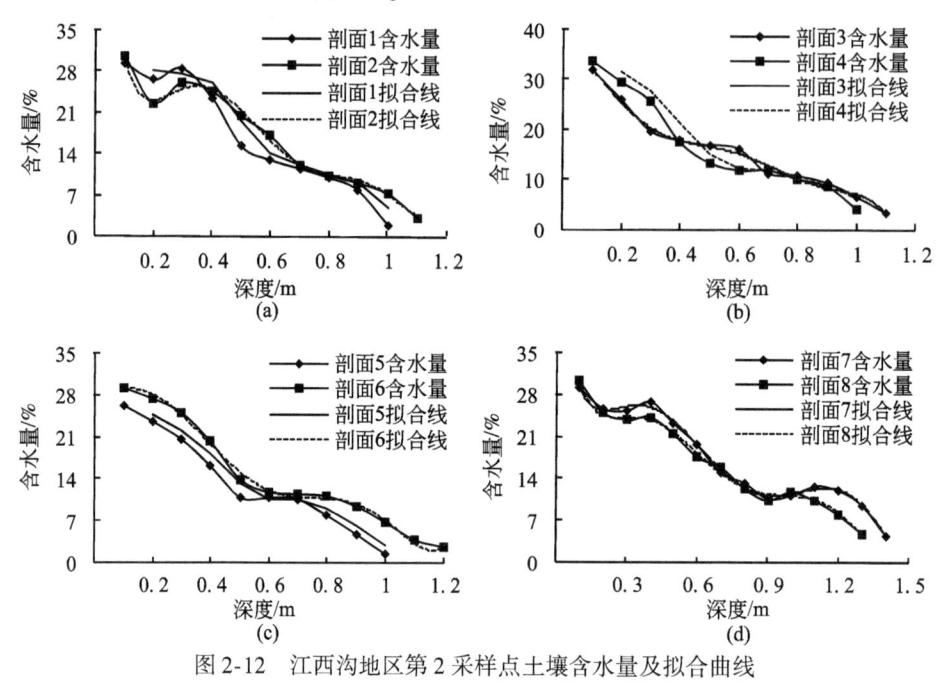

图 2-12　江西沟地区第 2 采样点土壤含水量及拟合曲线

3. 江西沟地区第 3 采样点含水量

该采样点的 8 个钻孔剖面含水量变化（图 2-13）总体类似，但存在一定差别。剖面 1 取样深度 1 m，取样 10 个，含水量变化范围为 5.1%～26.1%［图 2-13（a）］，平均为 11.5%。根据含水量的变化，可将剖面划分为两层。第 1 层位于 0～0.8 m，平均含水量为 17.3%。第 2 层位于 0.9～1 m，平均含水量为 8.6%。剖面 2 取样深度 1.4 m，取样 14 个，含水量变化范围为 2.6%～28.1%［图 2-13（a）］，平均含水量为 14.8%。根据含水量的变化，可将剖面划分为三层。第 1 层位于 0～0.8 m，平均含水量为 19.7%。第 2 层位于 0.9～1.2 m，平均含水量为 10.4%。第 3 层位于 1.3～1.4 m，平均含水量为 4.1%。剖面 3 取样深度 1.3 m，取样 13 个，含水量变化范围为 2.3%～28.6%［图 2-13（b）］，平均为 15.4%。根据含水量的变化，可将剖面划分为两层。第 1 层位于 0～0.9 m，平均含水量为 19.7%。第 2 层位于 1～1.3 m，平均含水量为 5.8%。剖面 4 取样深度 1.5 m，取样 15 个，含水量变化［图 2-13（b）］与剖面 3 不同之处在于第 2 层下部含水量较剖面 3 约高 5%。剖面 5 取样深度为 1.2 m，取样 12 个，含水量变化范围为 1.7%～28.2%［图 2-13（c）］，平均为 15.7%。根据含水量的变化，可将剖面划分为两层。第 1 层位于 0～0.8 m，平均含水量为 20.8%。第 2 层位于 0.9～1.2 m 处，平均含水量为 5.5%。剖面 6 取样深度 1.2 m，取样 12 个，含水量变化［图 2-13（c）］与剖面 5 不同之处在于 0.2～1 m 的含水量较剖面 5 约低 5%。剖面 7 取样深度 1 m，取样 10 个，含水量变化范围为 6.0%～27.2%［图 2-13（d）］，平均为15.6%。根据含水量的变化,可将剖面划分为两层。第1层位于0~0.8 m处,平均含水量为17.4%。第2层位于0.9~1 m处,平均含水量为8.2%。剖面8取样深度1.2 m,取样12个,含水量变化[图2-13 (d)]与剖面7基本相似。

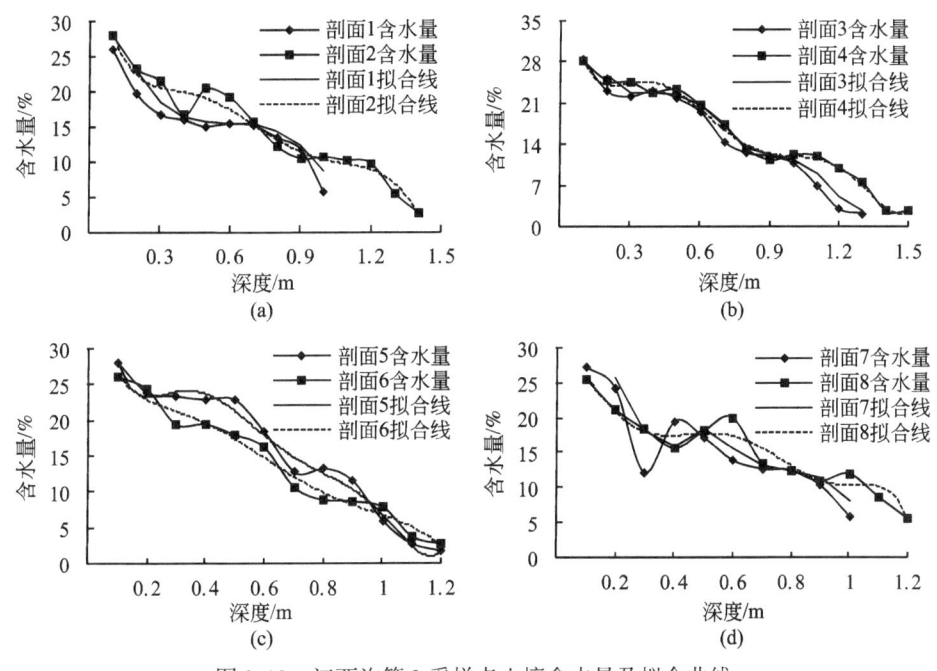

图2-13 江西沟第3采样点土壤含水量及拟合曲线

2.3.2 江西沟地区土壤干层和适于发展的植被

江西沟土壤粒度成分(见第8章)与吉尔孟地区和沙柳河镇地区基本相同,我们仍采用前述的土壤干层划分标准,即以土壤含水量小于11%作为青海湖南侧江西沟地区土壤干层的划分依据,将含水量为8%~11%的确定为轻度干层,含水量为5%~8%的为中度干层,含水量小于5%的确定为严重干层。

根据前述沙柳河镇地区和吉尔孟地区土壤水分研究可知,青海湖北侧土壤0.6 m深度以下发育了长期性土壤干层。位于青海湖南侧的江西沟地区是否存在长期性土壤干层,首先要确定该区土壤含水量高的雨季含水量的多少。在我们采样的8月初已接近该区的雨季中偏后期,这时降水的入渗深度能够代表该区降水的入渗深度。根据秋季钻孔剖面含水量分布可知,即使在降水较多年,该区1 m左右深度也存在水分不足的现象,表明青海湖南侧江西沟地区存在长期性土壤干层。由于受地形和植物分布等因素的影响,江西沟地区土壤干层发育深度存在一定差异(图2-14)。对于较薄的土壤,约在0.8 m深度出现土壤干层,对于较厚的土壤,约在1 m深度出现土壤干层。该区土壤含水量测定结果表明,从土壤干层开始发育深度到钻孔底部0.4 m以上深度,含水量变化为5%~11%,有轻度干层和中度干层发育。该区各土壤剖面底部0.4 m厚度内含水量小于5%,有严重干层发育(图2-14)。与沙柳河镇地区和吉尔孟地区土壤干层分布在0.6 m深度以下相比，江西沟地区土壤干层分布较深，深度在0.8 m或1.0 m之下。资料表明，青海湖南侧由于靠近南山，降水量较多，这是该区土壤干层分布深度较大的原因。江西沟地区土壤干层的存在同样表明，该区不适于种树，即使是种草，也要选择适宜于当地环境的种群，不适于发展高产草种。

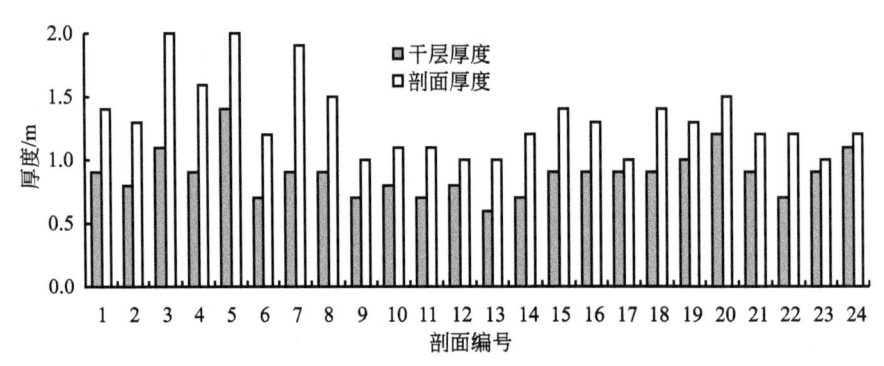

图 2-14 青海湖南侧江西沟地区土壤干层发育厚度

2.3.3 江西沟地区土壤含水量变化特点及原因

青海湖南侧江西沟地区各钻孔土壤含水量在垂向上有着相似的分布特征，均呈现随深度增加而减少的特点。从钻孔上部到下部，含水量变化范围很大，一般变化为2%~30%。约0.6 m深度是含水量高低变化的分界深度，在这一深度以上含水量一般大于15%，在约0.6 m以下土壤含水量明显减小。在近于干旱区土壤剖面中如此大的土壤含水量差异是少见的。据刚察气象站观测资料，2009年青海湖附近降水量增多，出现了该地区的多雨年。降水的增多使得土壤含水量显著升高。由于当年的降水入渗不能到达土层下部或很少能够到达土层下部，造成了土壤上部含水量显著高于下部。因此，0.6 m深度以下的土壤含水量可代表该区正常年土壤含水量和土壤水分不足的状况。

2.3.4 江西沟地区土壤水的存在形式

土壤水存在的主要形式为重力水、毛管水和薄膜水（杨培岭，2005）。当土层含水量超过田间持水量时，就有部分水分成为受重力作用影响的重力水。当土层含水量低于田间持水量时为薄膜水和毛管水。薄膜水是从水膜厚的地方向水膜薄的地方移动，移动速度很缓慢（黄锡荃等，1998；李天杰等，2003）。毛管水是借助毛管力保存在土壤毛细孔隙内的液态水（杨文治和邵明安，2002）。如前所述，在黄土高原南部地区的粉砂土中，含水量大于20%左右时才出现重力水（杨文治和邵明安，2002）。青海湖地区的土壤粒度成分较黄土粗一些（见第8章），初步把江西沟土壤水中含量大于20%的水分确定为重力水。江西沟土壤含水量测定结果表明，在0.6 m以上范围内，含水量变化为15%~30%，多数钻孔剖面土层中含有3%~5%的重力水，最高含有10%左右的重力水。过去的研究表明，在年降水量400 mm以下的较温暖干旱地区，土壤中的含水量通常很低，很少有重力水出现（宋炳煜，1995；张玉宝等，2006）。江西沟地区降水也较少,不应该有重力水出现。当然,如果江西沟地区土壤田间持水量较高,其中所含重力水就较少。本书第8章土壤吸力测定表明,沙柳河镇地区土壤高含水量层位土壤吸力很小,表明确实有重力水存在。这表明0.6 m以上水分含量充足,对草原植物生长有利。这种土壤上部的持续性高含量土壤水在年降水量500~600 mm的黄土高原中南部地区也是见不到的(赵景波等,2005a;2005b;2007b;2007d)。江西沟地区土壤上部出现重力水或高含量的水分聚集应该是该区温度低、土壤冻结期较长和土壤蒸发与蒸腾量小、水分运移缓慢的结果。

2.4 共和县石乃亥地区正常年土壤水与水分运移

共和县石乃亥乡是牧业乡,位于青海湖畔西侧,海拔3200 m。我们在2009年7月27日至29日,对该区进行了打钻取样。选择了三个采样地点进行研究。第1采样点在石乃亥乡环湖西路西约200 m处,地理坐标为36°59′N、99°36′E,海拔为3205 m。第2采样点在第1采样点东北方向约1 km处,地理坐标为36°59′N、99°36′E,海拔为3196 m。第3采样点在第1采样点向西约1 km处,地理坐标为36°59′N、99°35′E,海拔为3208 m。在每个采样点用轻型人力钻打钻孔8个,钻孔深度到土层之下的砂砾石上界。采样间距为10 cm。含水量的测定采用了与前述相同的烘干称重法。

2.4.1 石乃亥地区土壤含水量变化

1. 石乃亥地区第1采样点含水量

由第1采样点钻孔剖面1含水量测定结果[图2-15(a)]可知,该剖面含水量变化范围为4.2%~34.9%,平均含水量为15.3%。根据土壤干化特点和水分存在形式,可将剖面分为三层。第1层为0~0.4 m,含水量变化范围为22.7%~34.9%,平均为27.9%。第2层为0.5~0.6 m,含水量变化范围为14.4%~17.2%,平均为15.8%。第3层为0.7~1.2 m,含水量变化范围为3.8%~10.5%,平均为6.7%。整个剖面土壤含水量随深度的增加呈迅速降低的特点。剖面2含水量变化特点[图2-15(a)]与剖面1相似,但剖面2含水量较剖面1含水量约高1.2%。

由钻孔剖面3含水量测定结果[图2-15(b)]可知,该剖面含水量变化范围为5.5%~33.2%,平均含水量为18.5%。根据土壤干化特点和水分存在形式,可将剖面分为三层。第1层为0~0.5 m,含水量变化范围为20.4%~33.2%,平均为27.3%。第2层为0.6~0.8 m,含水量变化范围为14.5%~19.5%,平均为16.7%。第3层为0.9~1.2 m,含水量变化范围为5.5%~11.5%,平均为9.0%。整个剖面土壤含水量由上向下呈波动减少的趋势。剖面4含水量变化特点[图2-15(b)]与剖面3有一定不同,该孔含水量变化范围为9.6%~38.6%,平均含水量为21.4%。根据土壤水分含量和存在形式,可将剖面分为两层。第1层为0~0.5 m,含水量变化范围为21.7%~38.6%,平均为28.1%。第2层为0.6~1.4 m,含水量变化范围为9.6%~23.9%,平均为17.9%。

由钻孔剖面 5 含水量测定结果［图 2-15（c）］可知，该剖面含水量变化范围为 5.1%～21.2%，平均含水量为 11.2%。根据土壤干化特点和含水量变化特征，可将剖面分为两层。第 1 层为 0～0.6 m，含水量为 11.0%～21.2%，平均为 16.9%。第 2 层为 0.7～1.5 m，含水量为 5.1%～10.0%，平均含水量为 7.4%。整个剖面土壤含水量随深度的增加呈急剧减少的特点。剖面 6 含水量变化特点［图 2-15（c）］与剖面 5 不同，该剖面含水量变化范围为 4.8%～21.9%，平均为 14.0%。根据土壤干化特点和含水量变化特征，也可将剖面分为两层。第 1 层为 0～0.9 m，含水量为 12.1%～21.9%，平均为 16.6%。第 2 层为 1.0～1.4 m，含水量为 4.8%～11.8%，平均为 9.4%。

由钻孔剖面 7 含水量测定结果［图 2-15（d）］可知，该剖面含水量变化范围为 19.7%～30.1%，平均含水量为 23.1%。上部含水量高于下部，整个剖面土壤含水量较高，一般都在 20% 以上，随深度的增加呈缓慢减少的特点。剖面 8 含水量变化特点［图 2-15（d）］与剖面 7 有较大差别，该剖面含水量变化范围为 8.1%～30.8%，平均含水量为 17.7%。根据土壤干化特点和水分存在形式，可将剖面分为三层。第 1 层为 0～0.5 m，含水量变化范围为 20.1%～30.8%，平均为 26.2%。第 2 层为 0.6～0.8 m，含水量变化范围为 12.2%～16.0%，平均为 14.2%。第 3 层为 0.9～1.2 m，含水量变化范围为 8.1%～10.9%，平均为 9.9%。

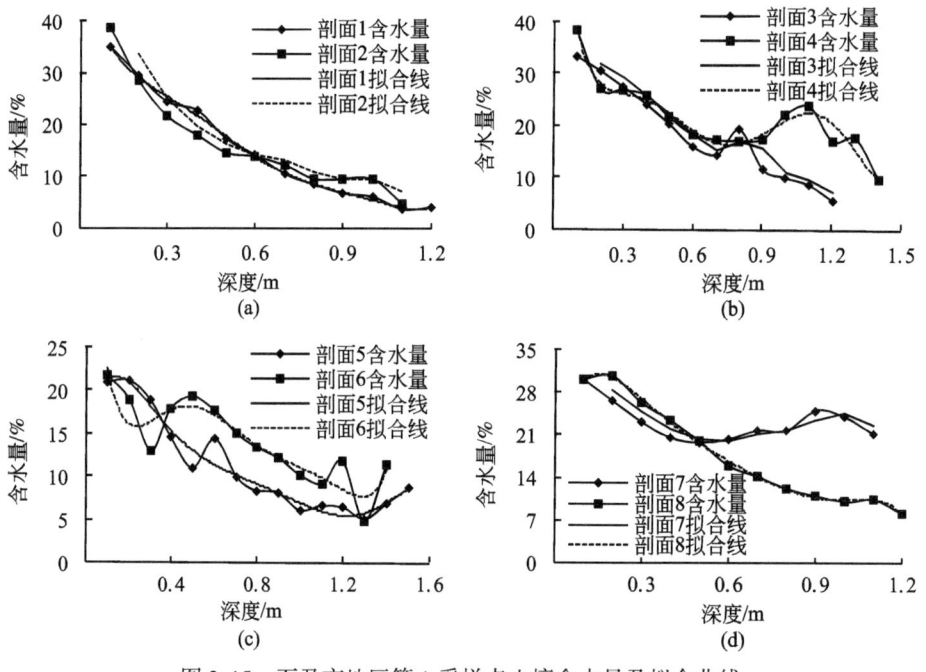

图 2-15　石乃亥地区第 1 采样点土壤含水量及拟合曲线

2. 石乃亥地区第 2 采样点含水量

第 2 采样点钻孔剖面 1 取样深度 1.7 m，取样 17 个，含水量变化范围为 15.9%～36.3%，平均含水量为 23.8%［图 2-16（a）］。根据土壤水分含量与存在形式变化，可将剖面分为三层。第 1 层位于 0～0.4 m，含水量变化范围为 24.6%～36.3%，平均为30.8%。第2层为0.5~0.7 m,含水量变化范围为19.0%~19.6%,平均为19.3%。第3层为0.8~1.7 m,含水量变化范围为15.9%~26.8%,平均为22.4%。整个剖面土壤含水量随深度的增加呈由高到低又到高的变化特点。剖面2含水量变化趋势与剖面1相似,但剖面2平均含水量[图2-16(a)]为20.0%,比剖面1含水量约低3.8%。

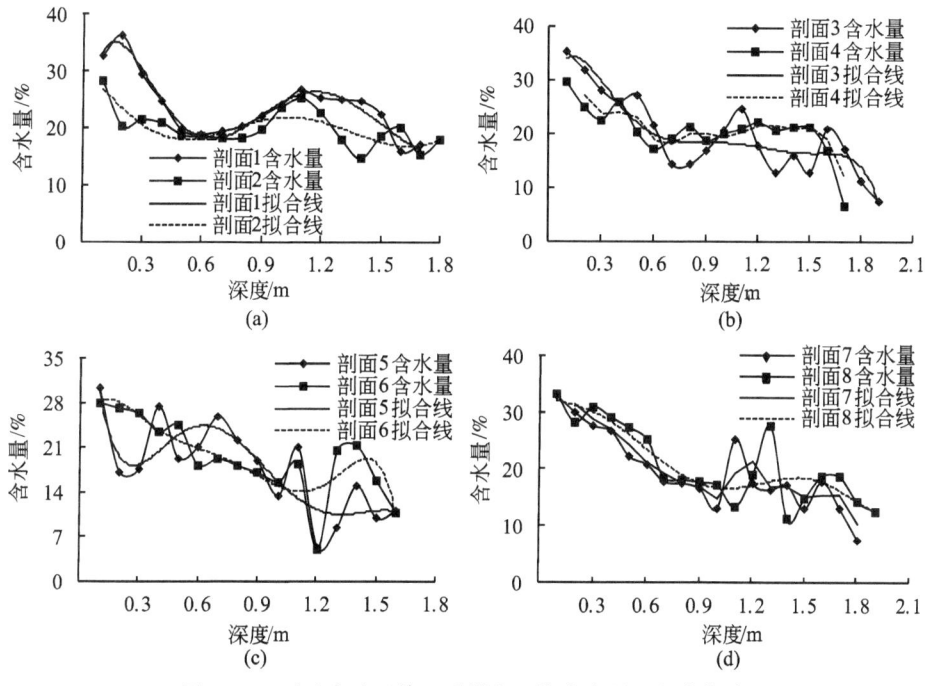

图2-16 石乃亥地区第2采样点土壤含水量及拟合曲线

钻孔剖面3取样深度1.9 m,取样19个,含水量变化范围为7.5%~35.1%,平均含水量为19.8% [图2-16(b)]。根据土壤干化特点和水分存在形式,可将剖面分为三层。第1层为0~0.6 m,含水量变化范围为21.4%~35.1%,平均为28.2%。第2层为0.7~1.7 m,含水量变化范围为12.6%~24.7%,平均为17.0%。第3层为1.8~1.9 m,含水量变化范围为7.5%~11.2%,平均为9.4%。整个剖面土壤含水量随深度的增加呈缓慢降低的特点。剖面4含水量变化趋势[图2-16(b)]与剖面3相似,但剖面4含水量比剖面3含水量约高0.7%。

钻孔剖面5孔取样深度1.6 m,取样16个,含水量变化范围为5.3%~30.4%,平均含水量为17.8% [图2-16(c)]。根据土壤干化特点和含水量变化,可将剖面分为两层。第1层为0~1.1 m,含水量变化范围为13.5%~30.4%,平均为21.3%。第2层为1.2~1.6 m,含水量变化范围为5.3%~15.0%,平均为9.9%。整个剖面土壤含水量随深度的增加呈缓慢降低的特点。剖面6含水量变化特点[图2-16(c)]基本与剖面5相似,但剖面6含水量比剖面5含水量高1.6%。

钻孔剖面7取样深度1.8 m,取样18个,含水量变化范围为7.5%~33.0%,平均含水量为19.7% [图2-16(d)]。根据土壤含水量及水分存在形式,可将剖面分为两层。第1层为0~0.6 m,含水量变化范围为20.8%~33.0%,平均为26.8%。第2层为0.7~1.8m，含水量变化范围为7.5%~25.4%，平均为16.1%。整个剖面土壤含水量由上向下在波动中逐渐减少。剖面8含水量变化特点［图2-16（d）］与剖面7相近，但剖面8平均含水量比剖面7高1.3%。

3. 石乃亥地区第3采样点含水量

第3采样点钻孔剖面1含水量测定结果［图2-17（a）］显示，该剖面含水量变化范围为8.3%~35.8%，平均含水量为20.8%。根据土壤干化特点，可将剖面分为三层。第1层位于0~0.3m，含水量为23.2%~35.8%，平均含水量为29.7%。第2层位于0.4~0.5m，含水量为16.3%~19.9%，平均含水量为18.1%。第3层位于0.6~0.7m，含水量为8.3%~11.9%，平均含水量为10.1%。整个剖面土壤含水量由上向下呈急剧减少的趋势。剖面2含水量变化特点［图2-17（a）］与剖面1相近，但剖面2含水量较剖面1含水量高2.0%，波动变化也大一些。

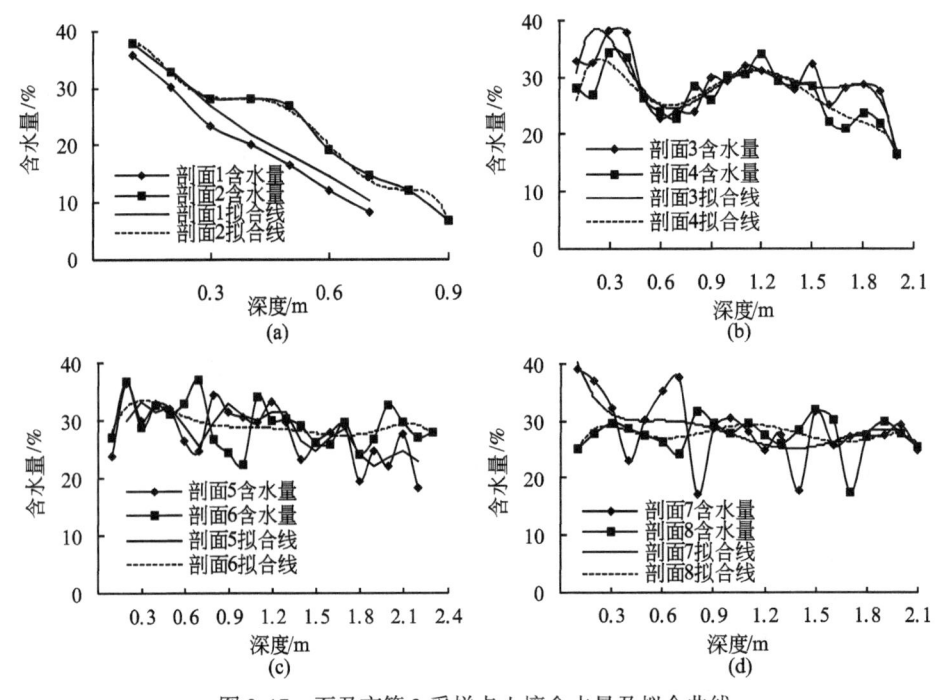

图2-17 石乃亥第3采样点土壤含水量及拟合曲线

由图2-17可以得知，钻孔剖面3至钻孔剖面8含水量［图2-17（b）、（c）、（d）］变化与钻孔剖面1、钻孔剖面2显著不同，这6个剖面含水量较高，一般都在20%以上；土壤剖面中的含水量分层不明显，含水量的波动变化较大；由上向下含水量减小的趋势不明显，整个剖面都含有重力水。

2.4.2 石乃亥地区土壤干层与划分标准

根据后述第8章粒度分析资料可知，石乃亥地区土壤粒度成分与吉尔孟地区土壤粒度成分以及沙柳河镇地区土壤粒度成分相近，所以我们仍把含水量小于11%作为确定土壤干层的标准,并把含水量为8%~11%的土层划分为轻度干层,把含水量为5%~8%的土层划为中度干层,含水量小于5%的土层划为严重干层。

青海湖西侧石乃亥地区土壤含水量测定结果表明,第1采样点的8个钻孔剖面中有6个存在不同程度的土壤干层,干层厚度为0.4~0.9 m,平均厚度为0.5 m。第2采样点的8个钻孔剖面中有2个存在土壤干层,干层厚度分别为0.2 m、0.5 m。第3采样点的8个钻孔剖面中有2个存在土壤干层,干层厚度都为0.2 m。由于受地形和植物分布等因素的影响,青海湖西侧石乃亥地区土壤干层发育深度存在一定差异(图2-18)。对于较薄的土壤,在约0.6 m深度处出现土壤干层,对于较厚的土壤,在约1.4 m深度处出现干层。由第1采样点土壤含水量测定结果(图2-15)可知,从土壤干层开始出现深度到钻孔底部,含水量变化为5%~11%,有轻度干层和中度干层存在。虽然该区有的土壤剖面底部含水量小于5%,但底部土壤粒度以较粗的细砂和粗砂为主,显然此深度以下的干层不是严重干层,应为中度干层。与刚察沙柳河镇地区、吉尔孟地区、江西沟地区的土壤干层相比,石乃亥地区干层发育较弱,且不普遍。

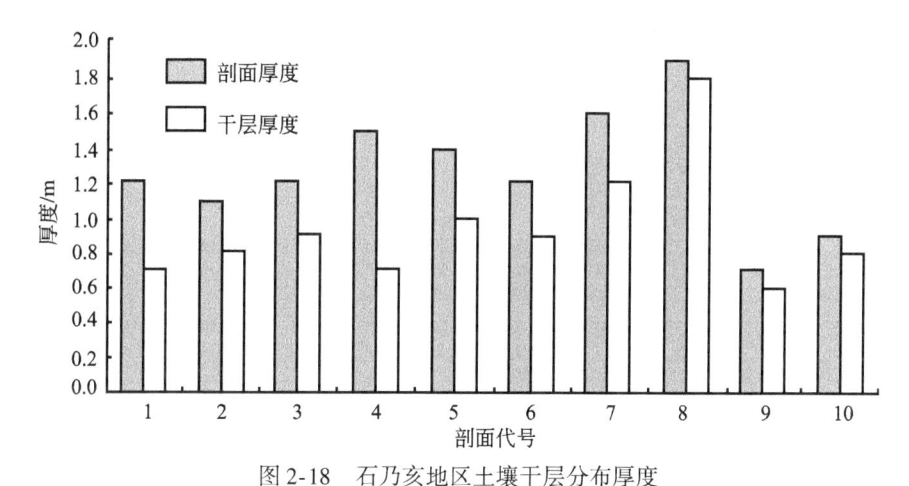

图2-18 石乃亥地区土壤干层分布厚度

1~6分别为第1采样点钻孔1至钻孔6含水量;7、8分别为第2采样点的钻孔1和钻孔2含水量;
9、10分别为第3采样点钻孔1和钻孔2含水量

2.4.3 石乃亥地区土壤剖面含水量变化类型与原因

青海湖西侧石乃亥地区多数钻孔土壤含水量剖面分布特别,上部含水量很丰富,为含量普遍大于20%的高含量土壤水,含有重力水。根据含水量的变化,该区土壤含水量变化可分为两种类型。一种是上部含水量很高,下部含水量相当低,有土壤干层发育。另一种是土壤剖面上部含水量很高,下部含水量也较高,无土壤干层发育。调查得知,青海湖地区土壤含水量出现上部很高是2009年和近几年青海湖地区降水量增多和水分运移缓慢并在土壤上部聚集引起的,土壤下部含水量低是正常年降水较少造成的。2009年和更早几年青海湖流域年均降水量一般约为400mm,比多年平均降水量增加了约50 mm,为该地区降水较多年。多雨年的出现造成了钻孔剖面含水量变化范围很大,从上部的39.1%减少到下部的3.8%。观测表明,对于厚度小的土层来说,约

0.6 m深度处是含水量高低变化的分界深度,这一深度是2009年雨季降水量入渗到达的主要深度。在0.6 m以上,受持续降水增多的影响,土壤含水量一般高于20%;在0.6 m以下,尚未受到当年降水的影响,含水量一般为5%~20%。由于0.6 m以下在2009年7月基本还没有受到当年降水的影响,能够代表正常年的土壤含水量。根据0.6 m以下土壤含水量判断,该区有近二分之一的土壤剖面水分存在一定的不足。

因为乔木或人工林的根系较深,消耗的水分较多,所以青海湖西侧石乃亥地区土层水环境适于发展草原植被和消耗水分少的农作物,不适于发展人工林。

2.5 青海湖流域土壤上部水分的滞留性

在自然界绝大多数地区土壤水分的剖面分布中,土壤上部是土壤水分的易变化带,雨季降水之后,特别是持续性降雨之后,土壤下部含水量高(杨文治等,2002;赵景波等,2007)。我们对关中平原和陕北洛川等地的多年研究(图2-19、图2-20、图2-21)得知,在陕西2002年干旱年,土壤6 m深度范围内含水量总体较低,中上部含量低,下部含量高(赵景波等,2005b;2005c;2007a;2011i)。在干旱和半干旱温暖地区,土壤剖面水分含量一般都较低,干旱区通常低于10%(宋炳煜,1995;张玉宝等,2006)。在温暖半湿润地区的降水量显著增多年份,土壤水分含量整体较高,但在雨季之后,仍然是土壤上部含水量低于中下部(杜娟等,2006;2007;李瑜琴等,2006;2007;2009;赵景波等,2007b;2011i)。例如,2003年关中和陕北洛川地区年降水量达到了880 mm左右,在雨季之后土壤含水量显著升高,但上部2 m深度范围内土壤含水量仍低于2~4m的土壤含水量(图2-19、图2-20)。到了丰水年之后次年的2004年11月,土层中上部含水量就低于下部(图2-19、图2-20)。我们在无灌溉的麦地土壤采样研究表明,剖面中含水量的垂向变化一般也是上部低于下部(图2-21)。如果仅考虑2 m深度范围内的含水量变化,黄土高原地区土壤含水量特点是差异较小,含水量较低(图2-19至图2-21),与青海湖流域土壤含水量的剖面变化也大不相同。

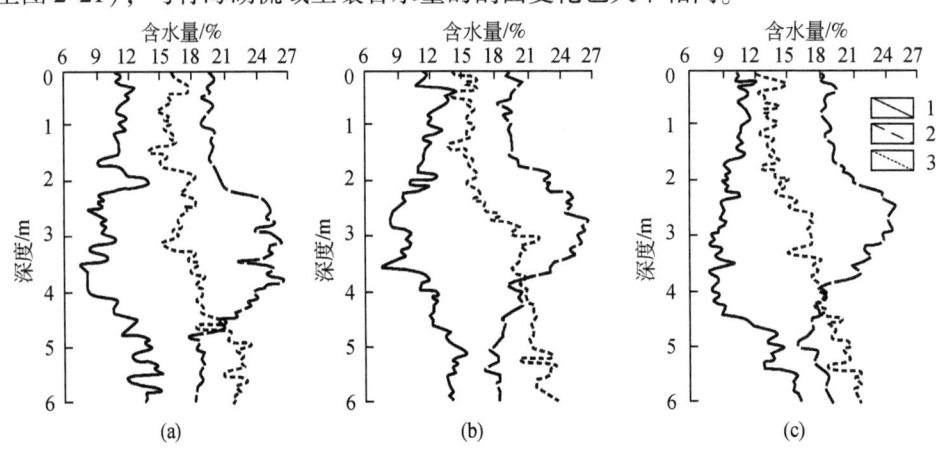

图2-19 西安曲江村15龄苹果林地土层含水量

(a)、(b)、(c)分别为a、b和c样点土层含水量;1.2002年4月干旱年土层含水量;
2.2003年12月土层含水量;3.2004年11月土层含水量

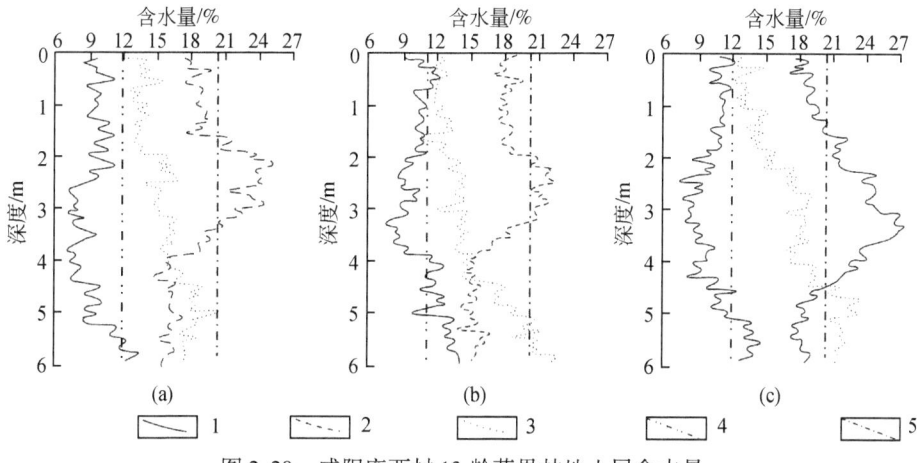

图 2-20 咸阳庞西村 13 龄苹果林地土层含水量

(a)、(b)、(c) 分别为 a、b、c 样点钻孔土层含水量；1. 2002 年 11 月土层含水量；2. 2003 年 12 月土层含水量；3. 2004 年 11 月土层含水量；4. 干层与非干层含水量分界线；5. 重力水与非重力水含量分界线

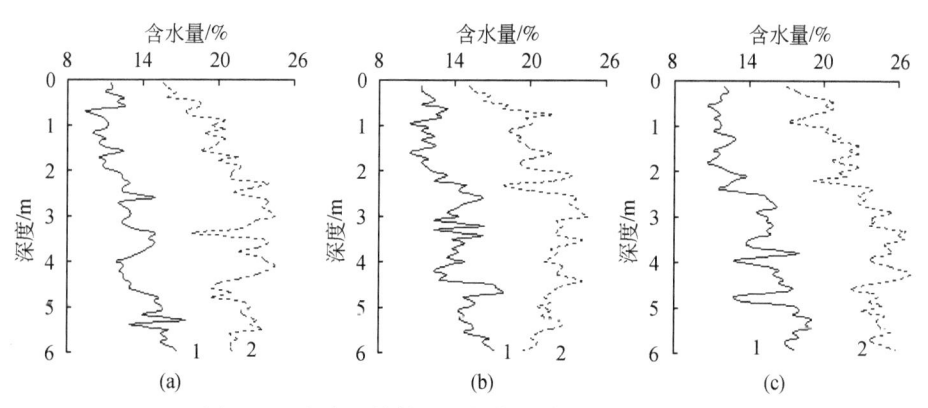

图 2-21 长安双竹村和西安曲江村麦地土壤含水量

(a)、(b) 为长安双竹村麦地剖面含水量；(c) 为西安曲江村麦地剖面含水量；1. 2003 年 3 月土壤含水量曲线；2. 2007 年 6 月含水量曲线

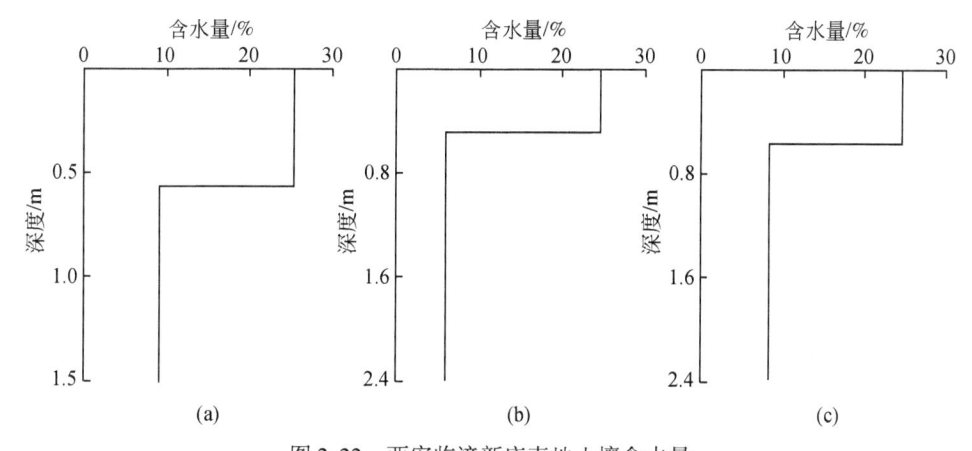

图 2-22 西安临潼新庄麦地土壤含水量

1. 2003 年 3 月含水量曲线；2. 2007 年 6 月含水量曲线

青海湖流域刚察县、共和县多个观测点的含水量测定以及后述海晏县含水量测定均表明，该区土壤上部含水量较高，中下部显著降低（图2-22），土壤剖面上部0.3 m或0.5 m深度范围内土壤水分含量最高，常常超过20%，甚至达到30%以上。青海湖流域含水量的这种垂向分布不论在旱季还是在雨季都有同样的表现。虽然2004～2011年青海湖流域降水量较多，一般为410 mm左右，是该地区的多雨年，这会提高该区土壤水分含量水平，但是410 mm的年降水量仍然是较低的。按照一般的土壤水分的剖面变化规律，在这样的降水量条件下，雨季之后特别是雨季之后的次年5～6月的旱季，土壤水分含量应该是上部低、下部高，但实际的变化则相反。不但青海湖流域土壤剖面上部水分含量高，而且含量达到了甚至超过了关中平原地区降水量880 mm的丰水年土壤上部含量水平（图2-19至图2-21）（杜娟等，2006；2007；李瑜琴等，2006；2007；2009；赵景波等，2007b；2011i）。这种土壤水分的剖面变化非常特别，显示该区土壤水分具有在土壤剖面上部滞留的突出特点。土壤水分在上部滞留要求土壤水分向下运移很缓慢，大气降水在土壤表层或上部聚集。

关于青海湖流域土壤水分在剖面上部滞留的原因，如前面有关章节所述，主要是该区气温低造成的。对比陕西黄土高原和青海湖流域的气候条件可知，青海湖流域气候寒冷，年平均温度0℃左右，土壤水分冻结期长达5个月之久。在该区9月雨季之后，土壤水分逐渐进入冻结期，冻结作用阻碍了土壤水分的向下运移，也避免了土壤水分的蒸发消耗，使得土壤水分能够保持在土壤的上部。在次年5～6月的旱季，是水分向下运移、蒸发和蒸腾的季节，但由于这2个月温度仍然较低，所以蒸发与蒸腾作用较弱，导致土壤水分消耗缓慢，土壤上部仍然保留了比中下部多的水分。该区气温较低，草原植物生长期短，生长缓慢，草原产草量较低，这都减少了土壤水分的消耗。我们的入渗实验（见第7章）和土壤吸力实验（见第8章）表明，该区土壤的入渗率并不小（赵景波等，2011c），而且比黄土高原的土壤入渗率还大，该区土壤吸力也不大，因此该区应该主要不是土壤入渗率低和土壤吸力大造成了土壤水分在上部滞留。

该区土壤水分在上部滞留既有有利的一面，也有不利的一面。对保持草原植被的良好生长、保持良好的生态环境和牧业发展来讲，土壤水分在上部滞留是非常有利的，这能够为草原植被提供较充足水分，利于畜牧业的发展和良好的草原生态环境的稳定，具有阻碍自然条件下发生荒漠化的重要作用。这种滞留性表明，该区草原在自然条件下稳定性较好，具有一定的阻碍荒漠化的能力。不利的一面是水分滞留使得大气降水不能通过或很少通过入渗补给地下水和湖水，使得地下水和湖水的补给来源减少。尽管土壤水分在上部滞留存在不利的一面，但总体来讲有利的方面是主要的。由于青海湖湖水主要来自河流的补给和降水对湖面的补给，所以土壤水分的入渗自然很少对青海湖湖水位的变化有影响。

第 3 章　刚察县沙柳河镇地区多雨年土壤水与干层恢复

2004 年来青海湖流域降水较多，年平均降水量一般为 400 余毫米，2009 年降水量为 416mm，比正常年降水量多 50 mm 左右，是该区降水较多年份。黄土高原的研究表明，丰水年土壤干层是能够恢复的，而且恢复的过程较短，恢复后的含水量较高（杜娟和赵景波，2005；2006；2007；李瑜琴和赵景波，2005；2006；2007；2009；陈宝群等，2006；赵景波等，2007a；2008c；2011i）。干旱、半干旱地区和高寒地区土壤干层和水分恢复是研究很少的问题，对其研究不仅具有理论意义，而且对土壤水资源的科学利用具有实际意义。青海湖流域气候寒冷，土壤冻结期较长，在降水较多年土壤干层中的水分能否恢复和恢复过程需要多长时间是很值得研究的问题。

3.1　沙柳河镇地区 2010 年与 2011 年土壤含水量

土壤水分在区域农业生产、水资源利用、环境治理以及生态恢复中有重要意义。目前，对黄土高原地区土壤水分的变化规律已做了大量研究，认识到土壤干层的存在是影响该区水循环、水土保持和植被建设的一大瓶颈（王国梁等，2003；杨文治和田均良，2004；陈洪松等，2005；Zhao et al.，2007）。如第 2 章所述，土壤干层是半干旱和半湿润环境下，由于降水不足，在植物的蒸腾和土壤蒸发双重作用下，土壤水分出现负补偿，从而在土体的一定深度形成稳定的低湿层（杨文治和邵明安，2002）。近年来，受人类活动和全球变暖趋势的影响，青海湖流域草地退化、水土流失加剧，荒漠化扩展、生物多样性锐减，生态环境问题突出（丁永建和刘凤景，1995；杨修等，2003；郑度和姚檀栋，2004；简季等，2006；伏洋等，2008；时兴合等，2008；孙永亮等，2008）。前面第 2 章的研究表明，青海湖流域已有土壤干层发育，认识该区土壤水分在正常年和丰水年的变化特征对预测草原生物量有实际作用。鉴于此，本书依据青海湖北部和西北部 2010 年和 2011 年土壤含水量的测定资料，研究不同降水年土壤水分的变化特征，土壤干层恢复的可能性、恢复深度，土壤水分平衡及适于发展的植被，可为青海湖流域生态环境保护提供科学依据。

3.1.1　沙柳河镇地区 2010 年土壤含水量变化

2010 年 6 月初，我们在刚察县沙柳河镇地区共选取了 3 个样点进行采样研究。每个样点利用轻型人力钻采取 8 个钻孔的样品，各钻孔间隔 10~50 m。第 1 采样点位于沙柳河镇原火车站东南约 200 m 处，南距青藏铁路 150 m，采样点距离青海湖西北侧约 3 km，地理坐标为 37°08′N、99°37′E，海拔 3232 m。该采样点地势平坦，草原植物较为茂密，高约 5 cm，周边有零星的高草丛。第 2 采样点位于第 1 采样点东南约 1 km 处，距离青藏铁路东南方约 150 m 处，地理坐标为 37°08′N、99°39′E，海拔 3222 m，常见成片茂密的高草丛出现。采样点均选在地势较为宽阔、平坦的地带。第 3 采样点在第 2 采样点东南约 1km 处，位于 315 国道东南约 100 m 处，地理坐标为 37°09′N、99°41′E，海拔 3239 m，该采样点附近有较多成簸箕状低丘分布，地势有一定起伏。大多数钻孔位于低丘的缓坡地带，个别钻孔位于低丘的中部和顶部，采样点主要以草高约 10 cm 的草地为主，但也常有成片茂密的高约 30 cm 的高草丛分布。各样点取样深度取决于土层厚度，一般将细粒土层全部打穿，钻孔深度一般为 1.5~3 m，取样间距为 10 cm。

含水量测定采用与第 2 章相同的烘干称重法。为防止水分散失，在采样现场进行烘干前的土壤样品称重。烘干温度为 105℃，烘干时间为 24 小时，烘干前后土样用高精度电子天平称重。含水量计算公式也与第 2 章所用相同。

1. 沙柳河镇地区 2010 年第 1 采样点土壤含水量

该采样点 a 孔含水量测定结果 [图 3-1 (a)] 表明，剖面 1 含水量变化为 20.5%~38.9%，平均为 33.9%，根据含水量的变化，可将剖面划分为两层。第 1 层位于 0~0.6 m，含水量变化范围为 34.4%~38.9%，平均为 37%。第 2 层位于 0.7~0.8 m，含水量变化范围为 20.5%~28.9%，平均为 24.7%。剖面 2 含水量变化范围为 12.3%~35.1% [图 3-1 (a)]，平均为 25.8%。根据含水量的变化，可将剖面划分为两层。第 1 层位于 0~0.6 m，含水量变化范围为 27.6%~35.1%，平均为 32.4%。第 2 层位于 0.7~0.9 m，含水量变化范围为 12.3%~13%，平均为 12.7%。剖面 3 含水量变化范围为 11.9%~36.3% [图 3-1 (b)]，平均为 28.2%。根据含水量的变化，可将剖面划分为两层。第 1 层位于 0~0.9 m，含水量变化范围为 25.8%~36.3%，平均为 31.5%。第 2 层位于 1.0~1.1m，含水量变化范围为 11.9%~14.6%，平均为 13.3%。剖面 4 含水量变化范围为 10.9%~33.6% [图 3-1 (b)]，平均为 29.1%。根据含水量的变化，可将剖面划分为两层。第 1 层位于 0~0.6 m，含水量变化范围为 30.6%~33.6%，平均为 32.1%。第 2 层位于 0.7~0.8 m，含水量变化范围为 10.9%~29.0%，平均为 20%。剖面 5 含水量变化范围为 11.8%~38.3% [图 3-1 (c)]，平均为 25.1%。根据含水量的变化，可将剖面划分为三层。第 1 层位于 0~0.4 m，含水量变化范围为 31.1%~38.3%，平均为 33.4%。第 2 层位于 0.5~0.6 m，含水量变化范围为 21.7%~25.4%，平均为 23.6%。第 3 层位于 0.7~0.9 m，含水量变化范围为 11.8%~20.5%，平均为 15.1%。剖面 6 含水量变化范围为 10.7%~31.5% [图 3-1 (c)]，平均为 26.3%。根据含水量的变化，可将剖面划分为两层。第 1 层位于 0~0.6 m，含水量变化范围为 26.8%~31.5%，平均为 30%。第 2 层位于 0.7~0.8 m，含水量变化范围为 10.7%~19.7%，平均为 15.2%。剖面 7 含水量变化范围为 19.0%~34.3% [图 3-1 (d)]，平均为 26.9%。根据含水量的变化，可将剖面划分为两层。第 1 层位于 0~0.5 m，含水量变化范围为 26.1%~34.3%，平均为 30%。第 2 层位于 0.6~0.7 m，含水量变化范围为 19.0%~19.4%，平均为 19.2%。剖面 8 含水量变化范围为 7.8%~34.8% [图 3-1 (d)]，平均为21.5%。根据含水量的变化，可将剖面划分为两层。第1层位于0~0.4 m，含水量变化范围为25.3%~34.8%，平均为30.2%。第2层位于0.5~0.8 m，含水量变化范围为7.8%~19.5%，平均为12.7%。

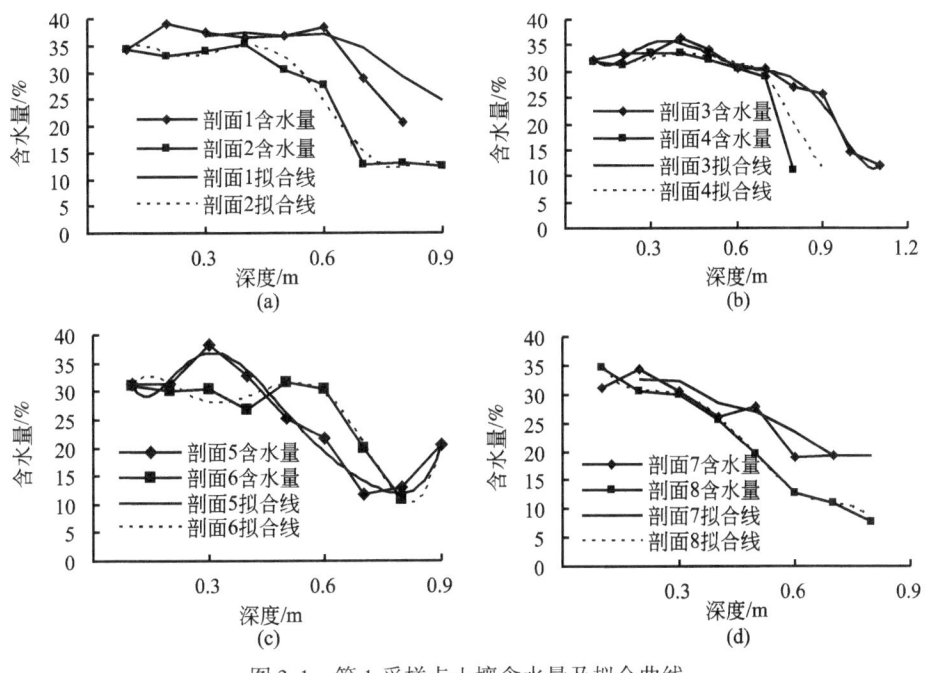

图3-1 第1采样点土壤含水量及拟合曲线

2. 沙柳河镇地区2010年第2采样点含水量

该采样点钻孔1含水量测定结果［图3-2（a）］表明，钻孔剖面1含水量变化范围为18.1%~27.5%，平均为23.4%。根据含水量的变化，可将剖面划分为两层。第1层位于0~0.4 m，含水量变化范围为24.5%~27.5%，平均为25.8%。第2层位于0.5~0.8 m，含水量变化范围为18.1%~21.8%，平均为20.3%。剖面2含水量变化范围为15.8%~29.8%［图3-2（a）］，平均为24.1%。根据含水量的变化，可将剖面划分为两层。第1层位于0~0.5 m，含水量变化范围为23.8%~29.8%，平均为27.7%。第2层位于0.6~0.8m，含水量变化范围为15.8%~20.5%，平均为18.1%。剖面3含水量变化范围为15.6%~35.1%［图3-2（b）］，平均为26.3%。根据含水量的变化，可将剖面划分为两层。第1层位于0~0.6 m，含水量变化范围为23.1%~35.1%，平均为29.6%。第2层位于0.7~0.8 m，含水量变化范围为15.6%~17.5%，平均为16.6%。剖面4含水量变化范围为22.3%~38.2%［图3-2（b）］，平均为29.3%。根据含水量的变化，可将剖面划分为三层。第1层位于0~0.4 m，含水量变化范围为30.1%~38.2%，平均为33.6%。第2层位于0.5~0.7 m，含水量变化范围为26.4%~30.4%，平均为28.1%。第3层位于0.8~0.9 m，含水量变化范围为22.3%~22.7%，平均为22.5%。剖面5含水量变化范围为7.8%~25.2%［图3-2（c）］，平均为15%。根据含水量的变化，可将剖面划分为两层。第1层位于0~0.4 m，含水量变化范围为19.3%~25.2%，平均为21.2%。第2层位于0.5~0.9 m，含水量变化范围为7.8%~13.6%，平均为10%。剖面6含水量变化范围为6.2%~30.3%［图3-2（c）］，平均为19.5%。根据含水量的变化，可将剖面划分为两层。第1层位于0~0.7 m，含水量变化范围为21.1%~30.3%，平均为24.8%。第2层位于0.8~1.1 m，含水量变化范围为6.2%~15.9%，平均为10.1%。剖面7含水量变化范围为9.9%~27.7%［图3-2（d）］，平均为21%。根据含水量的变化，可将剖面划分为两层。第1层位于0~0.6 m，含水量变化范围为18.8%~27.7%，平均为24.6%。第2层位于0.7~0.8 m，含水量变化范围为9.9%~11%，平均为10.5%。剖面8含水量变化范围为8.2%~30%［图3-2（d）］，平均为24%。根据含水量的变化，可将剖面划分为三层。第1层位于0~0.4 m，含水量变化范围为26.5%~30%，平均为28.5%。第2层位于0.5~0.7 m，含水量变化范围为22.7%~24.2%，平均为23.3%。第3层0.7~0.8 m，平均含水量为8.2%。

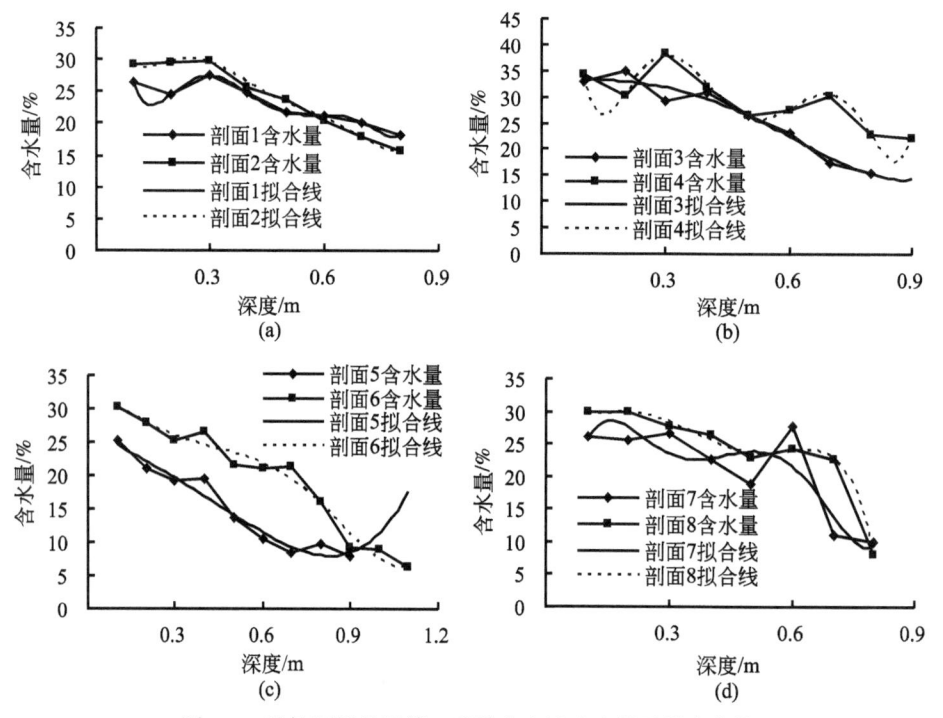

图3-2 沙柳河镇地区第2采样点土壤含水量及拟合曲线

3. 沙柳河镇地区2010年第3采样点含水量

该采样点含水量测定结果表明，钻孔剖面1含水量［图3-3（a）］变化范围为25.1%~36.3%，平均为30.7%。根据含水量的变化，可将剖面划分为三层。第1层位于0~0.6 m，含水量变化范围为24.7%~32.5%，平均为28.4%。第2层位于0.7~0.8 m，含水量变化范围为31.8%~33.5%，平均为32.6%。第3层0.9~

1.1 m，含水量变化范围为 26%~27.1%，平均为 26.4%。剖面 2 含水量变化范围为 26%~33.5%［图 3-3（a）］，平均为 28.6%。根据含水量的变化，可将剖面划分为三层。第 1 层位于 0~0.6 m，含水量变化范围为 24.7%~32.5%，平均为 28.4%。第 2 层位于 0.7~0.8 m，含水量变化范围为 31.8%~33.5%，平均为 32.6%。第 3 层 0.9~1.1 m，含水量变化范围为 26%~27.1%，平均为 26.4%。剖面 3 含水量变化范围为 25.2%~36.6%［图 3-3（b）］，平均为 29.5%。根据含水量的变化，可将剖面划分为三层。第 1 层位于 0~0.2 m，含水量变化范围为 28.8%~29.1%，平均为 29%。第 2 层位于 0.3~0.5 m，含水量变化范围为 32.8%~36.6%，平均为 34.6%。第 3 层 0.6~1.2m，含水量变化范围为 25.2%~32.4%，平均为 27.4%。剖面 4 含水量变化范围为 25.4%~33.7%［图 3-3（b）］，平均为 30.8%。根据含水量的变化，可将剖面划分为三层，第 1 层位于 0~0.3 m，含水量变化范围为 28.5%~32.5%，平均为 30.6%。第 2 层位于 0.4~0.8 m，含水量变化范围为 30.5%~33.7%，平均为 32.3%。第 3 层 0.9~1.3 m，含水量变化范围为 25.4%~33.6%，平均为 29.4%。剖面 5 含水量变化范围为 27.5%~35.2%［图 3-3（c）］，平均为 30.2%。根据含水量的变化，可将剖面划分为两层。第 1 层位于 0~0.5 m，含水量变化范围为 27.2%~35.2%，平均为 30.9%。第 2 层位于 0.6~0.8 m，含水量变化范围为 27.5%~31.8%，平均为 29.1%。剖面 6 含水量变化范围为 17.1%~33.4%［图 3-3（c）］，平均为 26.8%。根据含水量的变化，可将剖面划分为三层。第 1 层位于 0~0.3 m，含水量变化范围为 26.3%~33.4%，平均为 30%。第 2 层位于 0.4~0.8 m，含水量变化范围为 23.2%~31.3%，平均为 27.0%。第 3 层 0.9~1.1m，含水量变化范围为 17.1%~28.9%，平均为 23.4%。剖面 7 含水量变化范围为 25.7%~31.1%［图 3-3（d）］，平均为 28.1%。根据含水量的变化，可将剖面划分为两层。第 1 层位于 0~0.7 m，含水量变化范围为 26.7%~31.1%，平均为 29%。第 2 层位于 0.8~1.1 m，含水量变化范围为 25.7%~27.7%，平均为 26.5%。剖面 8 含水量变化范围为 14.6%~29.1%［图 3-3（d）］，平均为 23.5%。根据含水量的变化，可将剖面划分为两层。第 1 层位于 0~0.7 m，含水量变化范围为 22.5%~29.1%，平均为 25.6%。第 2 层位于 0.8~1.0 m，含水量变化范围为 14.6%~21%，平均为 18.6%。

3.1.2 沙柳河镇地区 2011 年土壤含水量

为了认识降水增多年之后土壤水分的运移特征和土壤干层恢复的过程、恢复深度及水平，我们于 2011 年 6 月中旬在沙柳河镇地区也进行了土壤含水量的采样研究。第 1 采样点位于刚察县火车站西约 800 m 处的铁路桥南 700 m 处的草地中，由此处向北每隔 15 m 布设钻孔 1 个，共打了 9 个钻孔。第 2 采样点在第 1 采样点南约 2.2 km，在该采样点打了 9 个钻孔。第 3 采样点在青海湖农场四大队附近，地理坐标为 37°13′N、100°05′E，于 2011 年 8 月中旬进行样品采集，在该采样点打 16 个钻孔，钻孔深度范围为 0.6~1.4 m，每 10 cm 采样 1 个。各采样点植被为 10~20 cm 高的低草草原，采样期间天气晴朗。

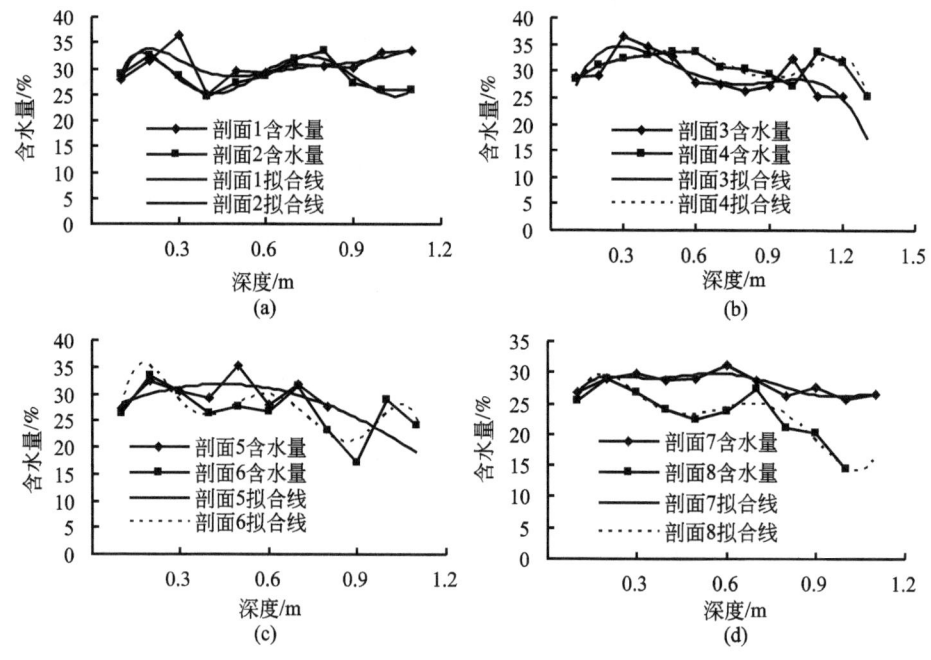

图 3-3 沙柳河镇地区第 3 采样点土壤含水量及拟合曲线

1. 沙柳河镇 2011 年第 1 采样点土壤含水量

根据土壤剖面含水量变化，并参考前人在陕西黄土高原土壤含水量的分层（王力等，2000），对沙柳河镇土壤含水量进行划分。

由各钻孔剖面含水量测定结果可知，剖面 1 [图 3-4（a）] 平均含水量为 22.7%，根据含水量变化可分为两层，各层深度分别为 0.1~0.4 m、0.5~0.8 m，含水量分别为 19.8%~30.4%、19.1%~20.2%，平均含水量分别为 26.0%、19.5%。剖面 2 [图 3-4（a）] 平均含水量为 20.9%，根据含水量变化可分为两层，各层深度分别为 0.1~0.4 m、0.5~1 m，含水量分别为 18.9%~29.6%、16.2%~20.1%，平均含水量分别为 26.0%、17.6%。剖面 3 [图 3-4（a）] 平均含水量为 23.7%，根据含水量变化可分为两层，各层深度分别为 0.1~0.4 m、0.5~0.7 m，含水量分别为 28.1%~30.7%、13.7%~20.4%，平均含水量分别为 29.3%、16.1%。剖面 4 [图 3-4（b）] 平均含水量为 24.8%，根据含水量变化可分为两层，各层深度分别为 0.1~0.4 m、0.5~0.7 m，含水量分别为 28.4%~30.2%、17.2%~21.8%，平均含水量分别为 29.2%、16.1%。剖面 5 [图 3-4（b）] 平均含水量为 23.4%，根据含水量变化可分为两层，各层深度分别为 0.1~0.6 m、0.7~0.9 m，含水量分别为 21.5%~31.7%、11.7%~16.3%，平均含量分别为 28.1%、14%。剖面 6 [图 3-4（c）] 平均含水量为 21.2%，根据含水量变化可分为三层，各层深度分别为 0.1~0.3 m、0.4~0.8 m、0.9~1.1 m，含水量分别为 28.1%~31.4%、15.9%~19.8%、15.7%~20.6%，平均含水量分别为 29.4%、17.9%、18.5%。剖面 7 [图 3-4（c）] 平均含水量为

25.6%,根据含水量变化可分为两层,各层深度分别为 0.1~0.4 m、0.5~0.6 m,含水量分别为 26.6%~31.4%、16.0%~19.8%,平均含水量分别为 29.4%、17.9%。剖面 8 [图 3-4 (d)] 平均含水量为 23.4%,根据含水量变化可分为三层,各层深度分别为 0.1~0.2 m、0.3~0.5 m、0.6~0.7 m,含水量分别为 30.2%~31.6%、20.7%~25.7%、16.1%~18.4%,平均含水量分别为 30.9%、22.6%、17.3%。剖面 9 [图 3-4 (d)] 平均含水量为 23.0%,根据含水量变化可分为两层,各层深度分别为 0.1~0.4 m、0.5~0.6 m,含水量分别为 22.8%~30.3%、14.9%~15.2%,平均含水量分别为 26.9%、15.2%。

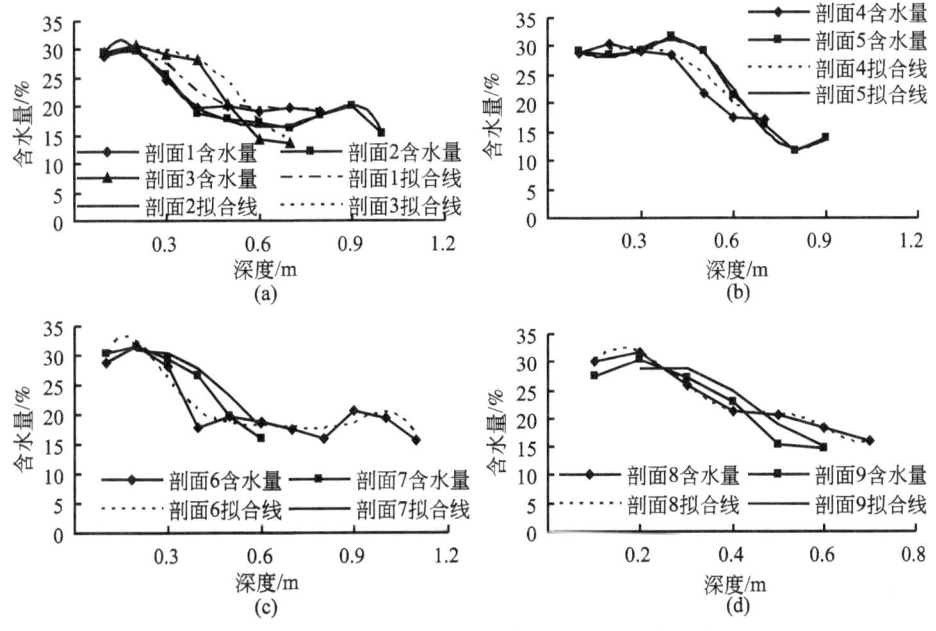

图 3-4 沙柳河镇地区 2011 年第 1 采样点土壤含水量

2. 沙柳河镇 2011 年第 2 采样点土壤含水量

第 2 采样点在第 1 采样点南约 2.2 km,位于开阔草原中。采样当天天气晴朗,植被较单一,主要为高度 10~30 cm 的低草草原。在该采样点打了 9 个钻孔,采样间距为 10 cm。剖面 1 [图 3-5 (a)] 平均含水量为 27.1%,0.5 m 以上含水量略大于 0.5 m 以下,但含水量都大于 20%。剖面 2 [图 3-5 (a)] 平均含水量为 25.0%,根据含水量变化可分为两层,各层深度分别为 0.1~0.4 m、0.5~0.7 m,含水量分别为 26.2%~28.6%、20.7%~22.9%,平均含水量分别为 27.5%、21.7%。剖面 3 [图 3-5 (a)] 平均含水量为 26.7%,根据含水量变化可分为三层,各层深度分别为 0.1~0.4 m、0.5~0.9 m、1~1.1 m,含水量分别为 28.1%~30.5%、21.1%~25.8%、28.7%~30.8%,平均含水量分别为 29.0%、23.6%、29.7%。剖面 4 [图 3-5 (b)] 平均含水量为 20.2%,根据含水量变化可分为两层,各层深度分别为 0.1~0.4 m、0.5~0.9 m,含水量分别为 26.8%~29.9%、20.2%~23.3%,平均含水量分别为 28.7%、22.1%。剖面 5

[图3-5（b）] 平均含水量为22.6%，根据含水量变化可分为两层，各层深度分别为0.1~0.4 m、0.5~1 m，含水量分别为26.0%~27.4%、12.5%~22.4%，平均含水量分别为26.9%、19.7%。剖面6 [图3-5（c）] 平均含水量为25.4%，根据含水量变化可分为两层，各层深度分别为0.1~0.4 m、0.5~0.7 m，含水量分别为27.6%~32.9%、18.9%~22.5%，平均含水量分别为29.0%、20.6%。剖面7 [图3-5（c）] 平均含水量为22.6%，根据含水量变化可分为三层，各层深度分别为0.1~0.5 m、0.6~0.9 m、1~1.3 m，含水量分别为24.1%~30.8%、15.9%~19.4%、20.7%~25.1%，平均含水量分别为27.2%、17.1%、22.2%。剖面8 [图3-5（d）] 平均含水量为24.6%，根据含水量变化可分为两层，各层深度分别为0.1~0.4 m、0.5~0.7 m，含水量分别为25.7%~28.1%、18.2%~23.9%，平均含水量分别为26.6%、21.8%。剖面9 [图3-5（d）] 平均含水量为22.7%，根据含水量变化可分为两层，各层深度分别为0.1~0.5 m、0.6~0.8 m，含水量分别为24.2%~26.9%、16.5%~18.6%，平均含水量分别为25.8%、17.6%。

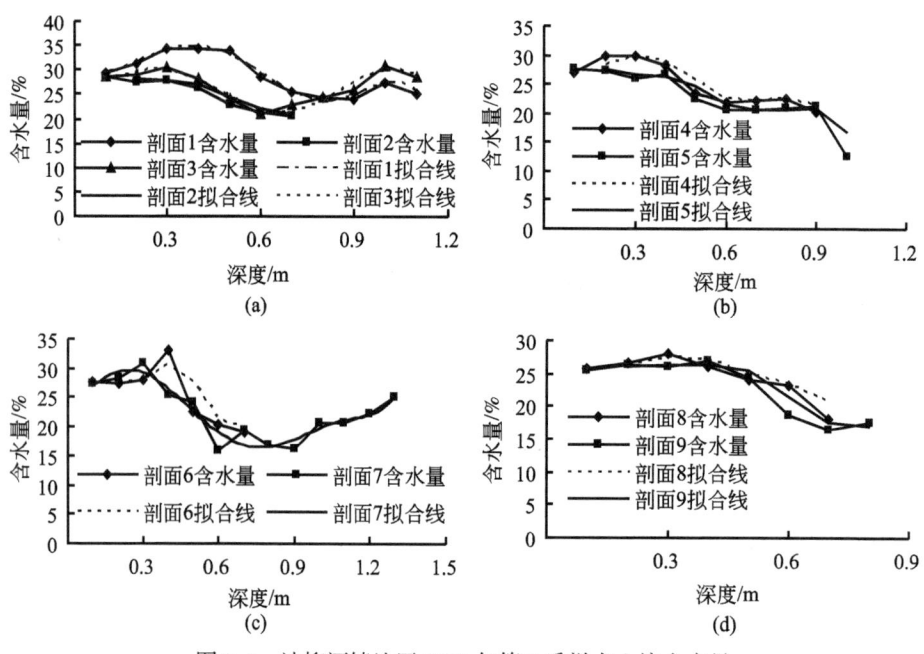

图3-5 沙柳河镇地区2011年第2采样点土壤含水量

3. 沙柳河镇2011年第3采样点土壤含水量

剖面1 [图3-6（a）] 平均含水量为18.9%，根据含水量变化可分为两层，各层深度分别在0.1~0.2 m、0.3~0.6 m，含水量分别为20.5%~28.8%、13.7%~17.7%，平均含水量分别为24.7%、16.1%。剖面2 [图3-6（a）] 平均含水量为14.7%，根据含水量变化可分为三层，各层深度分别为0.1~0.6 m、0.7~0.8 m、0.9~1.4 m，含水量分别为17.9%~27.9%、11.4%~14.2%、7.8%~9.8%，平均含水量分别为20.4%、12.8%、8.6%。剖面3 [图3-6（b）] 平均含水量为13.8%，根据含水量变化可分为三层，各层深度分别为 0.1~0.5m、0.6~0.7m、0.8~1.3m，含水量分别为 17.6%~25.5%、11.4%~14.2%、7.8%~9.8%，平均含水量分别为 20.4%、12.8%、8.6%。剖面 4 [图 3-6（b）] 平均含水量为 16.6%，根据含水量变化可分为三层，各层深度分别为 0.1~0.7m、0.8~1m、1.1~1.3m，含水量分别为 17.6%~26.2%、12.4%~18.2%、6.3%~10.6%，平均含水量分别为 20.9%、14.3%、8.7%。剖面 5 [图 3-6（c）] 平均含水量为 19.5%，根据含水量变化可分为两层，各层深度分别为 0.1~0.5m、0.6~0.7m，含水量分别为 18.1%~26.6%、16.7%~17.8%，平均含水量分别为 21.0%、15.9%。剖面 6 [图 3-6（c）] 平均含水量为 15.1%，根据含水量变化可分为三层，各层深度分别为 0.1~0.6m、0.7~0.9m、1~1.3m，含水量分别为 16.7%~27.8%、9.1%~14.7%、7.8%~8.6%，平均含水量分别为 21.6%、11.5%、7.9%。剖面 7 [图 3-6（d）] 平均含水量为 17%，根据含水量变化可分为三层，各层深度分别为 0.1~0.5m、0.6~0.7m、0.8~1.0m，含水量分别为 18.8%~26.8%、12.9%~17.0%、9.9%~10.8%，平均含水量分别为 21.8%、14.9%、10.2%。剖面 8 [图 3-6（d）] 平均含水量为 16.1%，根据含水量变化可分为三层，各层深度分别为 0.1~0.6m、0.7~0.8m、0.9~1.1m，含水量分别为 17.1%~25.0%、12.6%~14.6%、7.4%~10.1%，平均含水量分别为 20.7%、13.6%、8.6%。

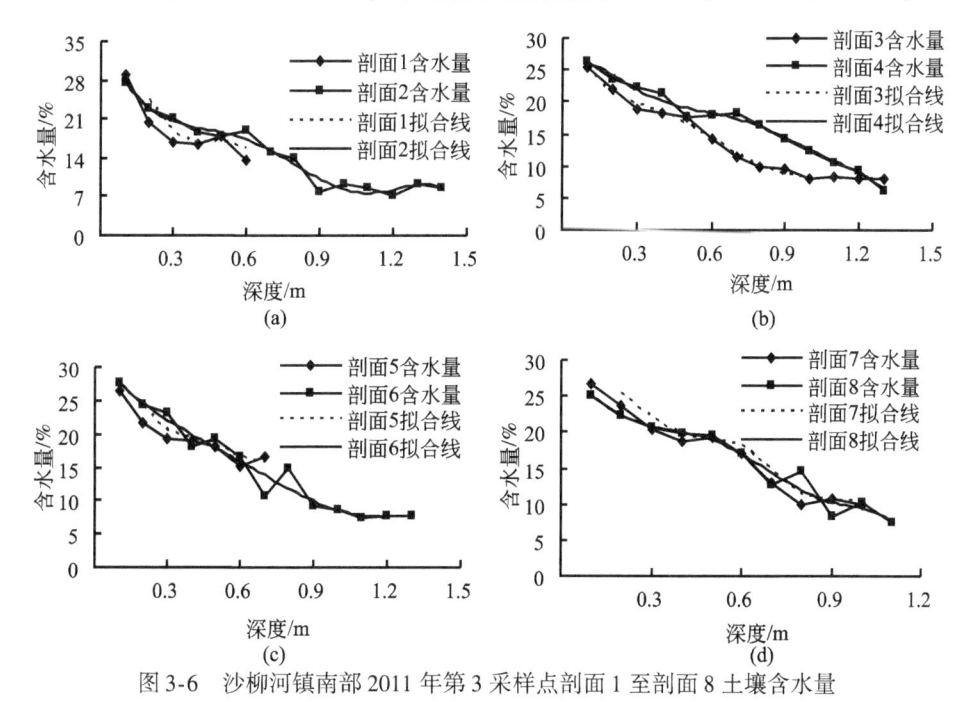

图 3-6 沙柳河镇南部 2011 年第 3 采样点剖面 1 至剖面 8 土壤含水量

剖面 9 [图 3-7（a）] 平均含水量为 16.9%，根据含水量变化可分为两层，各层深度分别为 0.1~0.5m、0.6~0.9m，含水量分别为 17.1%~28.7%、7.8%~15.4%，平均含水量分别为 21.0%、11.8%。剖面 10 [图 3-7（a）] 平均含水量为 17.1%，根据含水量变化可分为两层，各层深度分别为 0.1~0.5m、0.6~0.8m，含水量分别为 16.1%~25.5%、10.0%~14.3%，平均含水量分别为 20.0%、12.2%。剖面 11 [图 3-7（b）] 平均含水量为16%，根据含水量变化可分为三层，各层深度分别为0.1~0.6 m、0.7~0.8 m、0.9~1 m，含水量分别为15.6%~29.4%、9.9%~10.2%、6.1%~7.6%，平均含水量分别为21.0%、10.0%、6.9%。剖面12 [图3-7（b）] 平均含水量为18.9%，根据含水量变化可分为两层，各层深度分别为0.1~0.6 m、0.7~0.9 m，含水量分别为18.9%~27.0%、10.5%~16.7%，平均含水量分别为21.4%、14.0%。剖面13 [图3-7（c）] 平均含水量为19.9%，根据含水量变化可分为两层，各层深度分别为0.1~0.5 m、0.6~0.8 m，含水量分别为19.8%~25.5%、15.7%~18.0%，平均含水量分别为21.7%、17.0%。剖面14 [图3-7（c）] 平均含水量为17%，根据含水量变化可分为两层，各层深度分别为0.1~0.5 m、0.6~0.8 m，含水量分别为16.1%~25.8%、8.9%~14.0%，平均含水量分别为20.4%、11.3%。剖面15 [图3-7（d）] 平均含水量为16.8%，根据含水量变化可分为两层，各层深度分别为0.1~0.7 m、0.8~1 m，含水量分别为16.0%~26.9%、5.8%~11.3%，平均含水量分别为20.4%、8.4%。剖面16 [图3-7（d）] 平均含水量为16.6%，根据含水量变化可分为三层，各层深度分别为0.1~0.6 m、0.7~0.8 m、0.9~1.1 m，含水量分别为17.0%~25.4%、11.7%~14.8%、8.0%~9.9%，平均含水量分别为20.2%、13.3%、8.9%。

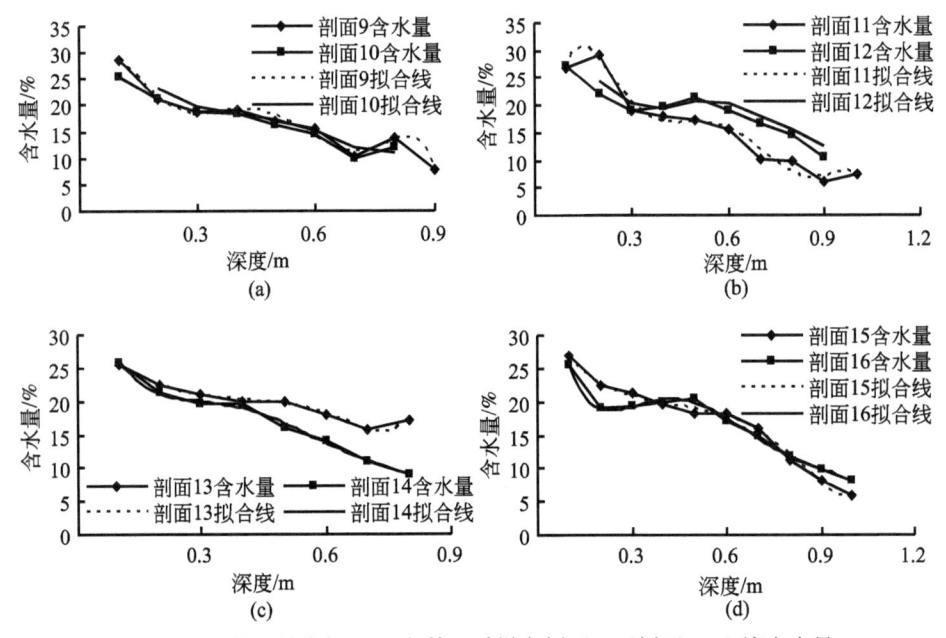

图3-7 沙柳河镇南部2011年第3采样点剖面9至剖面16土壤含水量

3.2 沙柳河镇地区多雨年土壤干层恢复

3.2.1 沙柳河镇地区2010年与2011年干层水分恢复的降水条件

在黄土高原地区，土壤干层分布广（李玉山，1983；侯庆春和韩蕊莲，2000；王力等，2000；杨文治和邵明安，2002；赵景波等，2004；2005a；2005b；2007b；易亮等,2009),并造成了人工林的生长不良,出现了造林不成林的问题(侯庆春和韩蕊莲,2000;王力等,2000;杨文治和邵明安,2002)。过去对青藏高原土壤水分进行了少量研究(宋理明和娄海萍,2006;李元寿等,2008),对于土壤干层是否存在,尚没有引起注意,未见有人提及。

第2章的研究表明,11%的土壤含水量可作为沙柳河镇地区土壤干层的划分标准,即土层含水量小于11%可以认为是土壤干层。各采样点的含水量都随着深度增加呈降低趋势,上下部变化幅度极大,上部土层含水量很高,下部土层含水量很低。土层越厚,干层就越厚(图3-8),且干化程度随着深度的增加而加重。不同降水量条件下土壤干层分布深度、埋深和恢复的降水量有较大差别,草原地区土壤干层研究很少,对青海湖草原土壤干层恢复的降水条件进行研究具有重要科学意义和实际价值。

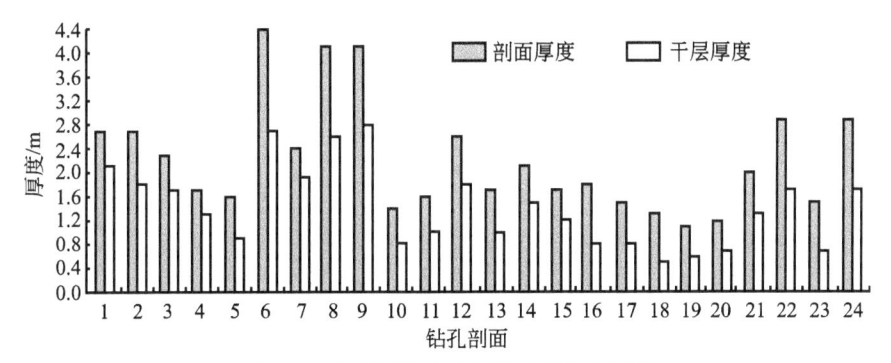

图3-8 沙柳河镇地区土壤干层分布厚度

在黄土高原地区,正常年大气降水经过入渗只能到达干层的上部(杨文治和邵明安,2002;何福红等,2003;赵景波等,2005a;2005b;2007b;2007d;2008a),所以正常年的降雨量无法使土壤干层得到恢复(杨文治和邵明安,2002;何福红等,2003;赵景波等,2008c)。我们的研究团队对黄土高原土壤干层恢复条件的研究表明,在年降水量显著增加年份,土壤干层中的水分是能够恢复的(杜娟和赵景波,2005;2006;2007;李瑜琴和赵景波,2006;2007;2009;赵景波等,2007b;2008c;2011i)。在半湿润地区,土壤干层恢复的年降水量是700 mm,降水量越多,恢复越快(赵景波等,2007b;2008c;2011i)。在黄土高原地区,土壤干层恢复的时间过程较短,在雨季之后的两个月内,2~4 m深处的干层就已消失,恢复后的含水量可达16%~18%,恢复过程中水分存在形式有重力水,也有薄膜水(赵景波等,2007b;赵景波等,2008c;2011i)。青海湖地区降水量较少,在持续5年400 mm左右的降水量(表3-1、图3-9)之后,0.6 m之下还存在土壤水分的明显不足。在2010年0.7~1.1 m深度范围内的土壤干层中的水分得到了恢复,在2011年0.7~1.3 m深度范围内的土壤干层中的水分得到了恢复,表明青海湖地区土壤干层恢复很缓慢。

表 3-1　青海刚察县 2004~2010 年降水量

观测年份	2004	2005	2006	2007	2008	2009	2010
年降水量/mm	428	428	416	442	395	416	396.8
5~9 月降水量/mm	392	397	385	389	363	380	356.1

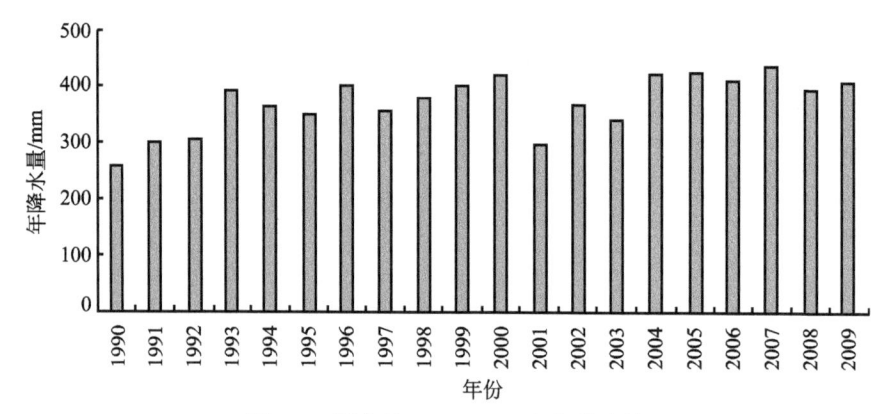

图 3-9　刚察县 1990~2009 年年降水量

青海湖流域土壤干层水分恢复缓慢，一是与该区降水增多年的降水增多量较小有关，二是也与该区气温较低有关。在黄土高原地区，降水增多年份的降水量高出正常年约 300 mm（赵景波等，2007b，2011i），而青海湖流域的降水增多年的降水量仅增加了 20~50 mm，所以土壤干层中的水分恢复缓慢。青海湖流域土壤气温很低，土壤水分冻结期接近半年，这使得土壤水分向下运移缓慢，导致土壤干层恢复过程需要的时间较长，恢复之后的土壤含水量也不太高。根据青海湖流域土壤干层恢复的年降水条件可以认为，在该区土壤干层恢复的年平均降水量为 400 mm 以上，在年降水量为 400~420 mm 的条件下，土壤干层中的水分能够得到了部分恢复，在年降水量 450 mm 以上条件下土壤干层能够得到全部恢复。

3.2.2　沙柳河镇地区 2010 年与 2011 年水分运移和干层水分恢复量

根据我们 2009 年 8 月中旬对刚察县沙柳河土壤含水量的测定（表 3-2）可知，研究区土壤剖面约 0.6 m 深度是含水量高低变化的分界深度，在这一深度以上含水量大于 15%，以下含水量显著降低。在 0.7 m 深度以下就有长期性土壤干层发育（表 3-2）。因为该区年降水量少，所以干层分布深度较黄土高原深度显著小，这是该区土壤水分分布的重要特点之一。我们在青海湖南侧江西沟等地所测含水量结果都显示长期性干层分布深度不足 1 m。2010 年 6 月初土壤水分的垂向变化可以很好地说明丰水年雨季后约 9 个月的土壤水分运移状况和降水增多年之后的土壤水分恢复水平。研究区 2010 年 6 月初土壤含水量的测定结果（图 3-1 至图 3-3）表明，地表以下约 1 m 深度范围内土壤含水量均高于 16%，0~0.6 m 含水量高于 20%，含有一定量的重力水。各个剖面 0.6~1.3 m 深度平均含水量较 2009 年 8 月显著增加（表 3-2），这主要是 2009 年降水较多造成的。各剖面 0.7~1.0 m 平均含水量较 2009 年增加 7.6%~9.9%，各剖面

1.1~1.3 m平均含水量较2009年增加4.4%~7.1%，0.7~1.3 m平均含水量较2009年增加4.8%~7.1%，0~1.3 m平均含水量较2009年增加3.2%~5.5%。

表3-2 沙柳河镇2009年、2010年不同深度土层平均含水量

采样地点	平均含水量/%									
	0~0.6 m		0.7~1 m		1.1~1.3 m		0.7~1.3 m		0~1.3 m	
	2009年	2010年	2009年	2010年	2009年	2010年	2009年	2010年	2009年	2010年
1	19.82	23.76	8.96	16.91	5.23	12.34	8.51	13.80	13.73	17.86
2	20.56	25.47	9.95	17.63	6.4	13.69	8.43	15.45	14.03	19.54
3	21.08	25.15	8.67	18.57	7.75	12.22	9.14	13.92	15.37	18.62

由上可见，在经过2004~2009年降水增多之后，到2010年6月土壤水分恢复深度达到了1.3 m以下，0.7~1.3 m土壤干层水分恢复后的增加量为4.4%~9.9%，平均增加量为6.8%。如果从2009年降水量开始增加的5月算起，土壤干层恢复的时间过程为1年左右。如果与黄土高原土壤干层恢复过程和恢复深度（杜娟和赵景波，2005；2006；2007；李瑜琴和赵景波，2005；2006；2007；2009；陈宝群等，2006；赵景波等，2007b；2008c；2011i）相比，青海湖土壤干层恢复较缓慢，恢复量和恢复深度均较小。该区土壤干层恢复深度小和恢复量低显然是该区年降水量较少决定的。

2011年6月、8月中旬对刚察县沙柳河镇土壤含水量的测定结果（图3-10）显示，研究区土壤剖面约0.7 m深度是含水量高低变化的分界深度，2011年8月比2010年仅向下移动了10 cm左右，在这一深度以上含水量大于19%，以下含水量显著降低，并有长期性土壤干层发育。2011年6月初土壤水分的垂向变化可以很好地说明丰水年雨季之后土壤水分运移状况和降水增多年之后的土壤水分恢复水平。研究区2011年6月、8月土壤含水量的测定（图3-1至图3-4）表明，地表以下约1 m深度范围内土壤

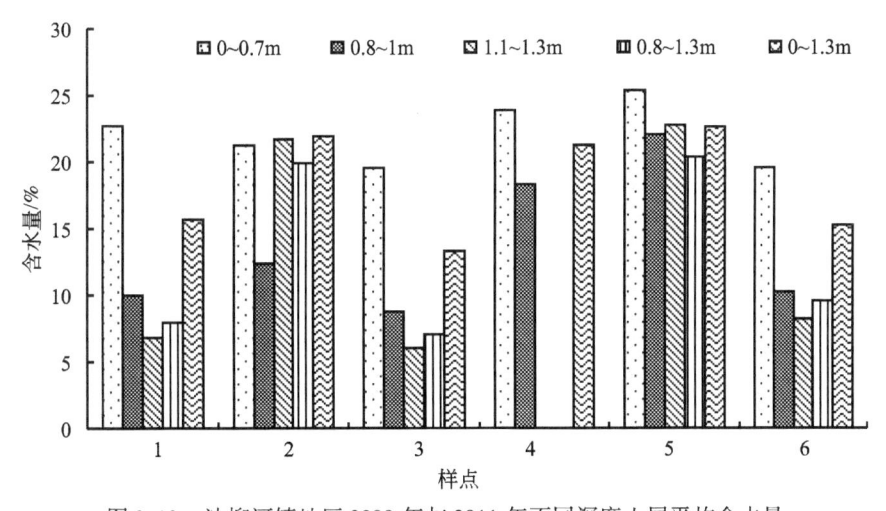

图3-10 沙柳河镇地区2009年与2011年不同深度土层平均含水量
1、2、3分别为2009年第1、第2、第3样点各层含水量；4、5、6分别为2011年第1、第2、第3样点各层含水量

含水量均高于15%，0~0.7 m含水量高于19%。各剖面2011年0~0.7 m、0.8~1 m、1.1~1.3 m、0.8~1.3 m、0~1.3 m深度平均含水量较2009年显著增加（表3-3），这主要是2009年降水较多和其前几年降水量较多导致土壤蓄水多造成的。2011年各剖面0~0.7 m平均含水量较2009年增加0.1%~1.2%，各剖面0.8~1.0 m平均含水量增加1.5%~9.7%，各剖面1.1~1.3 m平均含水量较2009年增加1.0%~2.2%，0.8~1.3 m平均含水量增加0.4%~2.5%，0~1.3 m平均含水量增加0.7%~1.9%。

表3-3 沙柳河镇地区2009年、2011年不同深度土层平均含水量

采样地点	平均含水量/%								
	0~0.7 m		0.8~1 m		1.1~1.3 m		0.8~1.3 m		0~1.3 m	
	2009年	2011年	2009年	2011年	2009年	2011年	2009年	2011年	2009年	2011年
1	22.7	23.9	10.0	18.3	6.8		8.0		15.7	21.2
2	21.2	25.3	12.4	22.1	21.7	22.7	19.9	20.3	21.9	22.6
3	19.5	19.6	8.7	10.2	6.0	8.2	7.1	9.6	13.3	15.2

由上可见，在2009年降水增多年之后，到2011年土壤水分恢复深度达到了1.3 m，2011年土壤含水量显著高于2009年。如果从2009年降水量开始增加的5月算起，土壤干层恢复的时间过程为2年左右。如果与黄土高原土壤干层当年恢复深度可达5 m左右（陈宝群等，2006；赵景波等，2007b；2008c；2011i）相比，沙柳河镇地区2011年土壤干层恢复较缓慢，水分恢复量较黄土高原小很多。

3.2.3 沙柳河镇地区2010年与2011年土壤干层中水分恢复深度

根据2009年、2010年、2011年对沙柳河镇土壤含水量的测定数据（表3-4）可知，在沙柳河镇2009年有土壤干层发育，干层分布均在0.7 m深度以下。对各个不同深度的剖面分析得知，第1采样点0.8 m厚度的土层剖面在2009年、2010年均在0.7 m深度出现土壤干层，2011年干层中的水分得到了恢复，含水量升高，恢复深度为0.2 m，即使这0.2 m厚度的土壤干层变为非干层。第1采样点2009年1 m厚度的土层在0.8 m深度出现土壤干层，2010年、2011年干层消失，恢复深度为0.2 m。2009年第2采样点0.8 m厚度的土层在0.7 m深度出现土壤干层，2010年在0.8 m深度出现土壤干层，2011年干层中的水分恢复，干层消失，每年有0.1 m厚度的土壤干层变为非干层。2009年第2采样点1 m厚度的土壤在0.7 m深度出现土壤干层，2010年土壤干层中的水分得到了恢复，土壤干层消失，恢复深度为0.4 m。2010年第2采样点1.1 m厚度的土壤剖面在0.9 m深度出现土壤干层，2011年干层中的水分得到了恢复，土壤干层全部消失，恢复深度为0.3 m。2009年第3采样点0.8 m厚度的剖面在0.7 m深度出现干层，2010年、2011年干层中的水分都得到了恢复，干层消失，恢复深度为0.2 m。2009年第3采样点1 m、1.1 m厚度的土壤剖面在0.7 m深度出现土壤干层，2010年、2011年干层中的水分得到了恢复，干层消失，恢复深度分别为0.4 m、0.5 m。2009年第3采样点1.3 m厚度的土层在0.9 m深度出现土壤干层，2010年、2011年干层恢复，恢复深度为0.5 m。2009年第3采样点1.4 m厚度的土层在0.8 m深度出现土壤干层，

2011年在0.9 m深度出现土壤干层，干层恢复深度为0.1 m。2009年第3采样点1.5 m厚度的土层在0.6 m深度出现土壤干层，2011年在0.9 m深度开始出现土壤干层，干层恢复深度为0.3 m。

表3-4 沙柳河镇地区3个采样点各剖面近年来干层深度变化

第1采样点剖面厚度/m	干层出现深度/m 2009年	2010年	2011年	第2采样点剖面厚度/m	干层出现深度/m 2009年	2010年	2011年	第3采样点剖面厚度/m	干层出现深度/m 2009年	2010年	2011年
0.6	无	无	无	0.7	无		无	0.8	0.7	无	无
0.7	无	无	无	0.8	0.7	0.8	无	1.0	无	无	无
0.8	0.7	0.7	无	0.9	无	无	无	1.1	0.7	无	无
0.9		无	无	1.0	0.7	无	无	1.3	0.9	无	无
1.0	0.8	无	无	1.1		0.9	无	1.4	0.8		0.9
1.1		无	无					1.5	0.6		0.9

通过以上分析可知，沙柳河镇地区土壤干层出现的深度在0.7 m以下，土层越厚，干层出现的深度越深，且干化程度随着深度的增加而加重，在2010年、2011年两年中干层恢复的深度为0.1~0.5 m。

3.3 沙柳河镇地区多雨年土壤水分平衡

3.3.1 沙柳河镇地区2010年与2011年土壤水分平衡

从陆地水量平衡角度分析，在长时间和一定范围内，土壤水分的输入与输出量是基本保持均衡的，但按照不同水文年水分收入与支出分析，则会出现失衡的情况（杨文治和邵明安，2002）。由于降水量在各年常常是变化的，所以土壤水分的支出和收入也是经常变化的。在年降水量较多的湿润地区，土壤水分收入量大于支出量，土壤水分为正平衡，在降水增多年份，收入量更多。在降水较少的半干旱和干旱区，土壤水分的收入量一般小于支出量，表现为负平衡，但在降水增多年也可以出现正平衡。2009年降水量略多于400 mm，0.6 m深度以下土壤干层有一定恢复，指示水分输出量小于输入量，在2009年第1、第2、第3采样点0.7~1 m深度范围水分亏缺量分别为2.0%、1.0%、2.3%（图3-11）。2010年6月初研究区土壤含水量测定结果表明（图3-1至图3-3），0.6~1 m深度以下土壤干层消失，指示2010年水分输出量小于输入量，在该年第1、第2、第3采样点0.7~1 m深度范围内水分盈余量分别为5.9%、6.6%、7.6%（图3-11），表明水分为正平衡。

2011年研究区土壤含水量测定结果表明（图3-4至图3-7），第1、第2采样点0.8~1 m深度以下土壤水分盈余量分别为7.3%、11.1%，土壤干层消失，也指示水分输出量小于输入量，表明水分为正平衡。虽然第3采样点0.8~1.0 m、1.1~1.3 m深度以下存在土壤干层，但2011年的土壤干层恢复深度增加0.2~0.5 m，2011年土壤剖面平均含水量比 2009 年增加了 1.4%，水分盈余量分别为 4.2%、5.6%。

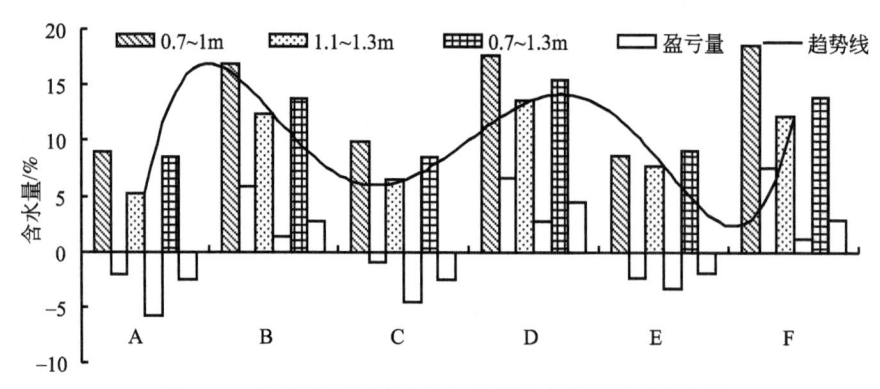

图 3-11 沙柳河不同降水年各土层含水量及盈亏量变化

A 和 B 分别表示第 1 采样点 2009 年和 2010 年各土层含水量；C 和 D 分别表示第 2 采样点 2009 年和 2010 年各土层含水量；E 和 F 分别表示第 3 采样点 2009 年和 2010 年各土层含水量；盈亏量正值表示盈余量，负值表示亏缺量

第4章 吉尔孟与江西沟地区多雨年土壤含水量与干层恢复

青海湖西北侧吉尔孟乡隶属于青海省海北藏族自治州刚察县,是环湖重点牧业县之一,草原面积占土地总面积的89%。该区地势由西北向东南倾斜,平均海拔约3300.5 m,大部分地区海拔在3500 m以上。县境北部多高山,南部为青海湖湖滨平原。

2010年6月初,我们在刚察县吉尔孟乡共选取了3个样点进行采样研究。每个样点利用轻型人力钻采取8个钻孔的样品,各钻孔间隔10~50 m。第1采样点位于吉尔孟乡原火车站东南方约200 m处,南距青藏铁路约150 m,采样点距离青海湖西北侧约3 km,地理坐标为37°08′N、99°37′E,海拔3232 m,地势平坦,草原植物较为茂密,高5~10 cm,周边有零星的高草丛。第2采样点位于第1采样点东南约1 km处,距离青藏铁路东南方约150 m处,地理坐标为37°08′N、99°39′E,海拔3222 m,东南方有小型残丘分布。植被为低草草原,常见有成片茂密的高草丛。采样点均选在地势较为宽阔、平坦的地带。第3采样点在第2采样点东南约1 km处,位于315国道东南约100 m处,地理坐标为37°09′N、99°41′E,海拔3239 m,该采样点有较多低矮残丘和洼地分布,地势高低起伏明显。该采样点大多数钻孔位于低丘的缓坡地带,个别钻孔位于大山丘的中部和顶部,采样点以高约10 cm的低草草原为主,但常见有成片分布茂密的高约30 cm的高草丛。各样点取样深度取决于土层厚度,一般将细粒土层全部打穿,钻孔深度一般为1.5~3 m,取样间距为10 cm。

含水量测定采用与前述相同的烘干称重法,含水量计算公式也与前述第2章所用公式相同。

4.1 吉尔孟地区2010年土壤含水量剖面变化

4.1.1 吉尔孟地区2010年第1采样点含水量

通过2009年8月中旬对刚察县地区土壤进行打钻取样和室内含水量测定可知,该区当年水分入渗深度约为0.6 m,0.6 m深度以下有土壤干层发育。2009年为研究区降水增多年,为了弄清降水增多年土壤干层的恢复状况,我们于2010年6月初对刚察县吉尔孟地区土壤进行了打钻采样研究。现将含水量测定结果介绍如下。

该采样点含水量测定结果[图4-1(a)]表明,剖面1含水量变化范围为0.6%~24.4%,平均为15.6%。根据含水量的变化,可将剖面划分为两层。第1层位于0~1 m,含水量变化范围为13.8%~24.4%,平均含水量为21.0%。第2层位于1.1~1.5 m,

含水量变化范围为 0.6%~10.5%，平均为 4.7%。剖面 2 含水量变化［图 4-1（a）］与剖面 1 基本相同。剖面 3 含水量变化范围为 1.1%~25.0%［图 4-1（b）］，平均含水量为 10.6%。根据含水量的变化，可将剖面划分为三层。第 1 层位于 0~1 m，含水量变化范围为 12.0%~25.0%，平均为 18.8%。第 2 层位于 1.1~1.8 m，含水量变化范围为 1.1%~6.8%，平均为 2.2%。第 3 层位于 1.9~2.7 m，含水量变化范围为 4.7%~10.7%，平均含水量为 8.9%。剖面 4 含水量变化［图 4-1（b）］与剖面 3 基本特征相似，不同之处是含水量的波动幅度较大，且含水量的低值段位于 1.4~2.3 m。剖面 5 含水量变化范围为 1.1%~28.9%［图 4-1（c）］，平均含水量为 11.6%。根据含水量的变化，可将剖面划分为三层。第 1 层位于 0~0.8 m，含水量变化范围为 15.0%~28.9%，平均含水量为 22.3%。第 2 层位于 0.9~1.8 m，含水量变化范围为 1.1%~12.2%，平均含水量为 4.3%。第 3 层位于 1.9~2 m，含水量变化范围为 3.4%~6.2%，平均含水量为 4.8%。剖面 6 含水量变化［图 4-1（c）］与剖面 5 基本相同。剖面 7 含水量变化范围为 1.5%~25.1%［图 4-1（d）］，平均含水量为 14.4%。根据含水量的变化，可将剖面划分为三层。第 1 层位于 0~1.2 m，含水量变化范围为 13.6%~25.1%，平均含水量为 20.4%。第 2 层位于 1.3~1.8 m，含水量变化范围为 1.5%~6.4%，平均含水量为 3.5%。第 3 层位于 1.9~2.0 m，含水量变化范围为 10.1%~11.5%，平均含水量为 10.8%。剖面 8 含水量变化范围为 0.7%~24.6%［图 4-1（d）］，平均含水量为 10.9%。根据含水量变化，可将剖面划分为两层。第 1 层位于 0~1 m，含水量变化范围为 13.8%~24.6%，平均含水量为 19.9%。第 2 层位于 1.1~2.1 m，含水量变化范围为 0.5%~9.1%，平均含水量为 2.7%。

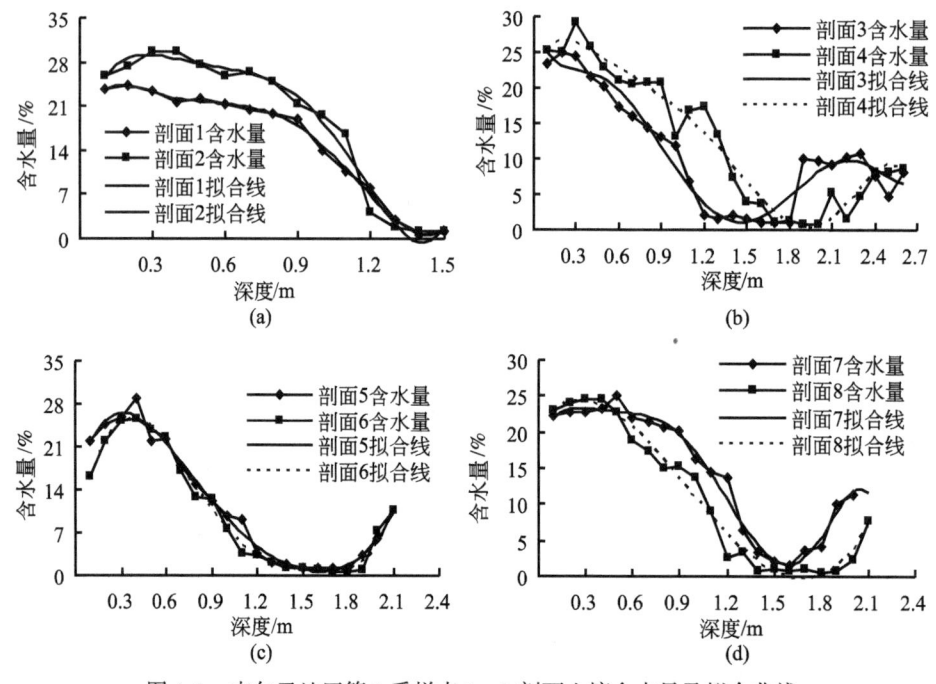

图 4-1　吉尔孟地区第 1 采样点 1~8 剖面土壤含水量及拟合曲线

上述表明，吉尔孟地区第1采样点土壤剖面上下部含水量差异非常大，上部含水量高达30.0%，下部含水量最低仅有0.6%，土壤剖面平均含水量不高，一般为10.0%~15.0%。

4.1.2 吉尔孟地区2010年第2采样点含水量

该采样点含水量测定结果（图4-2）表明，钻孔剖面1和钻孔剖面2含水量变化特点是波动变化大，上部和下部含水量高，中部含水量低，下部含水量高可能与接近地下水有关。剖面1含水量变化范围为6.5%~33.2%［图4-2（a）］，平均含水量为24.2%。根据含水量的变化，可将剖面划分为三层。第1层位于0~1.6m，含水量变化范围为14.2%~31.9%，平均含水量为27.4%。第2层位于1.7~1.9m，含水量变化范围为6.5%~10.5%，平均含水量为8.2%。第3层位于2~3m，含水量变化范围为12.8%~33.2%，平均含水量为23.9%。剖面2含水量变化范围为6.0%~30.1%［图4-2（a）］，平均含水量为17.8%。根据含水量的变化，可将剖面划分为三层。第1层位于0~0.6m，含水量变化范围为16.1%~30.1%，平均含水量为23.4%。第2层位于0.7~1.0m，含水量变化范围为6.0%~9.5%，平均含水量为8.2%。第3层位于1.1~2.1m，含水量变化范围为12.1%~27.3%，平均含水量为18.3%。剖面3含水量变化范围为3.3%~33.0%［图4-2（b）］，平均含水量为14.9%。根据含水量的变化，可将剖面划分为两层。第1层位于0~0.9m，含水量变化范围为16.3%~33.0%，平均含水量为24%。第2层位于1~2m，含水量变化范围为3.3%~13.1%，平均含水量为7.5%。剖面4含水量变化［图4-2（b）］与剖面3基本相同。剖面5含水量变化范围为0.8%~26.1%［图4-2（c）］，平均含水量为10.4%。根据含水量的变化，可将剖面划分为两层。第1层位于0~1.1m，含水量变化范围为15%~26.1%，平均含水量为18.6%。第2层位于1.2~2.2m，含水量变化范围为0.8%~11.4%，平均含水量为2.8%。剖面6含水量变化范围为6.0%~28.8%［图4-2（c）］，平均含水量为13.3%。根据含水量的变化，可将剖面划分为三层。第1层位于0~0.9m，含水量变化范围为12.3%~28.8%，平均含水量为20.4%。第2层位于1~2m，含水量变化范围为6.1%~11%，平均含水量为8.5%。第3层位于2.1~2.8m，含水量变化范围为9.0%~14.7%，平均含水量为12.0%。剖面7含水量变化范围为2.2%~27.7%［图4-2（d）］，平均含水量为16.6%。根据含水量的变化，可将剖面划分为两层，第1层位于0~1.1m，含水量变化范围为14.3%~26.0%，平均含水量为21.3%。第2层位于1.2~1.5m，含水量变化范围为2.2%~5.5%，平均含水量为3.6%。剖面8含水量变化［图4-2（d）］与剖面7基本相同。

4.1.3 吉尔孟地区2010年第3采样点含水量

该采样点含水量测定结果（图4-3）表明，剖面1含水量变化范围为4.5%~28.8%，平均含水量为14.1%［图4-3（a）］。根据钻孔含水量的变化，可将剖面划分为两层。第1层位于0~0.8m，含水量变化范围为16.6%~28.8%，平均含水量为22.6%。第2层位于0.9~1.7m，含水量变化范围为5.0%~8.3%，平均含水量为6.7%。剖面2

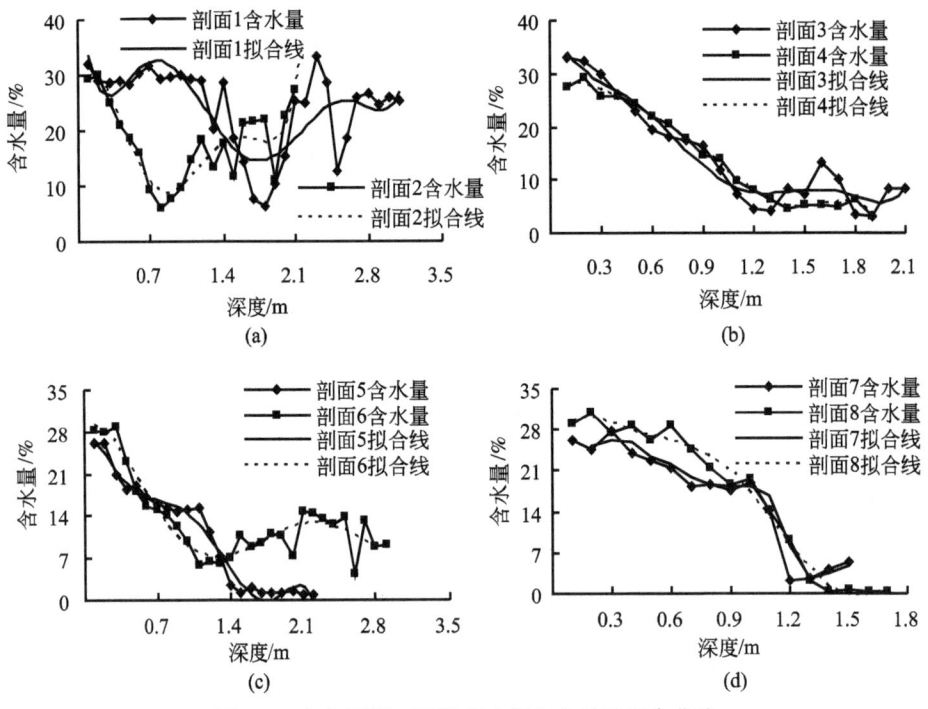

图4-2 吉尔孟第2采样点土壤含水量及拟合曲线

含水量变化［图4-3（a）］与剖面1基本相同，不同之处在于剖面2第2层含水量较剖面1第2层明显高。剖面3含水量变化范围为0.2%～32.9%［图4-3（b）］，平均含水量为17.0%。根据含水量的变化，可将剖面划分为两层。第1层位于0～1 m，含水量变化范围为14.2%～32.9%，平均含水量为24.8%。第2层位于1.1～1.6 m，含水量变化范围为0.2%～10.0%，平均含水量为4.1%。剖面4含水量变化［图4-3（b）］与剖面3变化特点相近，不同之处在于剖面4第2层含水量较剖面3约高5%。剖面5含水量变化范围为2.3%～25.0%［图4-3（c）］，平均为14.6%。根据含水量的变化，可将剖面划分为两层，第1层位于0～0.9 m，含水量变化范围为12.8%～25.0%，平均含水量为19.6%。第2层位于1～1.6 m，含水量变化范围为2.3%～14.7%，平均含水量为8.3%。剖面6含水量变化范围为4.8%～28.9%［图4-3（c）］，平均含水量为17.9%。根据含水量的变化，可将剖面划分为两层。第1层位于0～0.9 m，含水量变化范围为12.7%～30.0%，平均含水量为21.8%。第2层位于1.0～1.2 m，含水量变化范围为4.8%～8.1%，平均为5.9%。剖面7含水量变化范围为2.2%～30.7%，平均含水量为15.5%［图4-3（d）］。根据含水量的变化，可将剖面划分为两层。第1层位于0～1.1 m，含水量变化范围为15.1%～30.7%，平均含水量为21.9%。第2层位于1.2～1.8 m，含水量变化范围为2.2%～10.8%，平均含水量为5.6%。剖面8含水量变化［图4-3（d）］与剖面7基本相同，不同之处在于剖面8第1层含水量较剖面7第1层明显高。

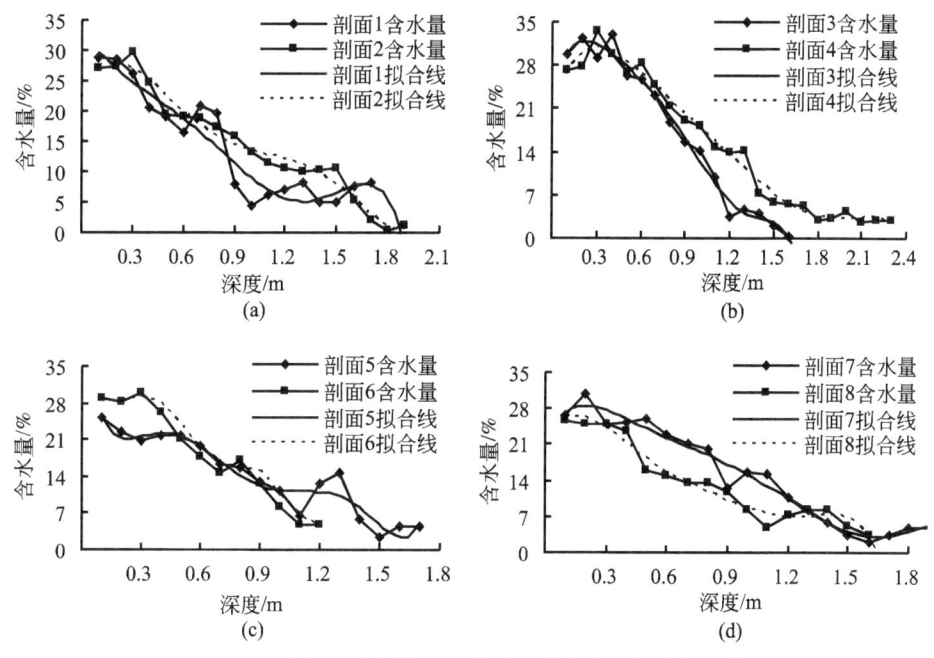

图 4-3 吉尔孟地区第 3 采样点土壤含水量及拟合曲线

上述含水量测定表明，吉尔孟地区 2010 年 3 个采样点土壤剖面上下部含水量差异很大，下部含水量最低仅有 0.2%，上部含水量最高为 33.3%。各采样点平均含水量差异较大，第 1 采样点平均含水量较低，平均含水量一般为 10%~15%，第 2 采样点和第 3 采样点含水量略高。有的土壤剖面中部含水量低于下部，下部含水量略高与下部粒度成分细有关，下部含水量很高与下部接近地下水有关。

4.2 吉尔孟地区 2011 年土壤含水量剖面变化

2011 年 8 月中旬，我们在刚察县吉尔孟地区选取了 7 个采样点进行采样研究，每个采样点利用轻型人力钻采集 8 个剖面的样品。第 1 采样点位于吉尔孟乡原火车站东南方约 200 m，南距青藏铁路南约 150 m，距离青海湖西北侧约 3 km，地理坐标为 37°08′ N、99°37′ E，海拔 3236 m，地势平坦。第 2 采样点距 1 采样点东约 1 km，钻孔间距 30 m。第 3 采样点距离吉尔孟乡政府驻地东南方向 5 km，在青藏铁路的南面约 200 m，地理坐标为 37°08′ N、99°37′ E，海拔 3232 m，地势平坦，钻孔间隔 30~50 m。第 4 采样点位于 37°8′ N、99°37′ E，钻孔间距 30~50 m。第 5 采样点为斜坡地，坡度为 6°~8°，地理坐标为 37°8′ N、99°37′ E，钻孔分布在坡底部和中上部，钻孔间距 30~50 m。第 6 采样点地理坐标为 37°08′ N、99°37′ E，钻孔间距为 30~50 m。第 7 采样点地理坐标为 37°08′ N、99°37′ E。钻孔间距为 30~50 m。

各采样点植被均为草原，草本植物分布较为密集，草高约 10 cm。各采样点钻孔深度取决于土层厚度，一般打到细粒土层底界，剖面深度一般为 0.9~2 m，取样间距为 10 cm。含水量测定采用了与前述各章相同的烘干称重法。

4.2.1　吉尔孟地区 2011 年第 1 采样点草地土壤含水量

由第 1 采样点含水量测定结果可知，各钻孔剖面含水量均呈现随深度增加而逐渐降低的趋势。剖面 1 [图 4-4（a）] 深 150 cm，含水量变化范围为 2.3%~23.4%，平均含水量为 14.4%。根据含水量的变化特点可将剖面含水量变化划分为三层，各层深度分别在 10~60 cm、70~90 cm、100~150 cm，平均含水量分别为 22.6%、16.2%、5.4%，变化范围分别为 20.7%~23.4%、13.4%~19.0% 和 2.3%~10.5%。剖面 2 [图 4-4（a）] 深 150 cm，含水量变化范围为 2.4%~22.8%，平均含水量为 11.2%。可划分为三层，各层深度分别为 10~50 cm、60~80 cm、90~150 cm，平均含水量分别为 19.8%、14.2%、3.8%，变化范围分别为 17.9%~22.8%、11.3%~17.5% 和 2.4%~8.3%。剖面 3 [图 4-4（b）] 深 150 cm，含水量变化范围为 2.2%~25.8%，平均含水量为 15.1%。可划分为三层，各层深度分别为 10~70 cm、80~110 cm、120~150 cm，含水量分别为 21.3%、16.1%、3.3%，变化范围分别为 18.0%~25.8%、15.0%~17.5% 和 2.2%~5.5%。剖面 4 [图 4-4（b）] 深 140 cm，含水量变化范围为 2.7%~29.5%，平均含水量为 15.6%。可划分为三层，各层深度分别为 10~60 cm、70~100 cm、110~140 cm，平均含水量分别为 24.3%、14.4%、3.7%，变化范围分别为 20.0%~29.5%、11.9%~16.1% 和 2.9%~5.1%。剖面 5 [图 4-4（c）] 深 140 cm，含水量变化范围为 2.9%~28.2%，平均含水量为 14.9%。可划分为两层，各层深度分别为 10~60 cm、70~140 cm，平均含水量分别为 26.0%、6.7%，变化范围分别为 21.6%~28.2% 和 2.9%~14.2%。剖面 6 [图 4-4（c）] 深 150 cm，含水量变化范围为 3.4%~29.4%，平均含水量为 13.5%。可划分为三层，各层深度分别为 10~50 cm、60~80 cm、90~150 cm，平均含水量分别为 26.2%、14.5%、4.1%，变化范围分别为 22.6%~29.4%、10.7%~18.9% 和 3.4%~5.5%。剖面 7 [图 4-4（d）] 深 160 cm，含水量变化范围为 3.0%~27.3%，平均含水量为 13.8%。可划分为三层，各层深度分别为 10~60 cm、70~90 cm、100~160 cm，平均含水量分别为 23.9%、16.7%、3.8%，变化范围分别为 20.6%~27.3%、14.0%~18.5% 和 3.0%~4.8%。剖面 8 [图 4-4（d）] 深 150 cm，含水量变化范围为 3.1%~26.3%，平均含水量为 13.1%。可划分为三层，各层深度分别为 10~50 cm、60~80 cm、90~150 cm，平均含水量分别为 23.2%、16.7%、4.3%，变化范围分别为 20.7%~26.3%、13.7%~18.4% 和 3.1%~6.2%。

4.2.2　吉尔孟地区 2011 年第 2 采样点草地土壤含水量

由钻孔剖面含水量测定结果可知，剖面 1 [图 4-5（a）] 含水量变化范围为 2.3%~29.6%，平均含水量为 14.4%，随深度增加含水量呈降低趋势。根据含水量变化可分为三层，各层深度分别为 10~60 cm、70~100 cm、110~150 cm，平均含水量分别为 26.0%、10.6%、3.5%，变化范围分别为 20.9%~29.6%、5.5%~16.0% 和 2.3%~4.3%。剖面 2 [图 4-5（a）] 含水量变化范围为 0.2%~28%，平均含水量为 13.4%。根据含水量的变化可划分为三层，各层深度分别为 10~50 cm、60~90 cm、100~150 cm，平均含水量分别为 25.7%、15.6%、1.8%，变化范围分别为 23.8%~

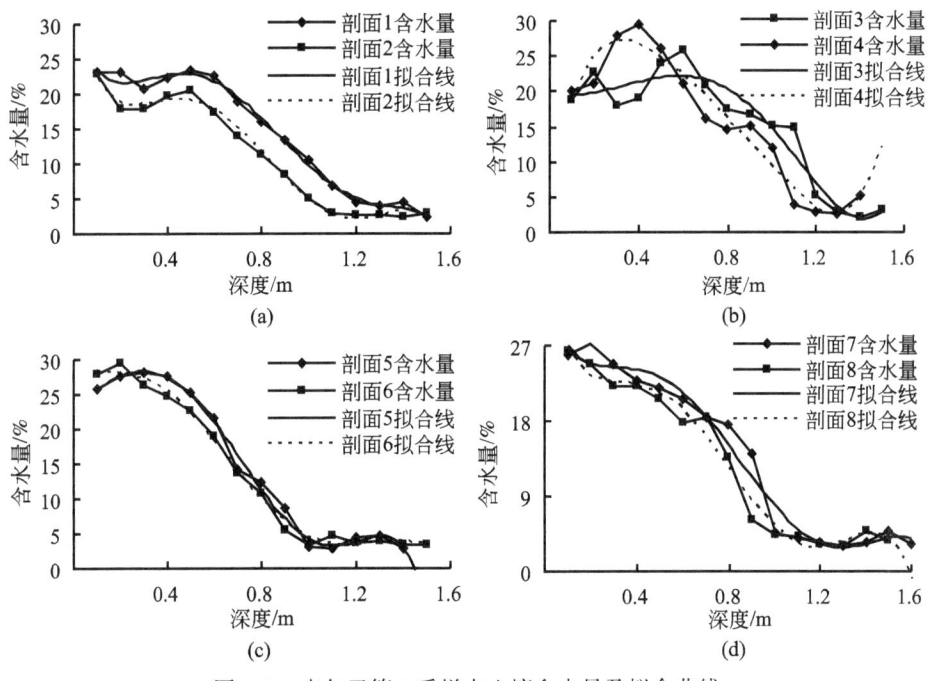

第4章 吉尔孟与江西沟地区多雨年土壤含水量与干层恢复

图4-4 吉尔孟第1采样点土壤含水量及拟合曲线

28.0%、15.0%~19.1%和0.2%~4.7%。剖面3[图4-5（b）]含水量变化范围为2.1%~27.3%，平均含水量为14.8%。根据含水量的变化可划分为三层，各层深度分别为10~50 cm、60~90 cm、100~140 cm，平均含水量分别为25.5%、15.4%、3.6%，变化范围分别为23.1%~27.3%、11.0%~18.9%和2.1%~7.9%。剖面4[图4-5（b）]含水量变化范围为1.8%~27.8%，平均含水量为14.1%。根据含水量的变化可划分为三层，各层深度分别为10~50 cm、60~90 cm、100~150 cm，平均含水量分别为25.9%、15.6%、3.4%，变化范围分别为22.5%~27.8%、12.0%~18.9%和1.8%~6.9%。剖面5[图4-5（c）]含水量变化范围为2.5%~34.0%，平均含水量为18.2%。根据含水量变化可分为三层，各层深度分别为10~60 cm、70~90 cm、100~140 cm，平均含水量分别为29.5%、18.5%、4.5%，变化范围分别为24.6%~34.0%、17.5%~19.6%和2.5%~6.5%。剖面6[图4-5（c）]含水量变化范围为2.7%~30.3%，平均含水量为12.1%。根据含水量变化可分为三层，各层深度分别为10~30 cm、40~60 cm、70~140 cm，平均含水量分别为28.0%、14.1%、5.4%，变化范围分别为26.4%~30.3%、11.0%~16.9%和2.7%~8.1%。剖面7[图4-5（d）]含水量变化范围为4.6%~33.5%，平均含水量为16.4%。根据含水量变化可分为两层，各层深度分别为10~60 cm、70~150 cm，平均含水量分别为29.1%、8.1%，变化范围分别为24.3%~33.5%和4.6%~16.7%。剖面8[图4-5（d）]含水量变化范围为4.6%~33.5%，平均含水量为13.9%。根据含水量变化可划分为三层，各层深度分别为10~40 cm、50~60 cm、70~130 cm，平均含水量分别为26.3%、16.0%、6.1%，变化范围分别为20.0%~31.4%、13.7%~18.3%和4.6%~10.2%。

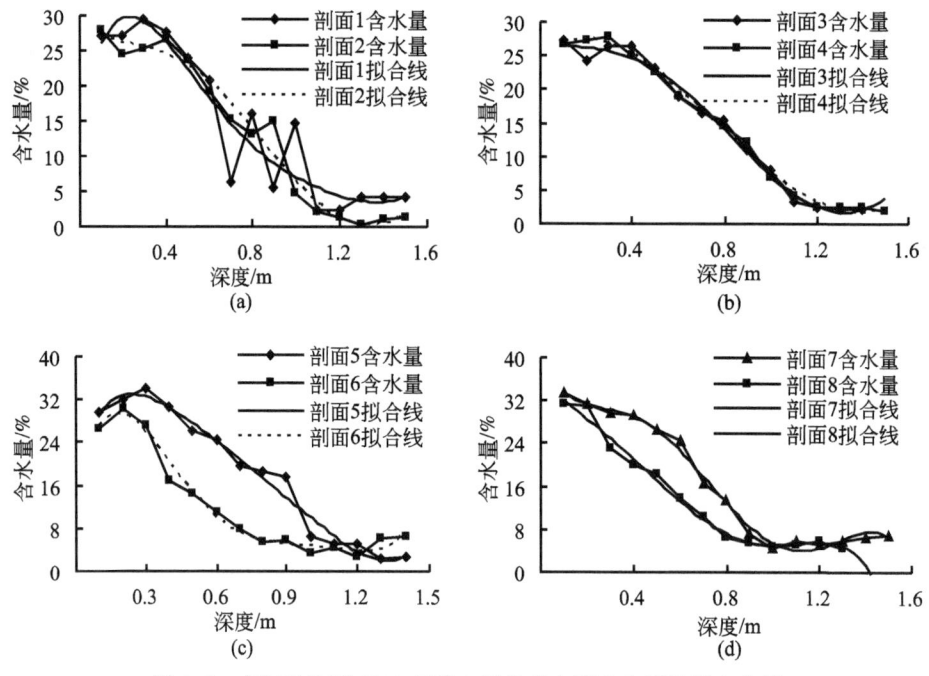

图4-5 吉尔孟地区2011年第2采样点土壤含水量及拟合曲线

4.2.3 吉尔孟地区2011年第3采样点含水量

该采样点含水量测定结果（图4-6）表明，剖面1含水量变化为2.9%~29.4%[图4-6（a）]，平均含水量为18.7%。根据含水量特点可划分为三层，各层深度分别为0.1~0.6 m、0.7~0.8 m、0.9~1.1 m，各层含水量分别为21.6%~29.4%、13.8%~16.0%、2.9%~10.2%，平均含水量分别为23.1%、14.9%、7.0%。剖面2含水量变化范围为3.8%~32.4%[图4-6（a）]，平均含水量为22%。根据含水量变化，可将剖面含水量划分为三层，各层深度分别为0.1~0.6m、0.7~0.8m、0.9~1m，各层含水量分别为25.1%~32.4%、15.7%~18.3%、3.8%~11.4%，平均含水量分别为29.2%、17.0%、7.6%。剖面3含水量变化范围为5.8%~33.0%[图4-6（b）]，平均含水量为20.6%。根据含水量变化特点，可划分为三层。各层深度分别为0.1~0.6 m、0.7~0.8 m、0.9~1.1 m，含水量范围分别为21.3%~33.5%、14.4%~19.4%、5.8%~9.8%，平均含水量分别为28.4%、16.9%、7.5%。剖面4含水量变化范围为4.1%~30.8%[图4-6（b）]，平均含水量为18%。根据含水量特点，可将剖面含水量划分为两层。各层深度分别为0.1~0.5m、0.6~1m，含水量范围分别为26.3%~30.8%、4.1%~15.9%，平均含水量分别为28.8%、8.1%。剖面5含水量变化范围为10.6%~34.2%[图4-6（c）]，平均含水量为24.8%，根据含水量变化，可将剖面含水量划分为两层。各层深度分别为0.1~0.5 m、0.6~0.8 m，含水量范围分别为23.6%~35.4%、10.7%~17.6%，平均含水量分别为30.9%、14.7%。剖面6含水量变化范围为4.0%~32.4%[图4-6（c）]，平均含水量为18.0%。根据含水量特点,可将剖面含水量变化分为三层。各层深度分别为 0.1~0.3 m、0.4~0.6 m、0.7~0.9 m,含水量范围分别为 24.9~32.5%、14.7%~19.4%、4.5%~10.0%,平均含水量分别为 29.9%、16.7%、7.5%。剖面 7 含水量变化范围为 8.0%~34.9% [图 4-6 (d)],平均含水量为 21.0%。根据含水量特点,可将剖面含水量变化分为三层。各层深度分别为 0.1~0.4 m、0.5~0.6 m、0.7~0.8 m,含水量范围分别为 22.2%~34.9%、15.9%~19.9%、8.0%~10.3%,平均含水量分别为 29.3%、17.9%、9.2%。剖面 8 含水量变化范围为 8.1%~33.7% [图 4-6 (d)],平均含水量为 24.9%。根据含水量特点,可将剖面含水量变化分为两层。各层深度分别为 0.1~0.7 m、0.8~0.9 m,各层含水量范围分别为 20.1%~33.7%、8.1%~17.5%,平均含水量分别为 28.4%、12.8%。

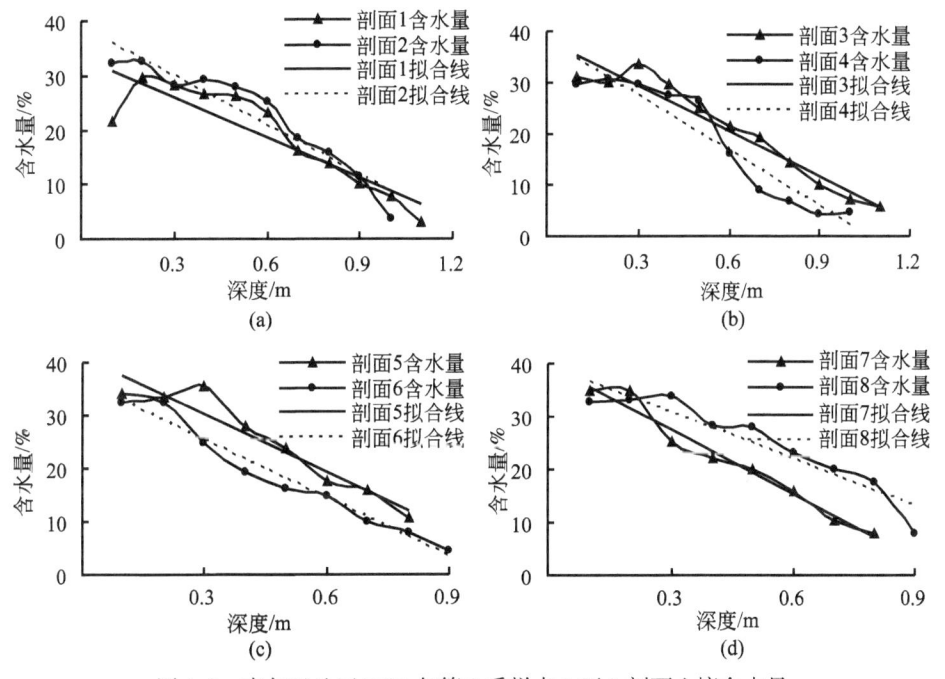

图 4-6 吉尔孟地区 2011 年第 3 采样点 1 至 8 剖面土壤含水量

4.2.4 吉尔孟地区 2011 年第 4 采样点含水量

剖面 1 含水量变化范围为 4.6%~31.8% [图 4-7 (a)],平均含水量为 20%。根据含水量特点,可将剖面划分为三层。各层深度分别为 0.1~0.3 m、0.4~0.5 m、0.6~0.7 m,各层含水量范围分别为 23.2%~33%、15.0%~18.7%、4.6%~11.9%,平均含水量分别为 28.8%、16.9%、8.3%。剖面 2 [图 4-7 (a)] 平均含水量为 18.1%,含水量变化范围为 4.7%~33%。根据含水量特点,可将剖面划分为三层。各层深度分别为 0.1~0.4 m、0.5 m、0.6~0.8 m,各层含水量范围分别为 21.9%~33%、17.4%、4.7%~9.0%,平均含水量分别为 26.5%、17.4%、7.0%。剖面 3 含水量变化范围为 3.6%~33.8% [图 4-7 (b)],平均含水量为 17.0%。根据含水量特点，可将剖面划分为三层。各层深度分别为 0.1~0.3 m、0.4~0.6 m、0.5~0.9 m，各层含水量分别为 23.7%~33.8%、12.%~19.7%、3.6%~7.4%，平均含水量分别为 29.7%、16.1%、5.3%。剖面 4 含水量变化范围为 5.7%~33.4% [图 4-7（b）]，平均含水量为 19.5%。根据含水量特点，可将剖面划分为三层，各层深度分别为 0.1~0.5 m、0.6~0.7 m、0.8~1.0 m，各层含水量分别为 21.1%~33.4%、14.9%~17.8%、5.7%~9.5%，平均含水量分别为 28.2%、16.4%、7.1%。剖面 5 含水量变化范围为 4.4%~31.9% [图 4-7（c）]，平均含水量为 19.0%。根据含水量特点，可将剖面划分为三层。各层深度分别为 0.1~0.4 m、0.5~0.6 m、0.7~0.9 m，各层含水量分别为 26.5%~31.9%、12.0%~16.5%、4.4%~10.5%，平均含水量分别为 29.6%、14.2%、8.1%。剖面 6 含水量变化范围为 6.8%~39.1% [图 4-7（c）]，平均含水量为 20.9%。根据含水量特点，可将剖面划分为三层，各层深度分别为 0.1~0.4 m、0.5 m、0.6~0.7 m，各层含水量分别为 21.0%~39.1%、12.1%、6.8%~9.5%，平均含量分别为 28.6%、12.1%、8.1%。剖面 7 含水量变化范围为 10.0%~38.2% [图 4-7（d）]，平均含水量为 21.1%。根据含水量特点，可将剖面划分为两层。各层深度分别为 0.1~0.3 m、0.4~0.8 m，各层含水量分别为 20.0%~38.9%、10.1%~18.4%，平均含量分别为 29.9%、15.5%。剖面 8 含水量变化范围为 9.3%~30.9% [图 4-7（d）]，平均含水量为 20.6%。根据含水量特点，可将剖面划分为两层。各层深度分别为 0.1~0.3 m、0.4~0.8 m，各层含水量分别为 26.2%~30.9%、9.3%~19.6%，平均含水量分别为 29.6%、15.5%。

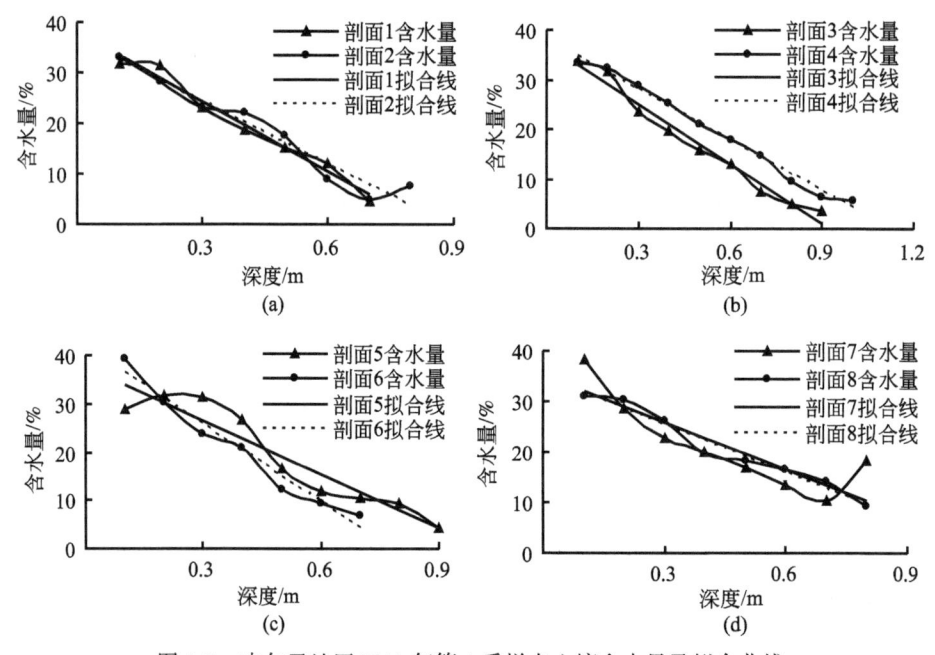

图 4-7 吉尔孟地区 2011 年第 4 采样点土壤含水量及拟合曲线

4.2.5 吉尔孟地区2011年第5采样点含水量

剖面1含水量变化范围为5.1%~28.9%[图4-8（a）]，平均含水量为18.6%。根据含水量特点，可将剖面划分为三层。各层深度分别为0.1~0.4 m、0.5~0.6 m、0.7~0.8 m，各层含水量分别为21.6%~28.9%、14.4%~16.8%、5.1%~7.2%，平均含水量分别为26.3%、15.6%、6.2%。剖面2含水量变化范围为3.9%~30.9%[图4-8（a）]，平均含水量为18.1%。根据含水量变化特点，可将剖面含水量划分为三层。各层深度分别为0.1~0.4 m、0.5~0.7 m、0.8~0.9 m，各层含水量分别为20.3%~30.9%、13.3%~18.5%、3.9%~7.3%，平均含水量分别为26.1%、15.9%、5.6%。剖面3含水量变化范围为3.5%~27.5%[图4-8（b）]，平均含水量为16.6%。根据含水量特点，可将剖面划分为三层。各层深度分别为0.1~0.4 m、0.5~0.7 m、0.8~1.0 m，各层含水量分别为20.8%~27.5%、14.7%~19.1%、3.4%~6.3%，平均含水量分别为23.9%、18.3%、5.0%。剖面4含水量变化范围为4.7%~33.9%[图4-8（b）]，平均含水量为22.4%。根据含水量特点，可将剖面划分为两层。各层深度分别为0.1~0.6 m、0.7~0.9 m，各层含水量分别为21.8%~33.9%、4.7%~15.6%，平均含水量分别为28.9%、9.3%。剖面5含水量变化范围为5.8%~31.2%[图4-8（c）]，平均含水量为17.0%。根据含水量特点，可将剖面划分为三层。各层深度分别为0.1~0.4 m、0.5~0.6 m、0.7~1.1 m，各层含水量分别为23.2%~31.2%、14.7%~16.1%、5.8%~11.3%，平均含水量分别为27.5%、15.4%、9.3%。剖面6含水量变化范围为4.8%~30.0%[图4-8（c）]，平均含水量为17.4%。根据含水量特点，可将剖面划分为三层。各层深度分别为0.1~0.3 m、0.4~0.5 m、0.6~0.8 m，各层含水量分别为24.0%~30.0%、15.2%~19.0%、4.8%~11.0%，平均含水量分别为27.4%、17.1%、4.8%。剖面7含水量变化范围为6.9%~27.1%[图4-8（d）]，平均含水量为16%。根据含水量特点，可将剖面划分为四层。各层深度分别为0.1~0.4 m、0.5~0.6 m、0.7~0.8 m、0.9~1.0 m，各层含水量分别为21.6%~27.1%、14.2%~17.3%、6.9%~10.0%、13.2%~14.1%，平均含水量分别为23.8%、15.7%、8.4%、13.6%。剖面8含水量变化范围为9.4%~36.5%[图4-8（d）]，平均含水量为22.5%。根据含水量特点，可将剖面划分为两层。各层深度分别为0.1~0.4 m、0.5~1.1 m，各层含水量分别为14.9%~36.5%、9.4%~19.6%，平均含水量分别为27.4%、14.0%。

4.2.6 吉尔孟地区2011年第6采样点含水量

剖面1含水量变化范围为11.9%~32.4%[图4-9（a）]，平均含水量为23%。根据含水量变化特点，可将剖面划分为两层。各层深度分别为0.1~0.6 m、0.7~0.9 m，各层含水量分别为20.7%~32.4%、12.0%~16.0%，平均含水量分别为28.0%、13.7%。剖面2含水量变化范围为4.9%~30.0%[图4-9（a）]，平均含水量为19.0%。根据含水量特点，可将剖面划分为三层。各层深度分别为0.1~0.5 m、0.6~0.8 m、0.9~1.0 m，各层含水量分别为22.9%~30.0%、15.7%~18.7%、4.9%~8.8%，平均含水量分

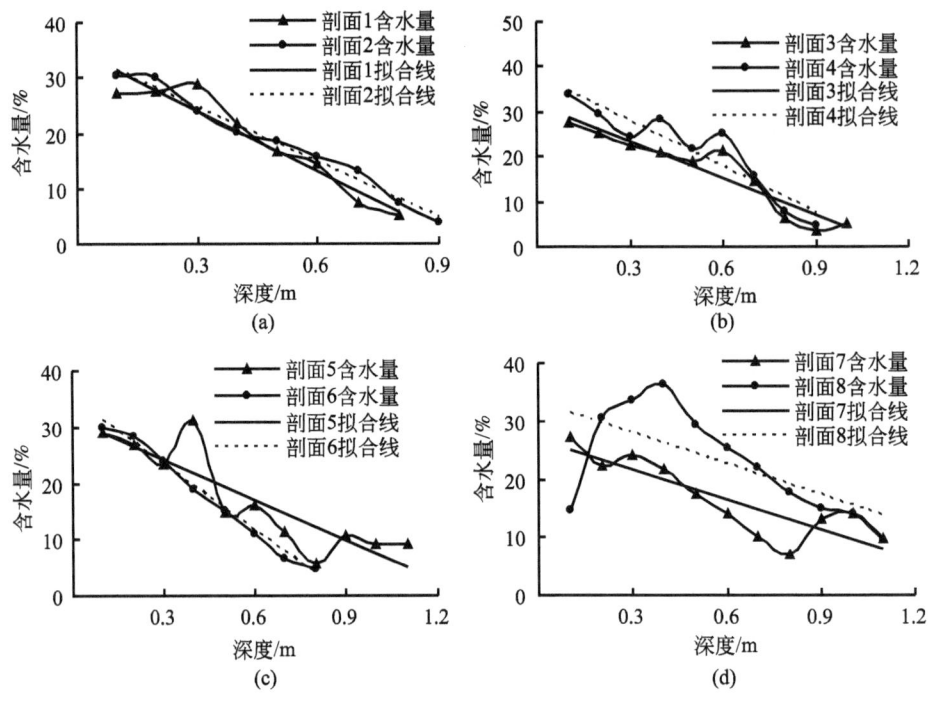

图 4-8 吉尔孟地区 2011 年第 5 采样点土壤含水量及拟合曲线

别为 26.1%、17.1%、6.9%。剖面 3 含水量变化范围为 10.0%~27.8%[图 4-9（b）]，平均含水量为 20.0%。根据含水量特点，可将剖面划分为两层。各层深度分别为 0.1~0.6 m、0.7~1.0 m，各层含水量分别为 22.3%~27.8%、10.0%~17.6，平均含水量分别为 24.2%、13.4%。剖面 4 含水量变化范围为 6.1%~28.6%[图 4-9（b）]，平均含水量为 21.6%。根据含水量特点可划分为两层，各层深度分别为 0.1~0.7 m、0.8~1 m，各层含水量分别为 20.9%~28.6%、6.1%~14.1%，平均含水量分别为 26.4%、10.3%。剖面 5 含水量变化范围为 5.4%~28.3%[图 4-9（c）]，平均含水量为 17.2%。根据含水量特点，可将剖面划分为三层。各层深度分别为 0.1~0.3 m、0.4~0.6 m、0.7~0.8 m，各层含水量分别为 24.8%~28.3%、12.5%~16.1%、5.4%~9.0%，平均含水量分别为 27.1%、13.9%、7.2%。剖面 6 含水量变化范围为 13.1%~34.5%[图 4-9（c）]，平均含水量为 22.8%。根据含水量特点，可将剖面划分为两层。各层深度分别为 0.1~0.6 m、0.7~1.0 m，各层含水量分别为 20.6%~34.5%、13.1%~18.5%，平均含水量分别为 27.3%、16.0%。剖面 7 含水量变化范围为 4.9%~30.7%[图 4-9（d）]，平均含水量为 20.2%。根据含水量特点，可将剖面划分为三层，各层深度分别为 0.1~0.5 m、0.6~0.7 m、0.8~0.9 m，各层含水量分别为 20.3%~30.7%、12.9%~15.3%、4.9%~11.5%，平均含水量分别为 27.1%、14.1%、8.2%。剖面 8 含水量变化范围为 3.8%~33.5%[图 4-9（d）]，平均含水量为 21.3%。根据含水量特点，可将剖面划分为三层，各层深度分别为 0.1~0.5 m、0.6~0.7 m、0.8~0.9 m，各层含水量分别为 20.7%~33.5%、15.3%~17.7%、3.8%~9.5%，平均含水量分别为

29.0%、16.5%、6.8%。

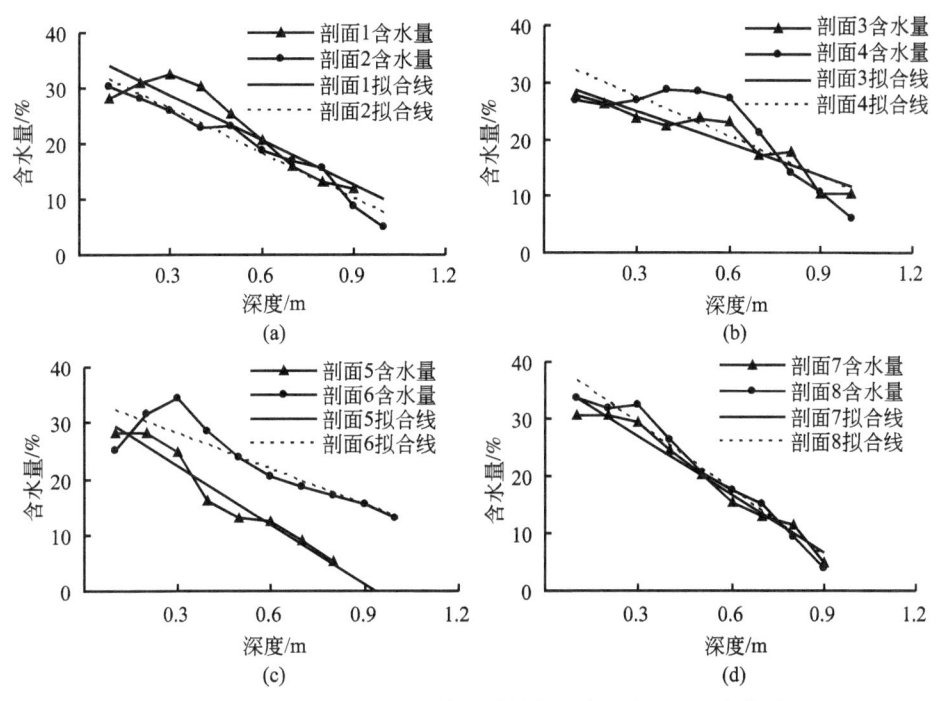

图 4-9　吉尔孟地区 2011 年第 6 采样点土壤含水量及拟合曲线

4.2.7　吉尔孟地区 2011 年第 7 采样点含水量

剖面 1 含水量变化范围为 5.0%~31.7%［图 4-10（a）］，平均含水量为 18.4%。根据含水量特点，将剖面可划分为三层。各层深度分别为 0.1~0.3 m、0.4~0.6 m、0.7~0.8 m，各层含水量分别为 25.3%~31.7%、13.6%~19.6%、5.1%~9.1%，平均含水量分别为 27.7%、16.6%、7.1%。剖面 2 含水量变化范围为 8.1%~29.1%［图 4-10（a）］，平均含水量为 18.2%。根据含水量特点，可将剖面划分为两层。各层深度分别为 0.1~0.3 m、0.4~0.7 m，各层含水量分别为 20.8%~29.1%、8.1%~17.3%，平均含水量分别为 25.0%、13.2%。剖面 3［图 4-10（b）］平均含水量为 21.1%，变化范围为 9.4%~31.9%。根据含水量特点，可将剖面划分为三层。各层深度分别为 0.1~0.5 m、0.6~0.7 m、0.8~0.9 m，各层含水量分别为 21.1%~31.9%、13.8%~17.9%、9.4%~10.5%，平均含量分别为 27.7%、15.9%、9.9%。剖面 4［图 4-10（b）］平均含水量为 23.2%，变化范围为 10.5%~32.0%。根据含水量特点，可将剖面划分为两层。各层深度分别为 0.1~0.4 m、0.5~0.6 m，各层含水量分别为 21.4%~32.0%、10.5%~15.8%，平均含水量分别为 28.2%、13.2%。剖面 5［图 4-10（c）］平均含水量为 21%，变化范围为 9.8%~30.6%。根据含水量特点，可将剖面划分为两层。各层深度分别为 0.1~0.5 m、0.6~0.8 m，各层含水量分别为 20.3%~30.6%、9.8%~15.2%，平均含水量分别为 26.1%、12.4%。剖面 6［图 4-10（c）］平均含水量为 23.0%，变化范围为 7.5%~34.6%。根据含水量特点，可将剖面划分为两层。各层深度分别为 0.1~

0.6 m、0.7~0.8 m，各层含水量分别为20.0%~34.6%、7.5%~17.1%，平均含水量分别为27.2%、12.3%。剖面7［图4-10（d）］平均含水量为20%，变化范围为12.1%~27.2%。根据含水量特点，可将剖面划分为两层。各层深度分别为0.1~0.3 m、0.4~0.7 m，各层含水量分别为22.0%~27.2%、12.2%~19.3%，平均含水量分别为25.1%、16.2%。剖面8［图4-10（d）］平均含水量为20.6%，变化范围为13.0%~27.8%。根据含水量特点可划分为两层，各层深度分别为0.1~0.3 m、0.4~0.7 m，各层含水量分别为24.1%~27.8%、13.3%~19.8%，平均含水量分别为26.2%、16.5%。

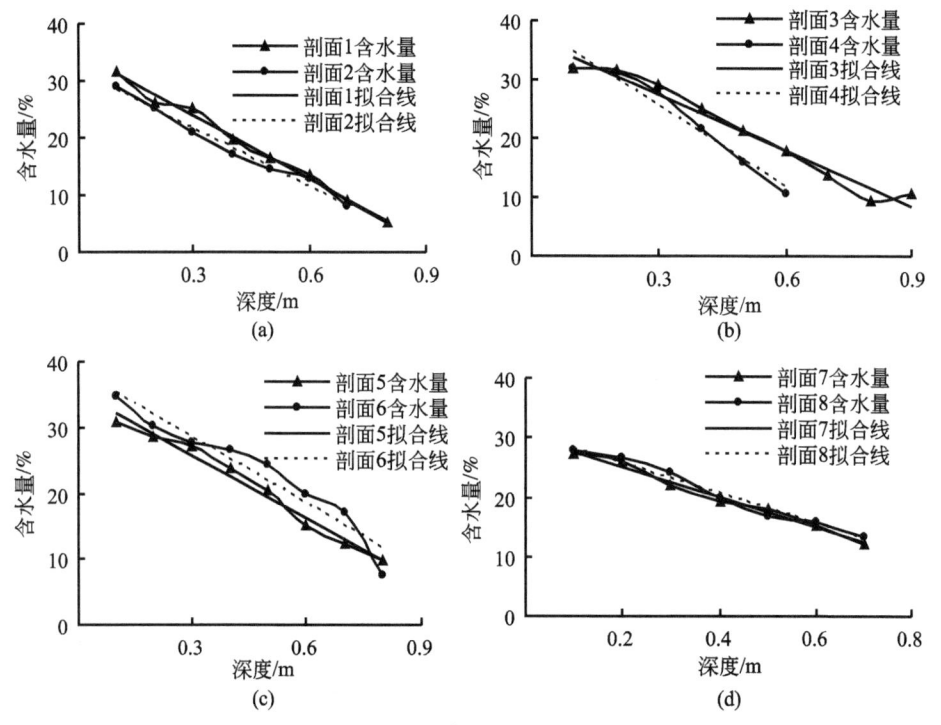

图4-10　吉尔孟地区2011年第7采样点土壤含水量及拟合曲线

上述含水量测定表明，吉尔孟地区2011年7个采样点土壤剖面上下部含水量差异也很大，下部含水量最低仅有0.2%，上部含水量最高大于30%。各采样点平均含水量差异较大，但普遍特点是土壤含水量随深度增加而减少。土壤厚度较大的整个剖面平均含水量较低，土壤厚度较小的剖面平均含水量较高。

4.3　吉尔孟地区土壤干层与恢复深度

关于土壤干层及其成因等问题，过去主要是在黄土高原地区进行的研究（刘庆和周立华，1996；杨文治和邵明安，2002；王力等，2000；郭海英等，2007）或是在关中平原地区开展的研究（赵景波等，2004；2005a；2005b；2007b；2008c；2011i；杜娟和赵景波，2005；2006；2007；李瑜琴和赵景波，2005；2006；2007；2009），其他地区的研究较少。如第 2 章所述，吉尔孟草原区在 2010 年有土壤干层发育。根据前述该区土壤含水量低于 11% 为干层发育的标准可知，虽然吉尔孟地区在 2011 年土壤上部含水量高，有重力水出现，但在 2011 年仍有土壤干层发育，而且有含水量低于 8% 的中度干层和低于 5% 的严重干层发育。青海湖西侧吉尔孟地区土壤干层的发育表明该区的土壤水分不很充足，揭示该区土壤水分在正常年和多雨年的变化特征对预测草原产草量有实际作用。

各采样点土壤含水量都随深度增加呈降低趋势，上下部变化幅度很大，上部含水量很高，下部含水量很低。干层发育的特点是土层越厚干层就越厚（图 4-11），且干化程度一般随深度的增加而加重。我们在 2009 年 8 月中旬对刚察县吉尔孟地区土壤含水量的测定表明，研究区 2009 年土壤剖面在 0.7 m 深度以下就有长期性土壤干层发育（表 4-1）。2010 年 6 月初土壤水分的垂向变化可以很好地说明丰水年雨季之后 9 个月土壤水分运移状况和降水增多年之后土壤水分恢复的深度。研究区 2010 年 6 月初土壤含水量的测定结果（图 4-1 至图 4-3）显示，地表以下约 1 m 深度范围内土壤含水量均高于 16%，0~0.6 m 含水量高于 20%，含有 3.8%~5.5% 的重力水。各个剖面 0.6~1.3 m 深度平均含水量较 2009 年 8 月显著增加（表 4-1），这主要是 2009 年 8 月至 9 月底降水量较多造成的。各剖面 0.7~1.0 m 平均含水量较 2009 年增加了 7.6%~9.9%，各剖面 1.1~1.3 m 平均含水量较 2009 年增加了 4.4%~7.1%，各剖面 0.7~1.3 m 平均含水量较 2009 年增加了 4.8%~7.1%，各剖面 0~1.3 m 平均含水量较 2009 年增加了 3.2%~5.5%。

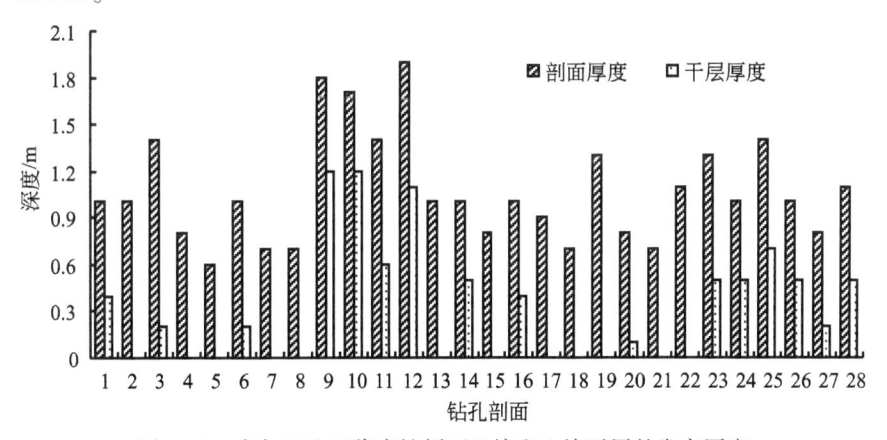

图 4-11 吉尔孟地区代表性剖面土壤和土壤干层的发育厚度

表 4-1 刚察吉尔孟地区 2009 年与 2010 年不同深度土层平均含水量

采样点	平均含水量 /%									
	0~0.6 m		0.7~1 m		1.1~1.3 m		0.7~1.3 m		0~1.3 m	
	2009 年	2010 年	2009 年	2010 年	2009 年	2010 年	2009 年	2010 年	2009 年	2010 年
1	19.82	23.76	8.96	16.91	5.23	12.34	8.51	13.80	13.73	17.86
2	20.56	25.47	9.95	17.63	6.4	13.69	8.43	15.45	14.03	19.54
3	21.08	25.15	8.67	18.57	7.75	12.22	9.14	13.92	15.37	18.62

由上可见，在2009年降水量增多之后，到2010年6月土壤水分恢复深度到达了1.3 m，0.7~1.3 m 土壤干层水分恢复后的增加量为4.4%~9.9%，平均增加量为6.8%。如果从2009年降水量开始增加的5月算起，土壤干层恢复的时间过程为1年左右。如果与黄土高原土壤干层恢复过程和恢复深度（赵景波等，2007b；2008c；2011i）相比，吉尔孟土壤干层恢复较缓慢，恢复量和恢复深度均较小，这与刚察沙柳河镇地区土壤干层恢复过程相同。如前面第3章所述，该区土壤干层恢复缓慢与该区降水较少和土壤冻结期长等有关。资料表明，青海湖地区土壤冻结时间为5个月之久，冻结水分滞留在土壤上部，造成恢复缓慢。该区土壤干层恢复深度小和恢复量低显然是该区年降水量较少决定的。由于2011年的采样点位于斜坡地带，在土壤剖面的0.9 m深度以下有的甚至在0.6 m深度以下出现了土壤干层，表明坡地水分入渗较少，土壤干层恢复的深度较平地小。

4.4 吉尔孟地区土壤干层水分恢复的降水条件

不同降水量条件下土壤干层分布深度、埋深和恢复的降水量有较大差别，草原地区土壤干层研究很少，对吉尔孟地区草原土壤干层恢复的降水条件进行研究具有重要科学意义和实际价值。如前面第2章所述，由于黄土高原降水量较青海湖地区多，长期性土壤干层一般分布在2 m 以下（杨文治和邵明安，2002；赵景波等，2004；2007b；2008c；2011i），干层恢复需要的年降水量大于700 mm（赵景波等，2007b；2008c；2011i）。吉尔孟地区降水量较少，在持续5年400 mm的降水之后，0.6 m之下还存在土壤水分的明显不足，证明在这样的降水条件下有长期性土壤干层发育。在黄土高原地区正常年大气降水经过入渗只能到达干层的上部（何福红等，2003；赵景波等，2007b；2007d；2008c），所以正常年的降雨量无法使土壤干层得到恢复，只有在年降水量显著增加年份才能得到补给恢复（杜娟和赵景波，2005；2006；2007，李瑜琴和赵景波，2006；2007；赵景波等，2007b；2008c；2011i）。青海湖附近刚察气象站观测的2009年降水量均为416 mm，比2008年仅多20 mm，比2007年还少（表3-1、图3-12）。在吉尔孟地区2009年的降水量能够使0.6~1.3 m深度范围内的土壤干层水分得到恢复，2008年基本没有恢复，产生如此大差异的原因值得讨论。2005~2008年持续4年的降水均没有使土壤干层水分恢复，表明在年降水量400 mm左右的条件下该区的土壤干层基本不能恢复或恢复很少，即在经过蒸发与蒸腾消耗之后剩余的水分很少，在这样的条件下，通过入渗到达土壤下部的水分很少，土壤干层恢复不明显。青海湖地区2009年土壤干层能够恢复的原因一是与2004~2008年降水偏多、水分在土壤表层积累有关，二是与2009年降水较多有关。2009年降水量为416 mm，加上2005~2008年持续4年的降水偏多的积累，从而使得研究地区土壤干层中的水分得到了一定的恢复。

我们在黄土高原的研究表明，丰水年土壤水分的入渗和恢复是较快的，当年土壤干层就会消失（杜娟和赵景波，2005；2006；2007；李瑜琴和赵景波，2005；2006；2007；2009；赵景波等，2007b；2008c；2011i）。而在青海湖周边地区2004~2008年年均降水量达到了 400 mm 左右,在 2009 年 8 月该区土壤干层的存在表明土壤干层在这样的降水量条件下水分尚未完全恢复,而到了 2010 年 6 月土壤干层中的水分才得到了一定恢复。这表明在年降水量 420 mm 左右条件下,该区土壤水分略显正平衡,即在通过蒸发与蒸腾消耗之后还有少量剩余的水分渗入土壤下部。虽然青海湖地区土壤干层恢复很缓慢,但比黄土高原干层恢复的降水量要少近 300 mm,这表明在不同温度、降水量和不同植被条件下土壤干层恢复的降水量存在很大差别。

4.5 吉尔孟地区土壤水分平衡与适于发展的植被

从陆地水量平衡角度分析,在长时间和一定范围内,土壤水分的输入与输出量是基本保持均衡的,但按照不同水文年水分收入与支出分析,则会出现失衡的情况(杨文治和邵明安,2002)。根据以 11% 作为青海湖西北侧吉尔孟地区土壤干层的划分标准,即土壤水分亏缺与非亏缺的标准,在 2004~2009 年降水量为 400 mm 左右,0.6 m 深度以下有土壤干层发育,指示水分输出量大于输入量,在该年第 1、第 2、第 3 各采样点 0.7~1 m 深度范围水分亏缺量分别为 2.0%、1.0%、2.3%(图 4-12)。2010 年 6 月初研究区土壤含水量测定结果(表 4-1)表明,0.6~1 m 深度以下土壤干层消失,指示水分输出量小于输入量,在该年第 1、第 2、第 3 采样点 0.7~1 m 深度范围内水分盈余量分别为 5.9%、6.6%、7.6%(图 4-12),表明水分为正平衡。

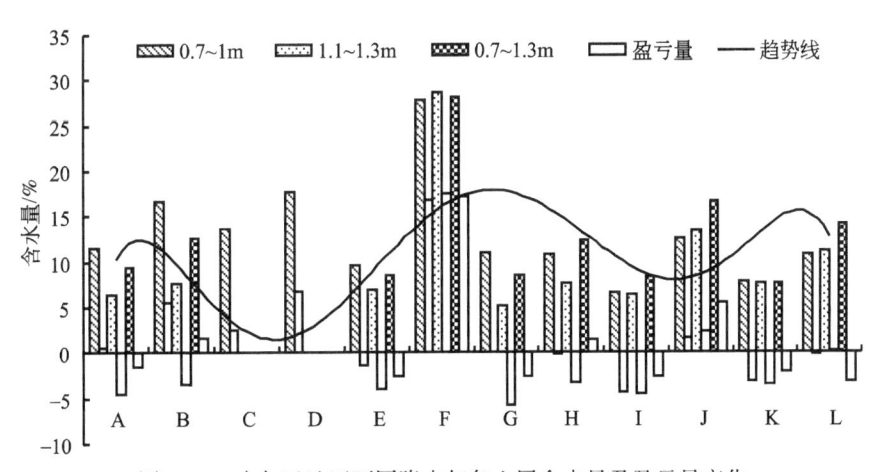

图 4-12 吉尔孟地区不同降水年各土层含水量及盈亏量变化

A 和 B 分别表示第 1 采样点 2009 年和 2010 年各土层含水量;C 和 D 分别表示第 2 采样点 2009 年和 2010 年各土层含水量;E 和 F 分别表示第 3 采样点 2009 年和 2010 年各土层含水量;盈亏量正值表示盈余量,负值表示亏缺量

研究区是我国典型的生态环境脆弱区,气候寒冷、干旱,年蒸发量是年降水量的 3.8 倍,年大风日数多,日照强烈,因而土壤中的水分易处于亏损状态。在青海湖北岸和西岸的湖滨平原地区,相对高差不大,造成植物群落在空间地理分布上变化的主要原因是环境中的土壤水分含量及土壤全盐含量(刘庆和周立华,1996)。不同种群的植物根系的水平和垂直分布特征是不同的(蒋礼学和李彦,2008),应该根据土壤水分的含量高低作为发展植被的主要依据。研究区不同降水年不同深度土层土壤水分的变化

特征表明，地表 0.6 m 深度范围内的土层受气象要素影响较大，易于得到大气降水的补给，而且水分消耗缓慢，含水量高，很适合草原植被生长。虽然吉尔孟地区有的剖面土壤厚度较大，但在 0.6 m 深度以下的土层在降水较少年和正常年有干层发育，显然吉尔孟地区不适宜发展灌木林。青海湖流域是我国的主要牧区，尤其是在青海湖巨大湖体所产生的水文效应和气候效应影响下，该区域成为我国优质的天然草场之一。吉尔孟地区应该结合该区土壤水分条件，维护和发展草原植被。

4.6 江西沟地区丰水年土壤含水量变化与干层恢复

2010 年 7 月下旬，我们在共和县江西沟地区利用轻型人力钻采集了土壤含水量样品。采样点钻孔剖面深度范围为 1.3~1.8 m，采样间距为 10 cm。钻孔 1 在 109 国道以北 1 km 处，其他钻孔依次向北排列，钻孔间距为 15~20 m，共打钻孔 16 个。土壤含水量的测定采用与前述相同的烘干称重法。样品采集后用塑料袋密封，在现场用电子天平称出湿土重 (W_1)，带回样品在室内烘干，然后称量干土重 (W_2)。土壤含水量的计算公式和剖面含水量拟合方法与前述各章相同

4.6.1 江西沟 2010 年 7 月土壤含水量

1. 江西沟 2010 年 7 月剖面 1 至剖面 8 土壤含水量

采样点位于江西沟乡政府驻地附近，植被为低矮的草本植物构成的草原。钻孔一般打到粗砂或砾石层顶部，深度为 1.3~1.8 m。

参考前人对陕西黄土高原延安地区土壤剖面含水量分层的研究（王力等，2000；杨文治和邵明安，2002），对江西沟土壤含水量进行层次划分。由各钻孔剖面含水量测定结果可知，剖面 1 含水量变化明显 [图 4-13（a）]，平均含水量为 18.4%。根据含水量特点，可将剖面划分为三层。各层深度分别为 0.1~0.5 m、0.6~1.0 m、1.1~1.4 m，含水量分别为 24.6%~30.5%、16.8%~20.3%、4.6%~9.3%，平均含水量分别为 28.0%、18.5%、6.5%。剖面 2 含水量变化显著 [图 4-13（a）]，平均含水量为 16.2%。根据含水量特点，可将剖面划分为三层。各层深度分别为 0.1~0.4 m、0.5~1.1 m、1.2~1.5 m，含水量范围分别为 23.3%~34.8%、13.0%~23.0%、0.3%~2.4%，平均含水量分别为 29.7%、19.4%、1.4%。剖面 3 含水量变化范围为 5.6%~33.2% [图 4-13（b）]，平均含水量为 20.2%。根据含水量特点，可将剖面划分为三层。各层深度分别为 0.1~0.5 m、0.6~1.1 m、1.2~1.3 m，含水量范围分别为 23.4%~33.2%、14.7%~30.0%、5.6%~6.0%，平均含水量分别为 29.7%、17.2%、5.8%。剖面 4 从上向下含水量呈显著减少趋势 [图 4-13（b）]，含水量变化特点、剖面分层与剖面 3 基本相同，平均含水量为 21.8%，略高于剖面 3。剖面 5 从上向下含水量呈波动减少趋势 [图 4-13（c）]，平均含水量为 12.8%。根据含水量特点，可将剖面划分为两层。各层深度分别为 0.1~0.9 m、1.0~1.8 m，含水量范围分别为 16.6%~28.2%、1.4%~9.6%，平均含水量分别为 21.4%、4.2%。剖面 6 从上向下含水量呈减少趋势

[图4-13（c）]，平均含水量为18.4%。根据含水量特点，可将剖面划分为三层。各层深度分别为0.1~0.5 m、0.6~1.0 m、1.1~1.4 m，含水量范围分别为24.6%~30.5%、16.8%~20.3%、4.6%~9.2%，平均含水量分别为28.0%、18.5%、6.5%。剖面7由上向下含水量呈波动减少趋势[图3-13（d）]，平均含水量为19.1%。根据含水量特点，可将剖面划分为三层。各层深度分别为0.1~0.5 m、0.6~1.1 m、1.2~1.4 m，含水量范围分别为28.7%~33.8%、13.8%~18.5%、2.2%~6.5%，平均含水量分别为31.4%、16.5%、4.0%。剖面8由上向下含水量亦呈波动减少趋势[图4-13（d）]，平均含水量为19.4%。根据含水量特点，可将剖面划分为三层。各层深度分别为0.1~0.5 m、0.6~1.0 m、1.1~1.3 m，含水量范围分别为27.5%~30.2%、13.3%~20.7%、5.0%~11.0%，平均含水量分别为28.8%、16.7%、8.3%。

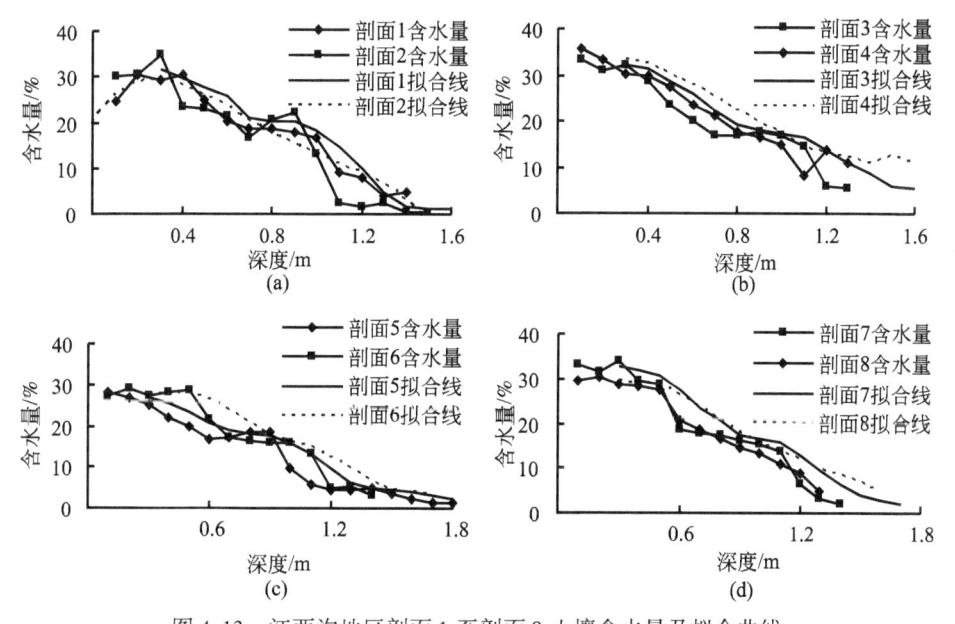

图4-13 江西沟地区剖面1至剖面8土壤含水量及拟合曲线

2. 江西沟地区2010年7月剖面9至剖面16土壤含水量

剖面9由上向下含水量亦呈明显波动减少趋势[图4-14（a）]，平均含水量为14.9%。根据含水量特点，可将剖面划分为三层。各层深度分别为0.1~0.6 m、0.7~1.2 m、1.3~1.8 m，含水量分别为22.2%~31.6%、10.6%~17.5%、1.2%~4.2%，平均含水量分别为28.5%、13.2%、3.0%。剖面10含水量变化趋势与剖面9相同[图4-14（a）]，平均含水量为17.7%。根据含水量特点，可将剖面划分为三层。各层深度分别为0.1~0.5 m、0.6~1.0 m、1.1~1.5 m，含水量范围分别为25.0%~32.2%、13.6%~21.2%、2.9%~9.7%，平均含水量分别为29.3%、17.4%、6.6%。剖面11由上向下含水量减少趋势明显[图4-14（b）]，平均含水量为18.6%。根据含水量特点，可将剖面划分为三层。各层深度分别为0.1~0.5 m、0.6~1.1 m、

1.2~1.5 m，含水量范围分别为 24.2%~36.4%、11.8%~21.7%、4.6%~8.5%，平均含水量分别为 31.8%、16.2%、5.7%。剖面 12 含水量变化特点、变化趋势与剖面 11 基本相同 [图 4-14（b）]，平均含水量为 16.8%。根据含水量特点，可将剖面划分为三层。各层深度分别为 0.1~0.5 m、0.6~1.1 m、1.2~1.7 m，含水量范围分别为 26.5%~34.7%、12.4%~20.5%、2.7%~9.6%，平均含水量分别为 30.8%、16.0%、5.8%。

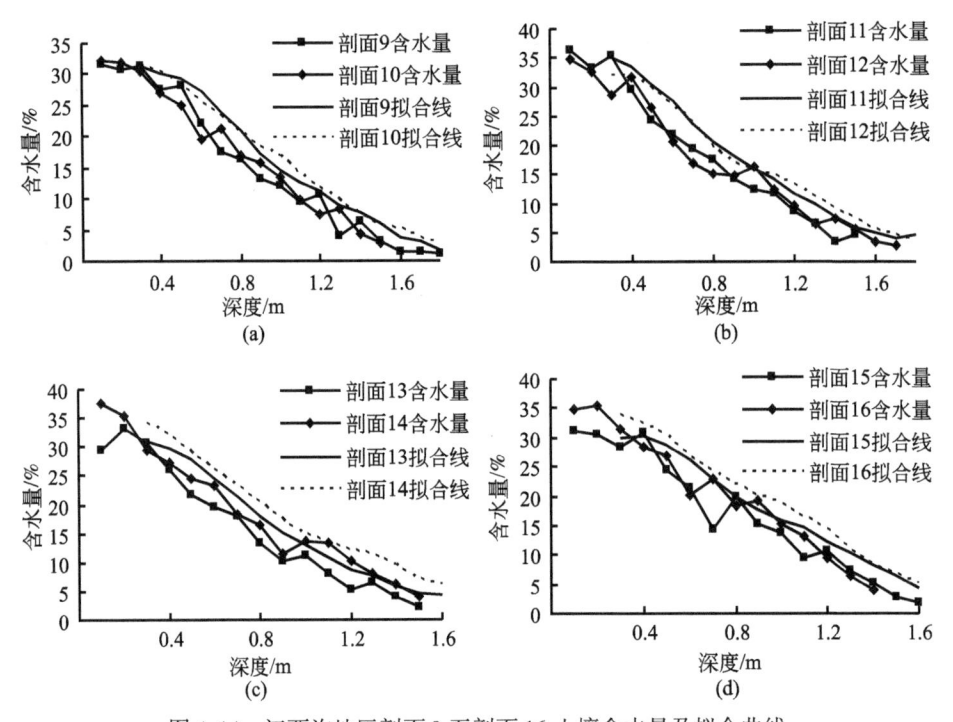

图 4-14 江西沟地区剖面 9 至剖面 16 土壤含水量及拟合曲线

剖面 13 由上向下含水量亦呈减少趋势 [图 4-14（c）]，平均含水量为 16.0%。根据含水量特点，可将剖面划分为三层。各层深度分别为 0~0.5 m、0.6~1.0 m、1.1~1.5 m，含水量范围分别为 21.8%~33.2%、11.2%~19.4%、2.2%~8.2%，平均含水量分别为 28.3%、14.4%、5.3%。剖面 14 由上向下含水量呈波动减少趋势 [图 4-14（c）]，平均含水量为 18.6%。根据含水量变化，可将剖面划分为三层。各层深度发分别为 0.1~0.6 m、0.7~1.2 m、1.3~1.5 m，含水量范围分别为 23.2%~37.6%、10.4%~18.4%、4.1%~8.2%，平均含水量分别为 29.5%、14.0%、6.2%。剖面 15 由上向下含水量呈波动减少趋势 [图 4-14（d）]，平均含水量为 16.7%。根据含水量变化，可将剖面划分为三层，各层深度分别为 0.1~0.6 m、0.7~1.2 m、1.3~1.6 m，含水量范围分别为 21.3%~31.2%、9.6%~19.8%、1.8%~7.2%，平均含水量分别为 27.8%、13.9%、4.3%。剖面 16 含水量变化 [图 4-14（d）] 与剖面 15 基本相同，平均含水量为 20.4%。根据含水量特点，可将剖面划分为三层。各层深度分别为 0.1~0.5 m、0.6~1.1 m、1.2~1.4 m，含水量范围分别为 26.7%~35.3%、13.3%~

22.8%、4.0%~9.5%，平均含水量分别为31.4%、18.2%、6.6%。

3. 江西沟地区2010年11月剖面1至剖面8含水量

根据江西沟草地土壤含水量的测定结果可知，剖面1含水量变化较小［图4-15（a）］，平均含水量为23.1%。根据含水量变化，可将剖面分为三层。各层深度分别为0.1~0.5 m、0.6~1.3 m、1.3~1.6 m，含水量范围分别为23.0%~27.1%、20.1%~25.1%、19.8%~20.1%，平均含水量分别为24.8%、23.2%、19.9%。剖面2含水量波动变化大，由上向下含水量呈减少趋势［图4-15（a）］，平均含水量为18.8%。根据含水量变化，可将剖面分为三层。各层深度分别为0.1~0.4 m、0.5~1.0 m、1.1~1.9 m，含水量范围分别为20.9%~24.6%、16.3%~32.5%、8.0%~16.4%，平均含水量分别为21.9%、24.9%、13.5%。剖面3由上向下含水量呈现减少趋势［图4-15（b）］，平均含水量为16.9%。根据含水量变化，可将剖面分为三层。各层深度分别为0.1~0.6 m、0.7~1.3 m、1.4~2.0 m，含水量范围分别为20.7%~26.5%、12.3%~24.0%、8.5%~16.3%，平均含水量分别为23.0%、16.5%、12.1%。剖面4含水量波动范围为8.3%~29.6%［图4-15（b）］，平均为20.2%。根据含水量的变化，可将剖面分为三层。各层深度分别为0.1~0.5 m、0.6~1.1 m、1.2~1.8 m，含水量范围分别为23.5%~29.6%、16.1%~29.6%、8.3%~20.4%，平均含水量分别为25.6%、21.3%、15.3%。剖面5由上向下含水量呈较大波动减少趋势［图4-15（c）］，平均含水量为28.8%。根据含水量变化，可将剖面分为三层。各层深度分别为0.1~0.4 m、0.5~1.0 m、1.1~1.4 m，含水量范围分别为25.1%~27.5%、20.3%~28.8%、15.3%~21.3%，平均含水量分别为26.7%、25.7%、18.0%。剖面6含水量变化与剖面5基本相同［图4-15（c）］，平均含水量为22.1%。根据含水量变化，可将剖面分为三层。各层深度分别为0.1~0.4 m、0.5~1.1 m、1.2~1.3 m，含水量范围分别为23.4%~27.7%、18.3%~26.6%、10.5%~18.4%，平均含水量为26.2%、21.9%、14.5%。剖面7由上向下含水量呈显著减少趋势［图4-15（d）］，平均含水量为21.9%。根据含水量变化，可将剖面分为三层。各层深度分别为0.1~0.8 m、0.9~1.5 m、1.6~1.9 m，含水量范围分别为25.8%~28.9%、19.7%~28.2%、5.3%~14.4%，平均含水量分别为27.8%、22.1%、9.7%。剖面8含水量由上向下减少更显著［图4-15（d）］，平均含水量为28.9%。根据含水量变化，可将剖面分为两层。各层深度分别为0.1~0.4 m、0.5~1.0 m，含水量变化范围分别为18.8%~28.9%、8.8%~20.4%，平均含水量为24.9%、12.8%。

4.6.2 江西沟地区土壤干层等级和干层恢复

土壤水分的不足直接导致了土壤干层的发育，严重土壤干层会造成植被和作物受到危害（侯庆春等，1991）。根据第2章的分析得知，江西沟地区有土壤干层发育，干层划分标准是含水量小于11%，含水量变化范围在8%~11%的为轻度干层，5%~8%的为中度干层，5%以下是严重干层。江西沟地区2010年各土壤剖面基本上都出现了土壤干层，各剖面土壤含水量低于11%的土层深度为1.0~1.8 m，干层分布厚度为30~

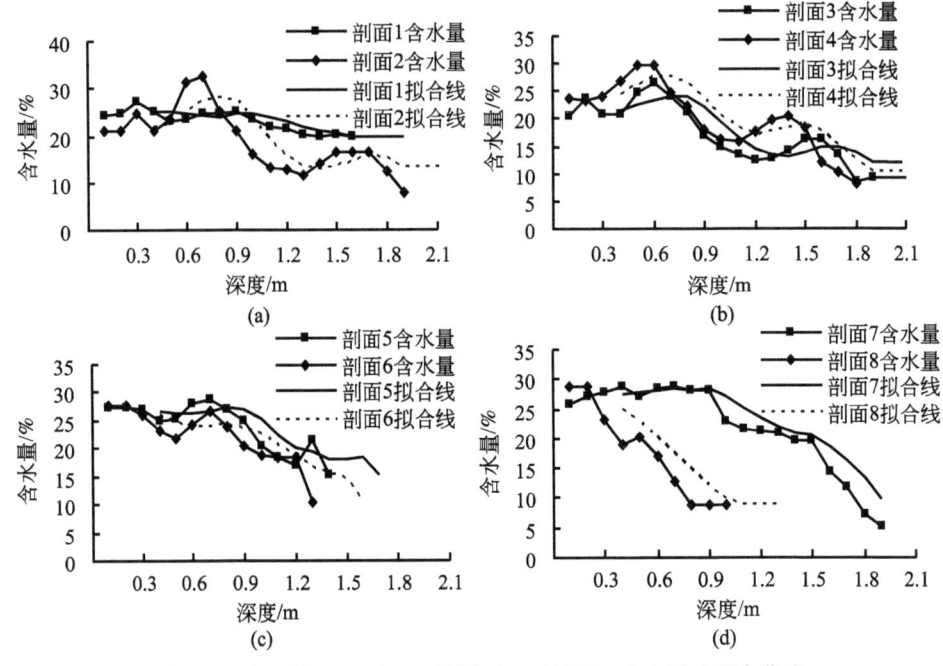

图 4-15 江西沟 2010 年 11 月剖面 1 至剖面 8 含水量及拟合曲线

90 cm，土层越厚干层就越厚（图 4-16），而且各剖面基本都有严重干层发育，土壤干层发育比较明显。重力水分布的最大深度是 1.0 m。陕北土壤干层分布深度一般在 2 m 以下（侯庆春和韩蕊莲，2000；王力等，2000；杨文治和邵明安，2002；刘刚等，2004），原因是陕北地区当年降水入渗深度可达到 2 m 左右。而江西沟乡降水量少，降水入渗深度小。2009 年青海湖地区降水较多，降水量达到了 416 mm，经过一年的水分入渗造成了土壤 1.0 m 深度以上出现了重力水。江西沟地区 2010 年土壤干层发育普遍且较严重，这与江西沟地区土壤厚度较大有关。土层厚度大使得有限的水分分散在较大体积的土层中，从而使得水分含量降低，这也表明该区土壤水含量总体不足。

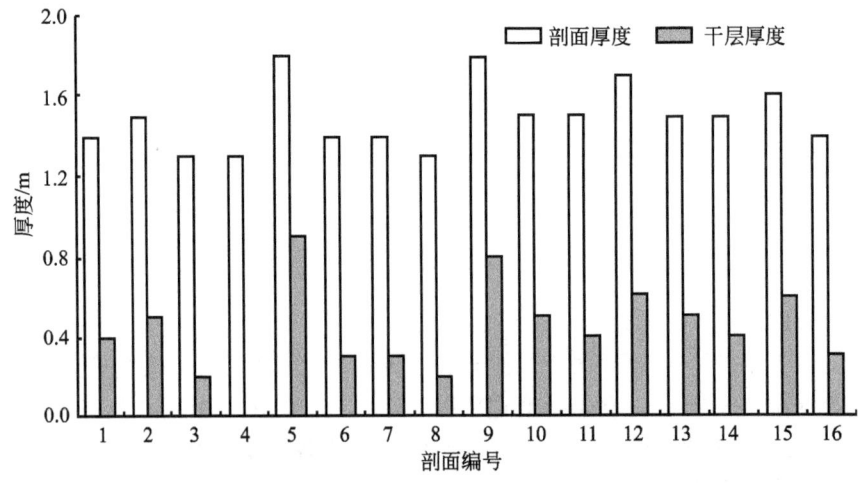

图 4-16 江西沟 2010 年 7 月 16 个剖面土壤和土壤干层的厚度

从 2009 年 9 月到 2010 年 7 月，虽然经过了近一年的土壤水分入渗，但 1.1 m 以下仍有干层发育，表明在降水较多年份土壤干层中的水分在 1 年之内仍未得到全部恢复。然而，到了 2010 年 11 月，随着雨季的来临以及水分的不断入渗，该区土壤含水量一般都高于 11%，显示土壤干层基本消失，仅在剖面 7 的底部有 40 cm 厚度的干层存在（图 4-17）。这表明，在该区年降水量为 420 mm 的条件下，草原土壤干层能够得到恢复，恢复的时间过程为 1 年半左右。

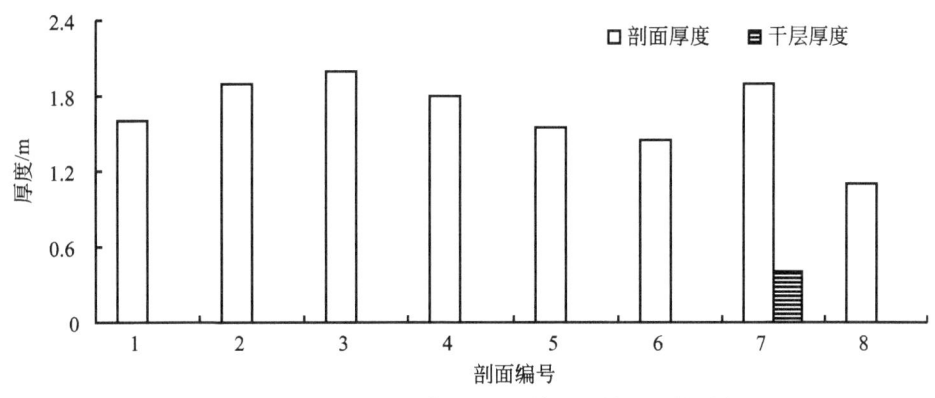

图 4-17 江西沟 2010 年 11 月土壤和土壤干层的厚度

图 4-18 显示，江西沟地区 2010 年 7 月 16 个剖面在 1.1~1.3 m 的平均含水量为 6.9%，为中度干层，1.4~1.8 m 的平均含水量为 2.6%，为严重干层。图 4-18 显示，各采样点土壤水分含量都随着深度增加而逐渐降低，上下部含水量差异很大，土壤下部和底部含水量很低。江西沟地区 2010 年 7 月土壤含水量与同年 11 月有明显差异，11 月土壤上部含水量比 7 月低，11 月土壤中下部含水量比 7 月高（图 4-18），表明在 11 月土壤水分运移到了土壤的中部和下部，并使得土壤中下部的干层基本消失。江西沟地区降水正常年在土壤下部有中度和部分严重干层发育，表明土壤中下部水分明显不

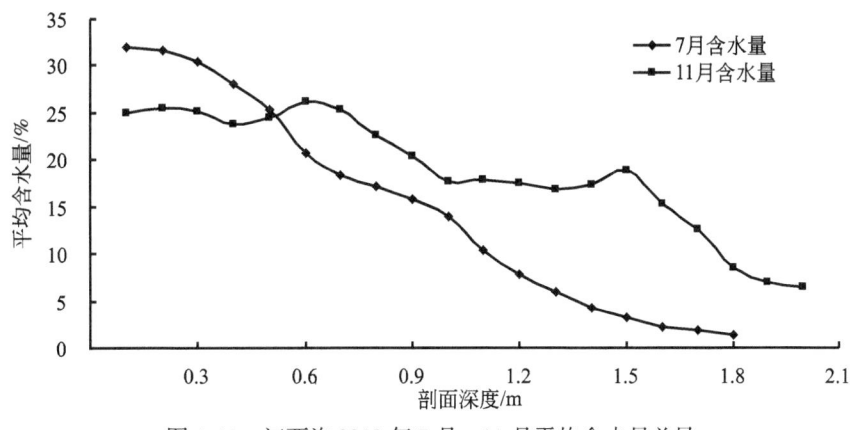

图 4-18 江西沟 2010 年 7 月、11 月平均含水量差异

足，显示该区生态环境较为脆弱。为了改善该区已经退化的生态环境，需要加强该区植被的保护与植被恢复，限制耗水较多的人工植被的发展。

4.6.3 江西沟草原土壤水循环与水分收支平衡

长期性土壤干层是在水分长期负平衡的条件下产生的（李玉山，1983；黄明斌等，2001；杨文治和邵明安，2002；易亮等，2009）。江西沟地区与前述吉尔孟地区和第3章沙柳河镇地区一样，在降水正常年普遍发育了土壤干层，土壤下部有中度干层甚至严重干层存在，表明该区土壤水分为负平衡。土壤水分负平衡指示该区大气降水在经过蒸发、植物蒸腾消耗和地表径流损失之后，已经没有剩余的水分通过土壤入渗补给地下水，而且可能还会因植物吸收导致原来储存在较深处的土壤中的水分不断减少，造成深部土层的干化。江西沟地区土层厚度越大，下部的土壤干层发育越强，也表明了该区通过土壤入渗的水分很少，即使降水增多年有部分水分向下入渗，数量也是很有限的。该区的水分负平衡对地下水和湖水的补给很不利，指示该区在降水正常年大气降水一般不能通过土壤入渗补给地下水，也不利于对青海湖起补给作用的地下径流的形成。

土壤水分的负平衡指示大气降水不能通过入渗补给地下水，也就是说正常的水分入渗环节被土壤干层切断，这就会导致地下水埋深加大，地下水以泉水形式的自然排泄循环减弱或消失。该区水循环主要是地表的循环，地下的水循环多不存在，这是不完整的水循环，这都表明江西沟地区属于异常水分循环类型。但是土壤干层的水分恢复表明，该区在年降水量为420 mm或更多条件下，草原土壤的水分收入量略多于支出量，水分为正平衡。

4.6.4 江西沟地区土壤水存在形式与水分滞留性

根据在黄土高原地区的研究，粉砂土含水量高于17%~20%就有重力水出现（杨文治和邵明安，2002）。如前所述，青海湖地区的土壤粒度成分与黄土类似，也是粉砂土，但比黄土粗一些。较粗的土壤持水性降低，江西沟地区重力水含量标准应该略低于20%。为了得到可靠的认识，我们仍初步将20%作为青海湖南侧江西沟地区土壤重力水与非重力水含量的分界标准。第8章中刚察与天峻县土壤吸力的测定表明，该区土壤吸力不大，土壤中含量大于20%的水分应为重力水。根据江西沟地区2010年土壤水分的观测可知，在土壤上部0.7 m范围内含水量一般为18%~30%（图4-14至图4-16、图4-18），表明在土壤0.7 m以上出现了约8%的重力水。重力水是运移速度较快的水分，在黄土高原区，如果土壤含量约8%的重力水在土层中占据0.5 m左右的厚度，其当年的入渗深度就可达到2 m以下深度，可使2~4 m深度范围内的干层消失（陈宝群等，2006；赵景波等，2007b；2008c；2011i）。这表明江西沟地区土壤水分向下入渗速度也与沙柳河镇地区和吉尔孟地区一样，比黄土高原的黄土类土壤慢很多，土壤水分具有在土壤上部滞留的突出特点。对比陕西黄土高原和青海湖流域的气候条件可知，江西沟地区气候寒冷，年平均温度0℃左右，土壤水分冻结期长达5个月之久，这很可能是导致土壤水分入渗缓慢的原因。也有的研究者认为，青海湖地区土壤田间持水量高，达28%左右（祁如英等，2009）。我们的入渗实验（见第7章）和土壤吸力实验（见第8章）表明，该区土壤的入渗率（赵景波等，2011c）比黄土高原的土壤还大，土壤吸力较小，因此该区田间持水量不会太大。该区土壤水分在上部滞留对草原植被的生长是有利的，可以利用土壤水分在上部滞留对草原植被生长有利的特点，估算丰水年次年的产草量，并计算可以增加的载畜量，从而增加牧业生产。

第 5 章　青海湖流域薄土层含水量与草原退化

土层厚度不仅是决定土壤水库蓄水量的主要因素之一，而且也是影响土壤持水性和含水量的重要因素，对荒漠化的发生与发展有重要影响。因此，研究薄土层含水量及其水分分布是很必要的。为此，我们在刚察沙柳河镇地区、吉尔孟地区和泉吉乡地区对小于 40 cm 厚度的草地薄土层进行了采样研究，以揭示薄土层分布区土壤水分的含量特点及其对草原植被生长和草原退化的影响。

5.1　沙柳河镇地区薄土层含水量与草原退化

2011 年 6 月中旬，我们在刚察县沙柳河镇附近选择了 5 个采样点进行采样研究。沙柳河镇附近薄土层第 1 采样点在沙柳河镇沙柳河大桥东南方向约 700 m，地理坐标为 37°14′N、99°56′E。第 2 采样点在沙柳河南岸，距第 1 采样点东北方向约 300 m。第 3 采样点位于沙柳河北岸，距第 1 采样点东北方向约 135 m。这 3 个采样点的植被均为密集低草草原。第 4 采样点位于沙柳河镇东南约 500 m，地理坐标为 37°19′N、100°8′E。第 5 采样点在第 4 采样点西南方向约 1.6 km 处，地理坐标为 37°18′N、100°7′E，处于水渠和公路的交叉处。第 4 和第 5 采样点植被为含人工灌木的草原，草高 0.2~0.4 m，密集分布，灌木高 1.0~2.5 m，灌木行间距约为 2 m，植株间距为 0.5 m 左右。各样点海拔为 3269 m 左右。采样期间天气晴朗。第 1 至第 3 采样点钻孔剖面厚度为 15~40 cm，分别打 12 个钻孔，钻孔间距约为 5 m，取样间距为 3 cm，共采样品 302 个。第 4 和第 5 采样点剖面厚度较第 1 至第 3 剖面厚度略大，厚度为 0.5~0.8 m。在第 4 与第 5 采样点分别采集 8 个钻孔剖面的样品，钻孔间距为 5 m，采样间隔为 10 cm，共采集样品 100 个。含水量测定采用烘干称重法，烘干称重和含水量计算与前面第 2 章的方法相同。

5.1.1　沙柳河镇薄土层含水量

1. 沙柳河镇第 1 采样点薄土层含水量

由各钻孔剖面含水量测定结果可知，剖面 1 含水量变化范围为 10.0%~15.0% [图 5-1(a)]，平均含水量为 12.5%。根据含水量变化可分为两层，各层深度分别为 3~9 cm、9~15 cm，含水量分别为 12.2%~15.0%、10.0%~11.0%。剖面 2 含水量变化范围为 9.3%~14.4% [图 5-1 (a)]，平均含水量为 11.6%。根据含水量变化可分为两层，各层深度分别为 3~6 cm、6~15 cm，各层含水量分别为 12.6%~14.4%、

9.3%~10.9%，平均含水量分别为13.5%、10.3%。剖面3含水量变化范围为9.8%~13.0%［图5-1（a）］，平均含水量为11.3%。根据含水量变化可分为两层，各层深度分别为3~6 cm、6~15 cm，含水量分别为9.8%~13.0%、11.4%~11.6%，平均含水量分别为11.4%、11.2%。该剖面在6 cm深度处含水量最大，达到13.0%，其余各深度含水量9.8%~11.6%。剖面4含水量变化范围为8.3%~18.6%［图5-1（b）］，平均含水量为14.5%。根据含水量变化可分两层，深度分别为3~6 cm、6~20 cm，含水量变化范围分别为8.3%~10.6%、14.4%~18.6%，平均含水量分别为9.5%、16.4%。剖面5含水量变化范围为7.2%~19.9%［图5-1（b）］，平均含水量为14.1%。根据含水量变化可分两层，深度分别为3~6 cm、6~20 cm，平均含水量分别为9.6%、15.9%，变化范围分别为7.2%~12.1%、13.8%~19.9%。剖面6含水量变化范围为7.4%~18.2%［图5-1（b）］，平均含水量为13.7%。根据含水量变化可分两层，深度分别为3~6 cm、6~20 cm，平均含水量分别为9.6%、15.3%，变化范围分别为7.4%~11.7%、13.2%~18.2%。剖面7含水量变化范围为7.2%~14.7%［图5-1（c）］，平均含水量为10.3%。根据含水量变化可分为三层，各层深度分别为3~12 cm、12~18 cm、18~30 cm，含水量分别为7.2%~11.0%、11.5%~14.7%、9.0%~11.7%，平均含水量分别为9.1%、13.1%、10.1%。在18 cm深度处含水量最大，为14.7%。剖面8含水量变化范围为7.6%~11.0%［图5-1（c）］，平均含水量为9.2%。根据含水量变化可分为三层，各层深度分别为3~15 cm、15~24 cm、24~30 cm，含水量分别为7.6%~11.0%、8.4%~8.5%、9.0%~10.5%，平均含水量分别为9.5%、8.5%、9.7%。剖面9含水量变化范围为7.4%~14.4%［图5-1（c）］，平均含水量为11.4%。根据含水量变化可分为三层，各层深度分别为3~15 cm、15~24 cm、24~30 cm，含水量分别为7.4%~11.5%、12.5%~14.4%、10.0%~11.9%，平均含水量分别为10.3%、13.6%、11.0%。剖面10含水量变化范围为8.4%~18.6%［图5-1（d）］，平均含水量为15.3%。根据含水量变化可分为两层，各层深度为3~6 cm、6~40 cm，含水量8.4%~9.7%、12.1%~18.6%，平均含水量分别为9.1%、16.5%。剖面11含水量变化范围为6.0%~19.4%［图5-1（d）］，平均含水量为14.6%。根据含水量变化可分为两层，各层深度分别为3~6 cm、6~40 cm，含水量分别为6.0%~10.2%、13.0%~19.4%，平均含水量分别为8.1%、15.9%。剖面12含水量变化范围为8.7%~19.5%［图5-1（d）］，平均含水量为15.3%。根据含水量变化可分为两层，各层深度分别为3~6 cm、6~40 cm，含水量分别为8.7%~12.8%、13.6%~19.5%，平均含水量分别为10.8%、16.1%。

2. 沙柳河镇薄土层第2采样点含水量

由各钻孔剖面含水量测定结果可知，剖面1含水量较高，含水量为15.0%~28.0%，剖面波动变化小［图5-2（a）］，平均含水量为25.3%。剖面2［图5-2（a）］含水量明显比剖面1高，变化范围为18.2%~33.0%，波动变化小，平均含水量为27.7%。剖面3含水量变化范围为19.9%~28.7%［图5-2（a）］，波动变化小，平均含水量为25.6%。剖面4上部含水量低，中部含水量高，含量变化范围为15.0%~29.1%［图5-2（b）］，

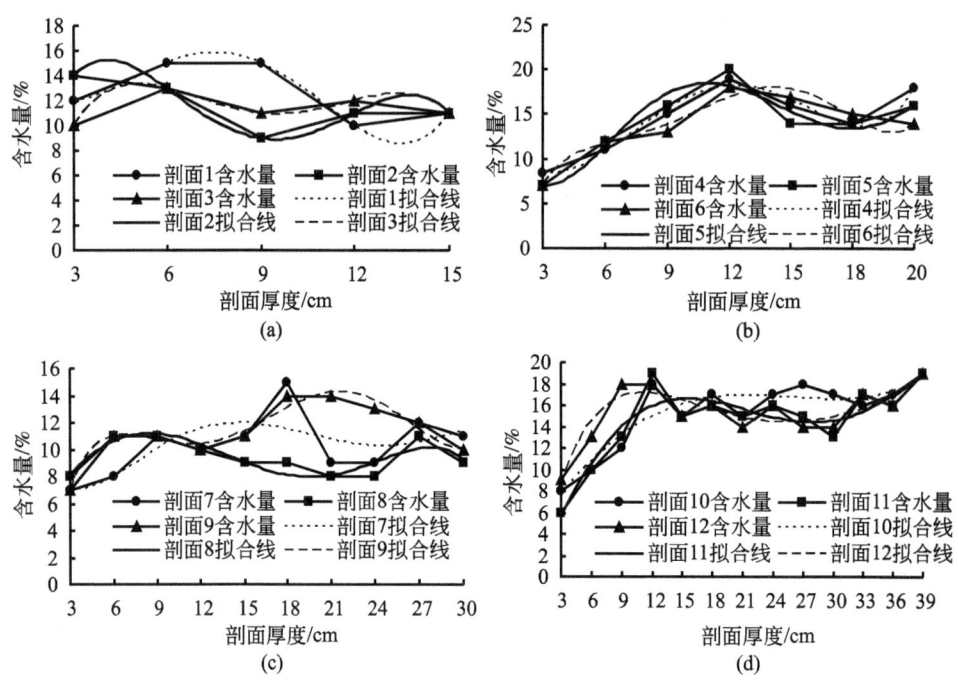

图 5-1　沙柳河镇附近第 1 采样点土壤含水量

平均含水量为 23.7%。剖面 5 上下部含水量低，中部含水量高，含水量变化范围为 13.2%~30.7%［图 5-2（b）］，平均含水量为 24.7%。剖面 6 含水量变化范围为 20.6%~27.5%［图 5-2（b）］，平均含水量为 25.6%。剖面 7 含水量变化范围为 19.2%~31.3%［图 5-2（c）］，平均含水量为 26.8%。剖面 8 含水量变化范围为 10.3%~31.0%［图 5-2（c）］，平均含水量为 26.2%。根据含水量变化可分为三层，各层深度分别为 0~3 cm、3~24 cm、24~30 cm，含水量分别为 10.3%、28.1%~31.0%、21.9%~26.5%，各层平均含水量分别为 10.3%、29.0%、24.2%。剖面 9 含水量变化范围为 8.0%~34.2%［图 5-2（c）］，平均含水量为 26.7%。根据含水量变化可分为三层，各层深度分别为 0~3 cm、3~24 cm、24~30 cm，含水量分别为 8.0%、26.8%~34.2%、20.2%~24.2%，各层平均含水量分别为 8.0%、30.6%、22.2%。剖面 10 含水量变化范围为 13.9%~31.1%［图 5-2（d）］，平均含水量为 23.7%。根据含水量变化可分为两层，各层深度分别为 3~27 cm、27~40 cm，含水量分别为 21.6%~31.1%、13.9%~18.7%，各层平均含水量分别为 27.3%、15.6%。含水量最大的深度范围为 3~15 cm，且随着深度的增大含水量逐渐减小，在 36~39 cm 深度处含水量减小至 14.0% 左右。剖面 11 含水量变化范围为 11.6%~33.6%［图 5-2（d）］，平均含水量分别为 24.0%。根据含水量变化可分为两层，各层深度分别为 3~30 cm、30~40 cm，含水量分别为 20.6%~33.6%、11.6%~16.8%，各层平均含水量分别为 26.9%、14.4%。剖面 12 含水量变化范围为 14.5%~37.7%［图 5-2（d）］，平均含水量为 26.2%。根据含水量变化可分为两层，各层深度分别为 3~33 cm、33~40 cm，含水量分别为 20.8%~37.7%、14.5%~14.6%，各层平均含水量分别为 28.3%、14.5%。

图 5-2　沙柳河附近第 2 采样点土壤含水量

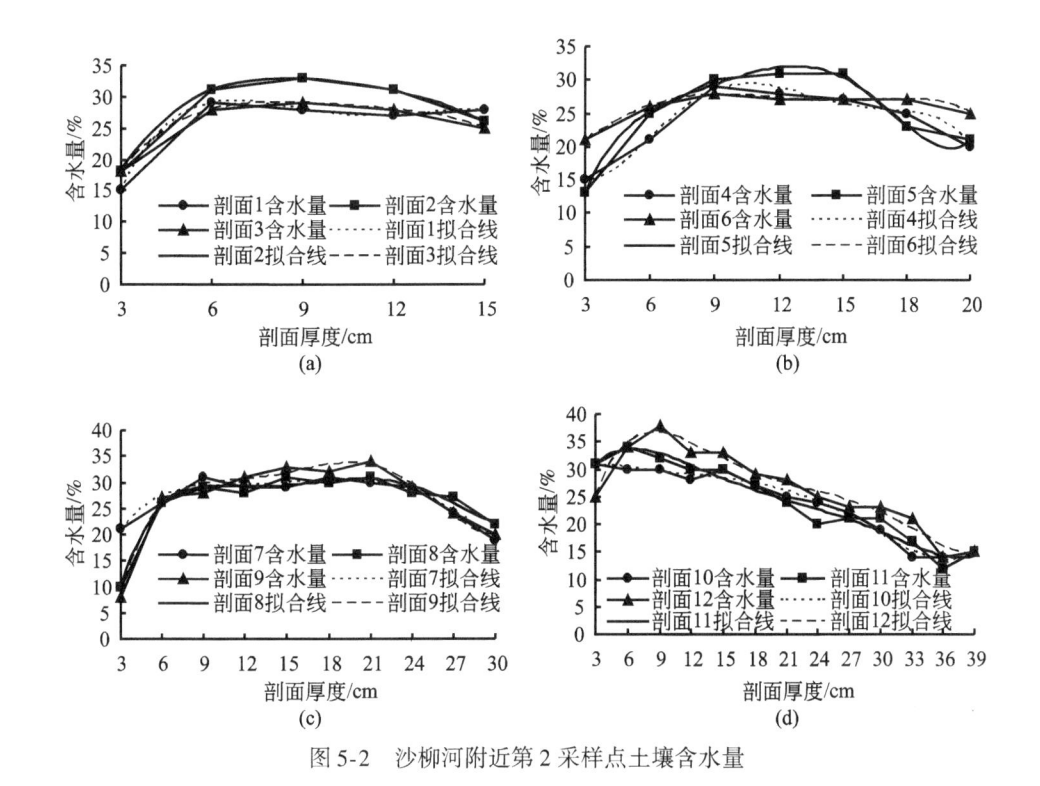

3. 沙柳河镇薄土层第 3 采样点含水量

第 3 采样点包括 6 个 30 cm 厚度的土壤剖面和 6 个 20 cm 厚度的土壤剖面。由各钻孔剖面含水量测定结果可知，剖面 1 含水量变化范围为 9.2%~18.5%［图 5-3（a）］，平均含水量为 13.6%。根据含水量变化可分为两层，各层深度分别为 3~15 cm、15~30 cm，含水量范围分别为 14.3%~18.5%、9.2%~13.6%，各层平均含水量分别为 16.8%、10.3%。剖面 2 含水量变化范围为 8.5%~17.3%［图 5-3（a）］，平均含水量为 14.6%。根据含水量变化可分为两层，各层深度分别为 3~18 cm、18~30 cm，含水量分别为 15.0%~17.3%、8.5%~13.9%，各层平均含水量分别为 16.6%、11.5%。剖面 3 含水量变化范围为 7.8%~18.6%［图 5-3（a）］，平均含水量为 14.2%。根据含水量变化可分为两层，各层深度分别为 3~18 cm、18~30 cm，含水量分别为 15.2%~18.6%、7.8%~13.2%，各层平均含水量分别为 17.1%、9.9%。剖面 4 含水量变化范围为 8.0%~20.1%［图 5-3（b）］，平均含水量为 14.1%。根据含水量变化可分为三层，各层深度分别为 3~6 cm、6~21 cm、21~30 cm，各层含水量分别为 12.9%~13.8%、14.5%~20.1%、8.0%~12.4%，各层平均含水量分别为 13.3%、16.8%、10.2%。剖面 5 含水量变化范围为 12.4%~19.4%［图 5-3（b）］，平均含水量为 15.9%。根据含水量变化可分为两层，各层深度分别为 3~15 cm、15~30 cm，各层含水量分别为 16.7%~19.4%、12.4%~14.8%，各层平均含水量分别为 18.2%、13.7%。剖面 6 含水量变化范围为 9.2%~18.2%［图 5-3（b）］，平均含水量为 14.4%。根据含水量变化可分为两层，各层深度分别为 3~15 cm、15~30 cm，含水量分别为 15.6%~18.2%、9.2%~14.6%，各层平均含水量分别为 16.8%、11.9%。剖面 7 含水量变化范围为 10.8%~20.9%[图 5-3（c）]，平均含水量为 15.3%。根据含水量变化可分为两层，各层深度分别为 0~9 cm、9~20 cm，各层平均含水量分别为 17.2%、13.2%，含水量变化范围分别是 14.3%~20.9%、10.8%~15.1%。剖面 8 含水量变化范围为 9.9%~20.0%[图 5-3（c）]，平均含水量为 15.1%。根据含水量变化可分为两层，各层深度分别为 0~9 cm、9~20 cm，各层含水量变化范围分别为 14.6%~20.0%、9.9%~15.3%，各层平均含水量分别为 17.0%、13.2%。剖面 9 含水量变化范围为 9.9%~22.4%[图 5-3（c）]，平均含水量为 16.0%。根据含水量变化可分为两层，各层深度分别为 0~9 cm、9~20 cm，各层含水量变化范围分别为 14.9%~22.4%、9.9%~15.6%，各层平均含水量分别为 18.0%、13.6%。剖面 10 含水量变化范围为 9.9%~22.0%[图 5-3（d）]，平均含水量为 15.4%，可分为两层，各层深度分别为 0~9 cm、9~20 cm，各层含水量变化范围分别为 12.9%~22.0%、10.1%~16.9%，各层平均含水量分别为 16.5%、13.8%。剖面 11 含水量变化范围为 13.2%~20.3%[图 5-3（d）]，平均含水量 16.0%。根据含水量变化可分为三层，各层深度分别为 0~6 cm、6~12 cm、12~20 cm，各层平均含水量分别为 15.9%、19.2%、13.9%，各层含水量变化范围分别为 15.2%~16.5%、18.1%~20.3%、13.2%~14.6%。剖面 12 含水量变化范围为 10.5%~18.2%[图 5-3（d）]，平均含水量为 15.5%。根据含水量变化可分为三层，各层深度分别为 0~6 cm、6~12 cm、12~20 cm，各层平均含水量分别为 15.5%、18.1%、13.8%，含水量变化范围分别为 15.1%~15.9%、18.0%~18.2%、10.5%~15.6%。

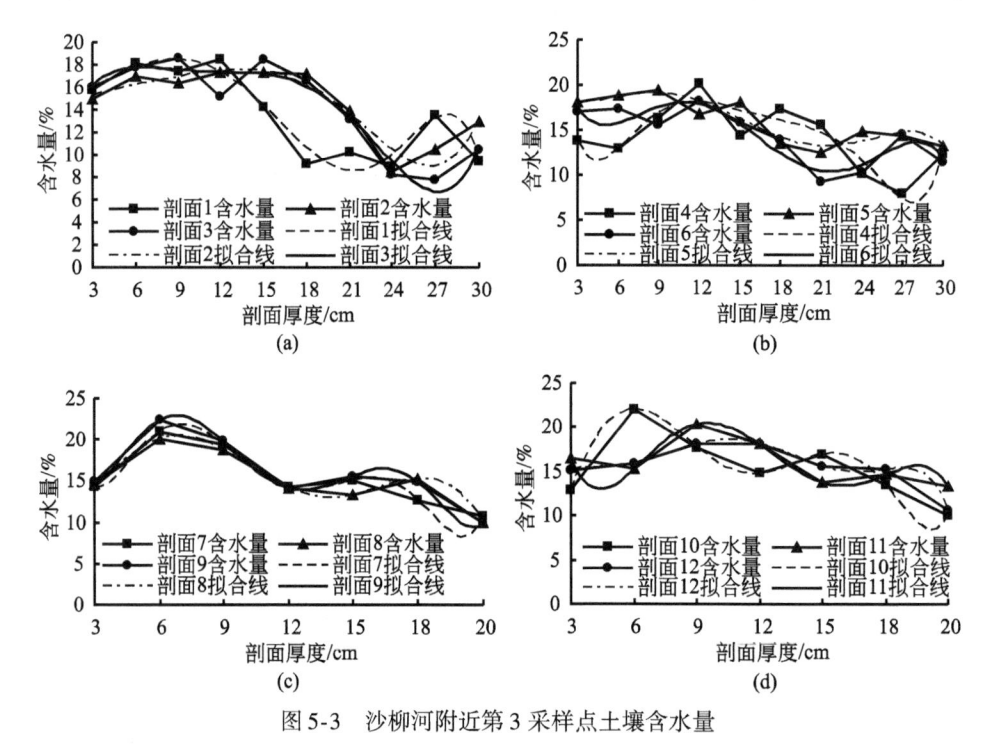

图 5-3 沙柳河附近第 3 采样点土壤含水量

4. 沙柳河镇薄土层第4采样点含水量

由各钻孔含水量测定结果可知,剖面1含水量从上向下呈先增加后减少的趋势[图5-4(a)],含水量变化范围为4.0%~21.8%,平均含水量为11.4%。根据含水量变化特点,可将其分为两层。第1层为0~0.3 m,含水量变化范围为14.0%~21.4%,平均含水量为19.1%。第2层为0.3~0.7 m,平均含水量为5.7%,变化范围为4.0%~10.2%。剖面2含水量变化特点[图5-4(a)]与剖面1相似,但平均含水量比钻孔1高2.3%。剖面3含水量由上向下呈明显减小趋势[图5-4(b)],含水量变化为8.4%~21.3%,平均含水量为14.8%。根据含水量变化可分为两层,深度分别为0~0.3 m和0.3~0.5 m,各层含水量变化范围为13.8%~21.3%和8.4%~10.6%,各层平均含水量分别为18.4%和9.5%。剖面4含水量变化[图5-4(b)]与剖面3基本相同。剖面5从上向下含水量呈明显减小趋势,含水量变化范围为3.9%~22.7%[图5-4(c)],平均含水量为13.8%。根据含水量变化可将其分为两层,深度分别为0~0.4 m和0.4~0.7 m,各层含水量变化范围分别为14.7%~22.7%和3.9%~9.3%,各层平均含水量分别为19.2%和6.5%。剖面6含水量剖面变化与钻孔5相近,波动范围为5.5%~26.6%[图5-4(c)],平均含水量为17.8%。根据剖面含水量变化,可划分为两层。第1层为0~0.6 m,含水量变化范围为14.9%~26.6%,平均含水量为21.2%。第2层为0.6~0.7 m,含水量变化范围为5.5%~9.3%,平均含量为7.4%。剖面7含水量由上向下也呈减小趋势,含量变化范围为6.8%~21.1%[图5-4(d)],平均含水量为15.2%。根据含水量的变化,可将其分为两层。第1层深度为0~0.5 m,含水量变化范围

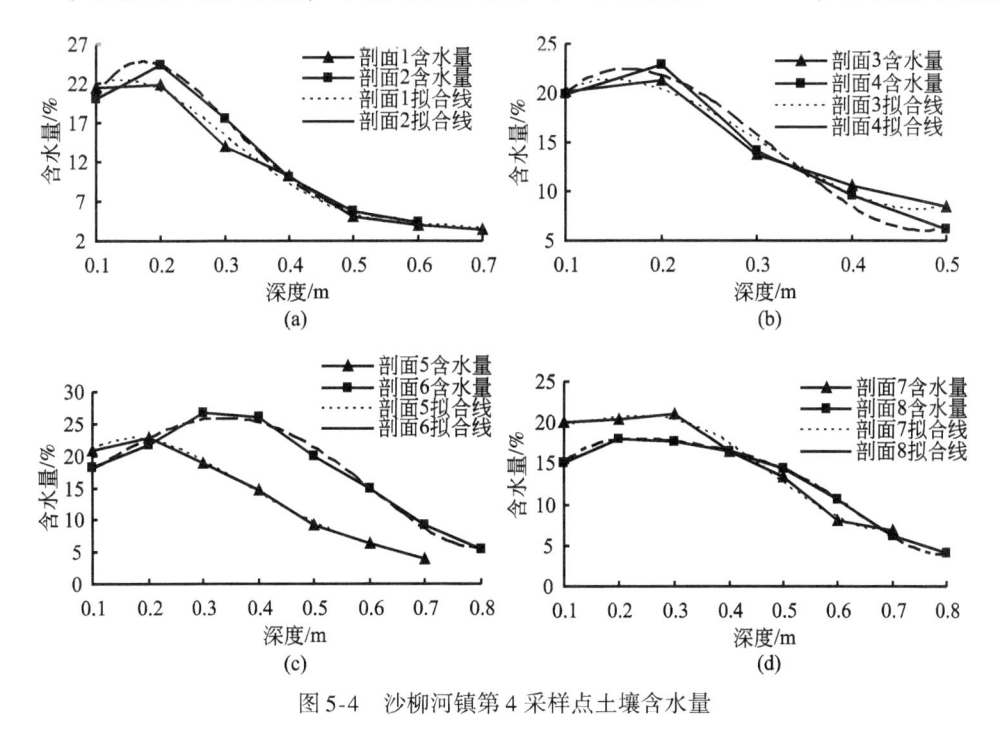

图5-4 沙柳河镇第4采样点土壤含水量

为 13.4%~21.1%，平均含水量为 18.2%。第 2 层为 0.5~0.7 m，含水量变化为 6.8%~8.1%，平均含水量为 7.5%。剖面 8 含水量变化范围为 4.0%~18.0%［图 5-4（d）］，平均含水量为 12.8%。根据土壤剖面含水量变化，也可分为两层。第 1 层为 0~0.5 m，含水量变化范围为 14.3%~18.1%，平均含水量为 16.3%。第 2 层为 0.5~0.8 m，变化范围为 4.0%~10.6%，平均含水量为 6.9%。

5. 沙柳河镇薄土层第 5 采样点含水量

含水量测定显示，第 5 采样点各钻孔剖面含水量变化清楚，都具有由上向下含水量显著减少的特点（图 5-5）。剖面 1 含水量变化范围为 8.4%~24.0%［图 5-5（a）］，平均含水量为 17.6%。根据含水量变化，可将其分为两层。第 1 层为 0~0.3 m，平均含水量为 23.3%，变化范围为 22.0%~24.0%。第 2 层为 0.3~0.5 m，平均含水量为 9.2%，变化范围为 8.4%~10.0%。剖面 2 含水量变化特点与平均含水量以及分层［图 5-5（a）］都与剖面 1 相似。剖面 3 含水量变化范围为 5.6%~22.0%［图 5-5（b）］，平均含水量为 13.4%。根据含水量变化，可分为 0~0.2 m 和 0.2~0.5 m 两层，平均含水量分别为 21.4% 和 8.0%，变化范围分别为 20.8%~22.0% 和 5.6%~10.3%。剖面 4 变化范围为 5.9%~23.2%［图 5-5（b）］，平均含水量为 14.6%。根据含水量变化，可分为两层。第 1 层为 0~0.4 m，平均含水量为 19.7%，变化范围为 13.9%~23.2%。第 2 层为 0.4~0.7 m，平均含水量为 7.9%，变化范围为 5.9%~10.4%。剖面 5 变化范围为 5.1%~29.2%［图 5-5（c）］，平均含水量为 17.7%。根据含水量的

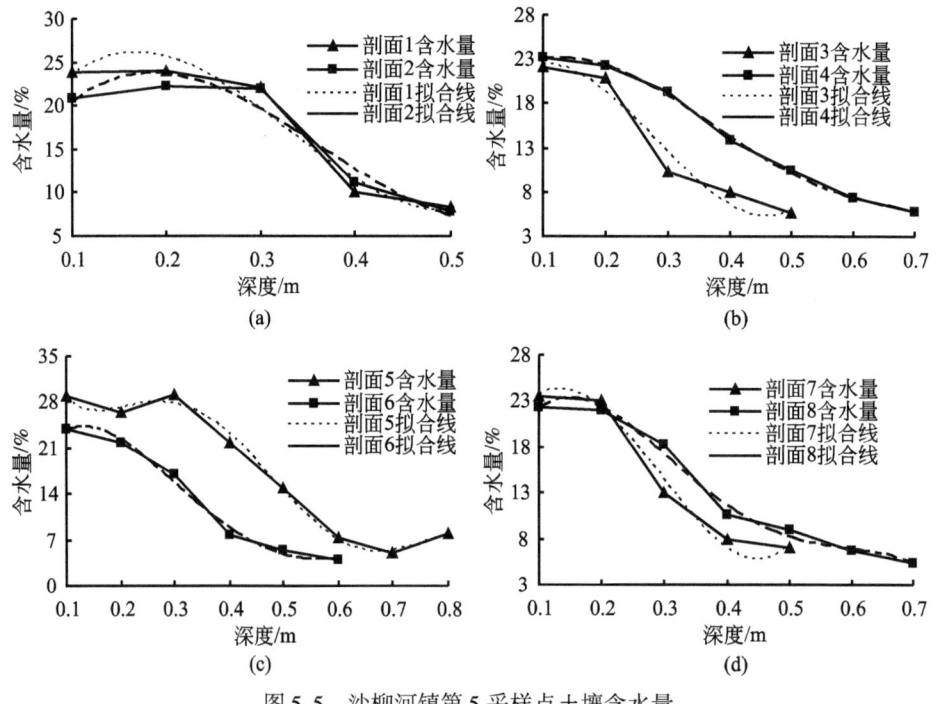

图 5-5 沙柳河镇第 5 采样点土壤含水量

变化，可分为两层。第1层为0~0.5 m，平均含水量为24.3%，变化范围为14.9%~29.2%。第2层为0.5~0.8 m，平均含水量为6.8%，变化为5.1%~7.9%。剖面6含水量变化范围为4.1%~23.9% [图5-5（c）]，平均含水量为13.3%。根据含水量的变化，可分为0~0.3 m和0.3~0.6 m两层，平均含水量分别为20.9%和5.8%，变化范围分别为17.0%~23.9%和4.1%~7.7%。剖面7含水量变化为7.1%~23.5% [图5-5（d）]，平均含水量为14.9%。根据含水量的变化分为0~0.3 m和0.3~0.5 m两层，平均含水量分别为19.9%和7.5%，变化范围分别为13.1%~23.5%和7.1%~7.9%。剖面8含水量的变化 [图5-5（d）] 与剖面7基本相同。

5.1.2 沙柳河镇薄土层含水量剖面变化与草原退化

由图5-1至图5-3可知，沙柳河镇附近第1采样点含水量最低，第2采样点含水量最高，第3采样点含水量居中。第1采样点平均含水量一般为10%~16%，第3采样点平均含水量为14%~16%。如果按照薄土层土壤剖面含水量计算，平均含水量为15%左右，比该区土壤干层的含水量标准（11%）高4%，表明土壤整体水分含量不低。虽然薄土层中含水量高于土壤干层11%的含水量标准，但还不能说明薄土层分布区没有土壤干层发育，实际上干层发育比厚土层分布区还要强。薄土层厚度小，蓄水量少，如果将现有水分分配到厚度1m的土层中，整个土壤剖面水分不足和土壤干层发育的问题就会凸显出来。对比薄土层与厚土层上部同厚度土层含水量得知，薄土层含水量比厚土层明显低（图5-6），而且薄土层蓄水量小于厚土层，调蓄能力差，所以薄土层分布区草原易于发生退化和沙漠化。

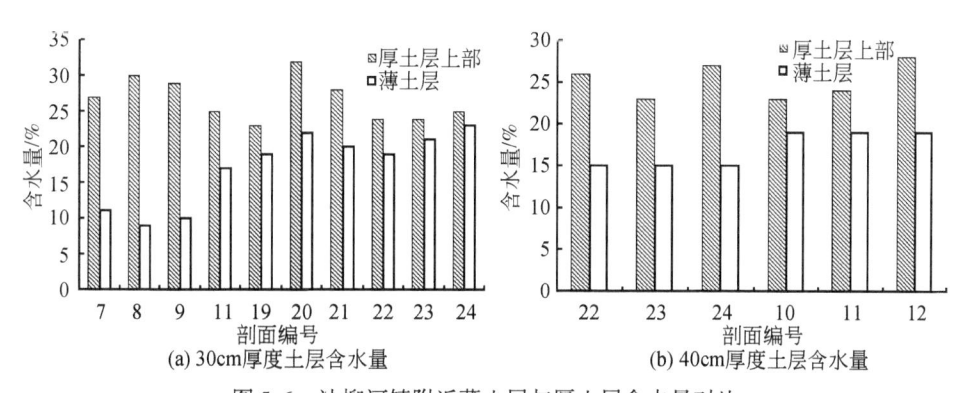

图5-6 沙柳河镇附近薄土层与厚土层含水量对比
(a) 30cm厚度土层含水量
(b) 40cm厚度土层含水量

由于薄土层层位稳定性差，粒度成分与结构变化较大，持水性较弱，在侵蚀作用下土壤物质易于粗化，这些都是易于发生荒漠化的因素。在温暖的黄土高原地区，20~40 cm厚的薄土层中的水分在5~6月就会被蒸发与蒸腾消耗，剩余的少量水分不能满足植被生长的需要。然而，青海湖地区气候寒冷，土壤上部水分消耗缓慢，为草原生长提供了较充足的水分。薄土层水分含量较高，也表明土壤水分集中分布在表层，显示薄土层中的水分与厚土层一样，水分具有在上部或表层滞留的突出特点。土壤含水量集中分布在土壤剖面的上部对该区草原植被的发育是非常有利的。对青海湖地区草原植物高度与根系的调查与观测可知,该区草本植物较为矮小,一般高度在30 cm以下,多为20 cm左右,草本植物根系分布深度一般不超过30 cm。也就是说该区草原植物生长所需水分主要来自30 cm之上。在该区近几年降水增多达400余mm的条件下,土壤30 cm以上水分充足,能够满足草原植物生长的需要。

由图5-4和图5-5得知,在土壤厚度达到50~80 cm的土壤剖面中,含水量在深度上的变化很明显,总体上都随着深度的增加而降低,在第4和第5采样点剖面中,除1个剖面外,其余各剖面含水量都与深度呈负相关关系,都通过了显著性检验(表5-1)。土壤剖面基本以0.3 m深度为界,其上含水量变化微弱且平均含水量较高,多在20%以上,其下含水量明显降低,且平均含水量都低于10%。采样期是该区草原植物耗水较多、土壤含水量最低的旱季,特别是土壤的表层受蒸发影响较强,表层应该是含水量很低的层段,但实际上是含水量最高的层段(图5-4、图5-5)。含水量的垂向变化与黄土高原地区显著不同(侯庆春等,1999;赵景波等,2005a;2005b)。黄土高原区同一时间土壤含水量在0.8 m深度以上的垂向变化相当小,青海湖地区土壤含水量则变化显著,且土壤上部含水量比黄土高原地区显著高(图5-7),薄土层含水量出现这种变化的原因应是前面第2章提出的该区气温低造成的。由图5-8可知,刚察县地区与陕北延安地区温度差别较大,低温导致蒸发与蒸腾量减小,使得土壤上部的水分消耗缓慢,导致土壤上部含水量最高。

表5-1 沙柳河镇地区第4和第5采样点土壤含水量与深度的相关系数

剖面	1	2	3	4	5	6	7	8
第4采样点	0.96[a]	0.93[a]	0.95[b]	0.93[b]	0.97[a]	0.74[b]	0.94[a]	0.88[a]
第5采样点	0.91[b]	0.86[c]	0.95[b]	0.99[a]	0.94[a]	0.97[a]	0.95[b]	0.97[a]

a表示通过了99%的信度检验,b表示通过了95%的信度检验,c表示未通过信度检验

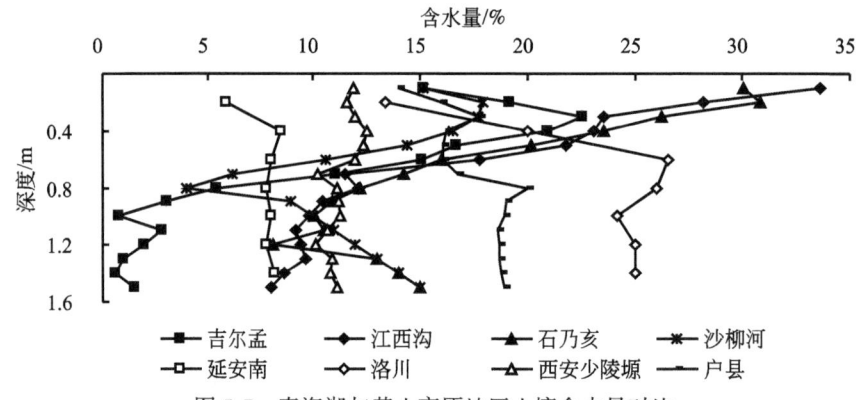

图5-7 青海湖与黄土高原地区土壤含水量对比

(延安南部的资料据王力等,2000;洛川地区的资料据黄明斌等,2001;
户县地区的资料据周旗等,2007;西安少陵塬地区的资料据王长燕等,2010)

图 5-8 刚察与延安月平均气温

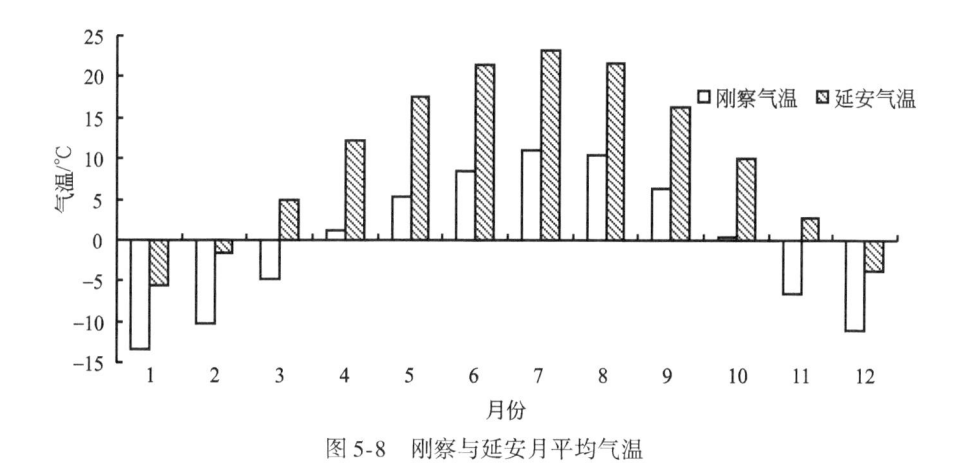

5.1.3 薄土层分布区的土壤干层和水分循环

根据黄土高原地区的研究，粉砂土含水量高于 17%～20% 就有重力水出现（杨文治和邵明安，2002）。如前所述，沙柳河镇地区的土壤粒度成分与黄土类似，但比黄土粗一些，较粗土壤的持水性降低，青海湖地区重力水含量标准应该略低于 20%。本书第 8 章土壤吸力测定也指示该区土壤含水量大于 20% 时有重力水存在。根据沙柳河镇薄土层土壤水分的观测可知，在第 1 采样点土壤上部 40 cm 范围内含水量一般为 10.3%～14.5%（图5-1），表明在土壤 40 cm 以上无重力水。第 2 采样点土壤上部 40 cm 范围内含水量一般为 24.3%～26.6%（图5-2），表明在土壤 40 cm 有约 5% 的重力水。第 3 采样点含水量一般低于 20%，几乎均为薄膜水。在沙柳河镇厚土层上部，含水量普遍大于 20%，即普遍含有重力水。与厚土层含水量相比，薄土层含水量较低。

虽然薄土层含水量一般大于前面确定的该区 11% 的土壤干层含水量标准，但薄土层是否存在土壤干层还需要考虑土层的厚度。在黄土高原地区，长期性土壤干层分布在受蒸发作用影响很小的地表 2 m 以下（李玉山，1983；侯庆春等，1999；杨文治和邵明安，2002；刘刚等，2004；赵景波等，2004；2005a；2005b；2007a；2007b；2008c；2011i）。我们前述对沙柳河镇厚土层含水量研究表明，该区土壤在 0.6 m 深度以下存在长期性土壤干层。如果考虑 1.0 m 的土层厚度，第 1 至第 3 采样点土层含水量均低于 10%，如果考虑到 1.5 m 的土层厚度，土壤水分不足的问题更为突出，这表明该区薄土层分布区土壤水分不足，实际上存在土壤干层。将现有厚度含水量平均分配到 1 m 和 1.5 m 厚度土层中的含水量分别为 7.4%、4.9%。可以肯定，随着土壤厚度的增加土壤干化更为明显。如果按照第 2 章该区土壤含水量 9%～11% 为轻度干层、含水量为 5%～8% 的为中度干层和含水量低于 5% 为严重干层的划分标准进行划分，那么沙柳河镇地区土层在 1 m、1.5 m 深度处就会分别出现中度干层和严重干层。

虽然沙柳河附近第 1、第 2 采样点 40 cm 深度土层含水量大于 11%，表现为水分盈余，但如将这 40 cm 厚度范围的含水量分配到 1 m 厚度和 1.5 m 厚度土层中，则含水量均小于 11%，水分亏损量分别为 3.6%、6.1%，即随着深度增加，土壤含水量会减少，水分出现负平衡。水分出现负平衡指示该区一般不能通过土壤水的入渗来补给地下水。

在厚度小于 40 cm 的土壤剖面中，由于该区土壤水分具有在表层聚集的特点，土壤剖面平均含水量一般大于 11%，没有土壤干层发育。在土壤厚度大于 40 cm 的剖面中，从 40 cm 深度开始，土壤水分显著变低，常常低于 11%，有干层发育。2010 年青海湖地区是降水较多的年份，这是在土壤 0.3 m 以上出现了重力水（土壤含水量大于 20%）的原因之一。从 0.6 m 深度以下有干层发育分析，该区正常年重力水一般分布在 0.3 m 以上。根据本书第 2 章土壤含水量的研究得知，该区长期性土壤干层分布深度在 0.6 m 以下。结合各个剖面含水量变化特点得出，这些剖面都有干层发育，且发育的程度、深度和厚度略有不同。由图 5-9 可知，第 4 采样点有 3 个剖面发育了中度干层，有 1 个发育了轻度干层，另外 4 个剖面发育了严重干层，干层厚度为 0.2~0.4 m。第 5 采样点有 2 个剖面缺少轻度干层，但发育了中度干层，且第 5 采样点的剖面基本都发育了中度干层，有 1 个剖面发育了严重干层，干层厚度多为 0.3 m。两个采样点土壤干层发育强度都随深度的增加而增加。土壤干层的存在指示该区大气降水被截留，直接转化成了土壤水，一般不参与地下水循环，形成土壤–大气的水分循环模式，属于异常水分循环类型。

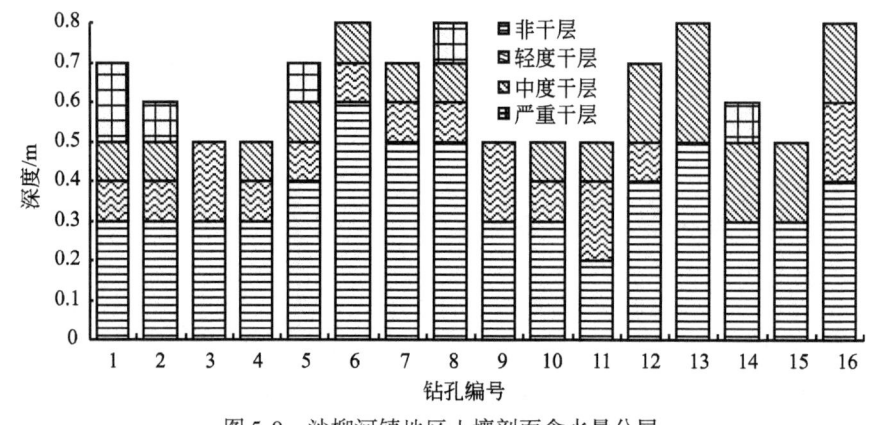

图 5-9 沙柳河镇地区土壤剖面含水量分层

1~8 分别为第 4 采样点的剖面 1 至剖面 8；9~16 分别为第 5 采样点剖面 1 至剖面 8

5.1.4 薄土层含水量分层原因

土壤水分含量随着季节和降雨过程而变化，特别是土壤表层的土壤水分，更易于变化。在黄土高原地区，一般是降水少的春季土壤含水量低，降水多的夏秋季和冬季含水量高（杨文治和邵明安，2002；赵景波等，2005a；2005b；2007b；2008c）。由图 5-1、图 5-2 可知，青海湖北沙柳河镇薄土层含水量一般随着深度增加呈现先上升后下降的特点，显示出低–高–低的变化规律，这是水分蒸发和水分入渗流失的结果。土壤 3 cm 深度以上的土层含水量低，这说明土壤顶部的蒸发作用造成了土壤水分的减少。土壤中部含水量通常较高，这是土壤中部蒸发量较顶部少而使得水分在中部聚集的结果。土壤下部含水量变低的原因有两个，一是下部靠近土壤底部的砂砾石层，水分易于通过入渗流失；二是该区年均气温低，土壤冻结期长达 5 个月之久，上部的水分运移缓慢，到达中下部的水分较少。这两个因素的共同作用，使得薄土层下部含水量较低。我们研究的沙柳河镇地区的土层为薄土层，厚度为40 cm或小于40 cm，都在蒸发带的范围之内，含水量变化主要受降水和蒸发及蒸腾影响。采样期的6月为该区干旱季节，但其含水量仍较高，原因是该区土壤水分处于较长时期的冻结状态、土壤蒸发与植物蒸腾较少。

5.1.5 沙柳河镇薄土层分布区的特殊水分循环

土壤干层是在土壤水分处于负平衡的条件下形成的（杨文治和邵明安，2002）。如第2章所述，沙柳河镇地区厚土层分布区有土壤干层发育，薄土层的含水量低于厚土层，从理论上讲薄土层分布区也有土壤干层发育，只是土层太薄没有显示土壤干层发育的土壤空间而已。薄土层之下的砂砾层含水量一般低于3%，如果砂砾层是粉砂土，土壤干层就会显示出来。这表明沙柳河镇薄土层分布区土壤水分应该是负平衡，土壤水不参与地下水循环。然而，地表土层的厚度和物质组成能够产生特殊的水分循环（赵景波等，2011e；2011f；2011h）。土层水分的循环与水分平衡有密切联系，负平衡指示当地的大气降水不能通过入渗成为地下水的补给来源，也就是说一般不参与或很少参与地下水循环。土壤水分正平衡表明土壤水分可以通过入渗成为地下水的补给来源，能够参与地下水的循环和地下水的排泄。需要特别注意的是，所研究的薄土层含水量比厚土层少，那么薄土层中缺少的这部分水分显然是通过入渗到达了其下的砂砾石层中，并继续向下运移到了地下水中。因为砂砾层持水性差、渗透性强，所以砂砾层比细粒土壤层利于大气降水向地下水的转化。粗粒沉积层能够促使大气降水向地下水转化在沙漠地区表现最典型。例如，在我国巴丹吉林沙漠区和腾格里沙漠区，由于沙层入渗率高（赵景波等，2011e；2011f；2011h）和沙层毛管力弱受蒸发作用影响深度小，荒漠区的大气降水能够通过入渗补给地下水（赵景波等，2010c；2011e；2011f；2011h）。而在年降水大于500 mm的黄土高原区，土层粒度细、入渗率较低（赵景波和顾静，2009；赵景波等，2009a；赵景波和马莉，2009）反而使得大气降水不能补给地下水。这样的水循环是沙层、砂砾层入渗率高和受蒸发作用影响深度小决定的，是一种非常特殊的水循环。因此，沙柳河镇地区土层越薄，越利于大气降水向地下水的转化。

5.2 吉尔孟地区薄土层含水量与草原退化

虽然青海湖流域土壤厚度总体较小，但土壤厚度也存在较大的变化。即使在不很大的范围内，也能够见到土层厚度存在一定差异。总体来讲，从湖滨到周边山麓土壤厚度总体是减小的。薄土层与厚土层含水量的对比研究，能够使我们更深入地认识薄土层水分不足的问题，有利于揭示薄土层分布区荒漠化发生的多种原因。

2011年8月中旬，我们在刚察县吉尔孟地区选取了两个厚度较小的薄土层采样点进行采样研究，每个样点打钻孔8个。采样点位于吉尔孟乡政府驻地东南方向约5 km处。各样点取样深度取决于土层厚度，一般将细粒土层全部打穿，钻孔深度一般为20~30 cm，取样间距为3 cm。为了识别高草与低草对土壤水分的影响，在高草地分别采集4个20 cm厚度的土壤剖面和4个30 cm厚度的土层剖面，并分别在低草地采集了

4个20 cm厚度的剖面样品和4个30 cm厚度的剖面样品。含水量测定采用与前述各章相同的烘干称重法。

5.2.1 吉尔孟地区薄土层高草地含水量

由薄土层高草地30 cm厚的钻孔剖面含水量测定结果可知，剖面1含水量变化范围为7.4%~19.0%[图5-10（a）]，平均含水量为14.4%，随深度增加呈降低趋势。根据含水量变化可分为3~21 cm、21~30 cm两层，各层平均含水量分别为16.6%、9.2%，变化范围分别为13.9%~19.0%和7.4%~10.8%。剖面2含水量变化范围为5.9%~20.1%[图5-10（a）]，平均含水量为14.3%。根据含水量的变化可划分为3~21 cm、21~30 cm两层，平均含水量分别为16.8%、8.4%，变化范围分别为14.4%~20.1%和5.9%~10.5%。剖面3含水量变化范围为6.9%~24.9%[图5-10（a）]，平均含水量为15.0%。根据含水量的变化可划分为3~21 cm、21~30 cm两层，各层平均含水量分别为17.9%、8.2%，变化范围分别为13.5%~24.9%和6.9%~9.0%。剖面4含水量变化范围为7.1%~21.0%[图5-10（a）]，平均含水量为14.8%。根据含水量的变化可划分为3~21 cm、21~30 cm两层，平均含水量分别为17.3%、8.9%，变化范围分别为14.6%~21%和7.1%~9.8%。高草地30 cm厚度土壤剖面1到剖面4含水量拟合曲线见图5-10（b）。

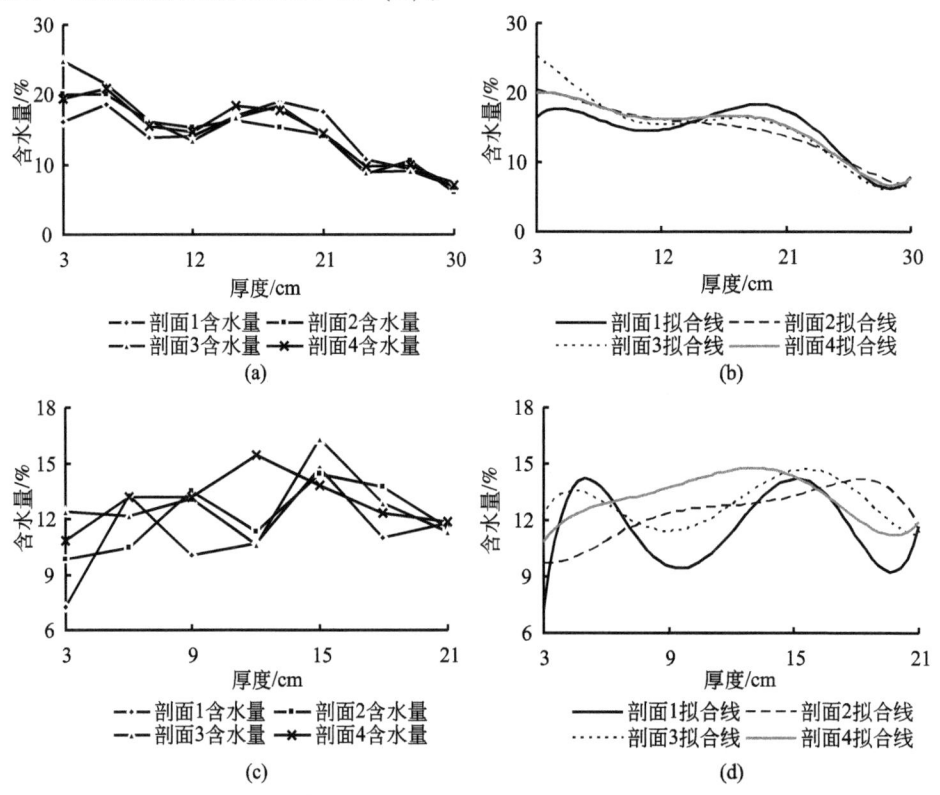

图5-10 吉尔孟地区薄土层高草地土壤含水量及拟合曲线
（a）、（b）分别为30 cm厚度土壤剖面含水量曲线和拟合曲线；
（c）、（d）分别为20 cm厚度土壤剖面含水量曲线和拟合曲线由薄土层高草地 20 cm 厚度的钻孔剖面含水量测定结果可知，各孔土壤含水量随深度增加呈降低趋势。剖面 1 ［图 5-10（c）］含水量变化范围为 7.2%～14.7%，平均含水量为 11.2%，根据含水量的变化可划分为 3～12 cm、12～21 cm 两层，平均含水量分别为 10.3%、12.5%，变化范围分别为 7.2%～13.2% 和 11.0%～14.7%。剖面 2 含水量变化范围为 9.8%～14.4%［图 5-10（c）］，平均含水量为 12.1%。根据含水量的变化可划分为 3～6 cm、6～21 cm 两层，平均含水量分别为 10.1%、12.9%，变化范围分别为 9.8%～10.4% 和 11.3%～14.4%。剖面 3 含水量变化范围为 10.6%～16.3%［图 5-10（c）］，平均含水量为 12.7%。根据含水量的变化可划分为 3～15 cm、15～21 cm 两层，各层平均含水量分别为 12.9%、12.1%，变化范围分别为 10.6%～16.3% 和 11.3%～12.8%。剖面 4 含水量变化范围为 10.8%～15.4%［图 5-10（c）］，平均含水量为 13.3%。根据含水量的变化可划分为 3～15 cm、15～21 cm 两层，各层平均含水量分别为 13.3%、12.1%，变化范围分别为 10.8%～15.4% 和 11.8%～12.3%。高草地 20 cm 厚度土壤剖面 1 到剖面 4 含水量拟合曲线见图 5-10（d）。

5.2.2　吉尔孟薄土层低草地含水量

由薄土层低草地 30 cm 厚度土壤含水量测定结果可知，剖面 1 含水量变化范围为 7.6%～20.3%［图 5-11（a）］，平均含水量为 14.5%，随深度增加呈降低趋势。根据含水量变化可分为 3～18 cm、18～30 cm 两层，各层平均含水量分别为 17.6%、9.7%，变化范围分别为 13.4%～20.3% 和 7.6%～10.5%。剖面 2 含水量变化范围为 6.8%～23.6%［图 5-11（a）］，平均含水量为 14.3%。根据含水量的变化可划分为 3～21 cm、21～30 cm 两层，各层平均含水量分别为 16.5%、9.2%，变化范围分别为 11.1%～23.6% 和 6.8%～10.6%。剖面 3 含水量变化范围为 6.6%～22.4%［图 5-11（a）］，含水量为 14.2%。根据含水量的变化可划分为 3～21 cm、21～30 cm 两层，各层平均含水量分别为 16.7%、8.5%，变化范围分别为 11.7%～22.4% 和 6.6%～10.6%。剖面 4 含水量变化范围为 7.4%～21.5%［图 5-11（a）］，平均含水量为 14.2%。根据含水量的变化可划分为 3～18 cm、18～30 cm 两层，平均含水量分别为 18.1%、8.3%，变化范围分别为 16.9%～21.5% 和 7.4%～9.0%。低草地 30 cm 厚度土壤剖面 1 到剖面 4 含水量拟合曲线见图 5-11（b）。

由薄土层低草地 20 cm 厚度的钻孔剖面含水量测定结果可知，土壤含水量随深度增加呈降低趋势。剖面 1 含水量变化范围为 10.5%～15.8%［图 5-11（c）］，含水量为 12.8%。根据含水量的变化可划分为 3～12 cm、12～21 cm 两层，各层平均含水量分别为 14%、11.2%，变化范围分别为 12.3%～15.8% 和 10.5%～11.7%。剖面 2 含水量变化范围为 11.1%～17.3%［图 5-11（c）］，平均含水量为 13.3%。根据含水量的变化可划分为 3～12 cm、12～21 cm 两层，各层平均含水量分别为 14.2%、12.0%，变化范围分别为 12.4%～17.3% 和 11.1%～12.7%。剖面 3 含水量变化范围为 10.7%～16.1%［图 5-11（c）］，平均含水量为 12.6%。根据含水量的变化可划分为 3～12 cm、12～21 cm 两层，各层平均含水量分别为 13.9%、11.0%，变化范围分别为 12.5%～16.1% 和 10.7%～11.5%。剖面 4 含水量变化范围为 9.8%～16.1%

[图5-11（c）]，平均含水量为12.8%。根据含水量的变化可划分为3~12 cm、12~21 cm两层，各层平均含水量分别为13.9%、11.4%，变化范围分别为11.1%~16.1%和9.8%~13.7%。低草地20 cm厚度土壤剖面1到剖面4含水量拟合曲线见图5-11（d）。

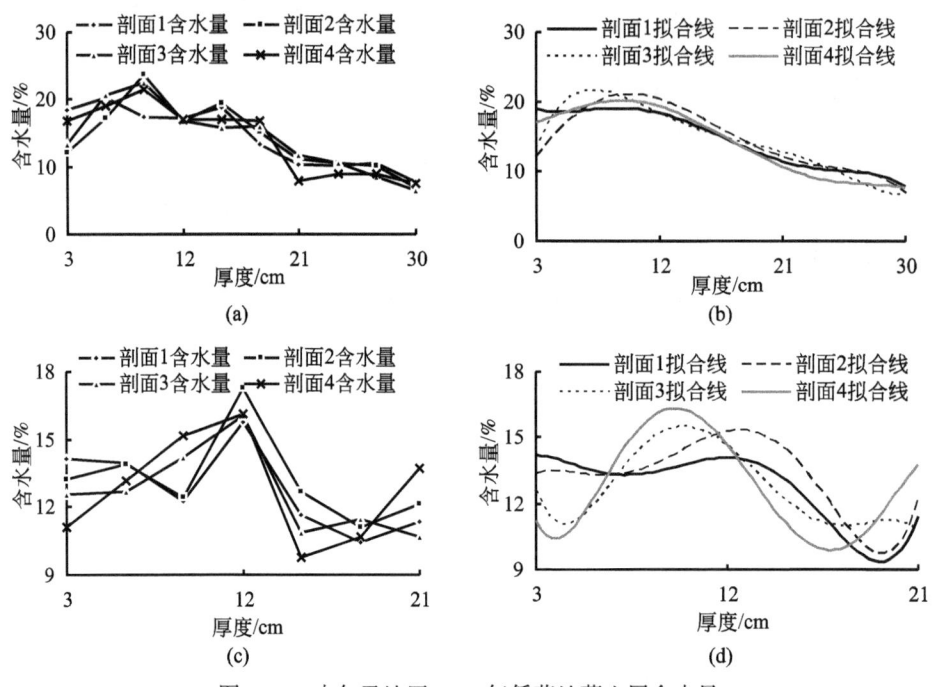

图5-11 吉尔孟地区2011年低草地薄土层含水量
(a)、(b) 分别为30 cm厚度土壤剖面含水量曲线和拟合曲线；
(c)、(d) 分别为20 cm厚度土壤剖面含水量曲线和拟合曲线

5.2.3 吉尔孟高草地与低草地不同厚度土层含水量的差异

吉尔孟地区不同植被类型的土壤含水量存在一定差别。根据前述第3章吉尔孟同时期厚土层含水量和薄土层含水量对比（图5-12）可知，在同为150 cm厚度的厚土层中，高草地的平均含水量为13.0%，低草地的平均含水量为14.7%，低草地的含水量比高草地高（图5-12）。在相同厚度薄土层中，高草地的平均含水量为13.4%，低草地的平均含水量为13.6%，低草地的含水量略高于高草地（图5-12）。高草地的含水量较低是由于高草耗水量较多造成的，低草地的含水量高是其根系较浅、蒸腾耗水较少的结果。高生产力，高耗水植被利用水分多，土壤水分由于累积亏损，含水量降低。国内外的研究表明，植物耗水量的大小对土壤水分含量影响非常大（杨文治和邵明安，2002）。即使是草本植物，只要其生长快和生物产量大，消耗的水分可以比生长缓慢的乔木还要多。例如，紫花苜蓿由于生长快和生物量高，可以造成6~8 m深度范围土壤发生干化，导致土壤干层发育（杨文治和邵明安，2002）。一般来说，多年生植物根系分布较深，年蒸腾量大于一年生植物。

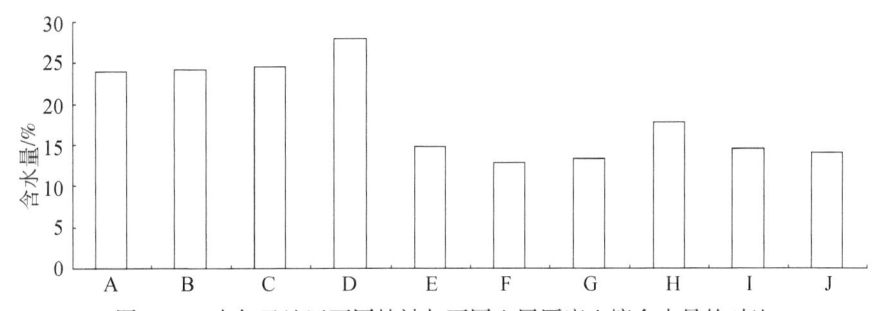

图 5-12 吉尔孟地区不同植被与不同土层厚度土壤含水量的对比

A. 厚土层 60cm 低草地；B. 厚土层 60cm 高草地；C. 厚土层上部 30cm 高草地；D. 厚土层上部 30cm 低草地；E. 30cm 薄土层低草地；F. 30cm 薄土层高草地；G. 20cm 薄土层低草地；H. 20cm 薄土层高草地；I. 150cm 厚度土层低草地；J. 150cm 厚度土层高草地

在吉尔孟地区，在相同植被类型条件下土壤厚度不同，含水量也存在一定差别。由图 5-12 可知，在相同高草地植被类型中，厚土层含水量比薄土层含水量高。同时，在相同植被类型条件下，厚土层上部 30 cm 的平均含水量比 30 cm 厚度的薄土层含水量高 12.4%；厚土层中上部 60 cm 厚度范围内的含水量比 30 cm 厚度薄土层的含水量高 11.6%。土层厚度差异对含水量的影响不同应该是厚土层与薄土层下部持水性差异造成的，厚土层中的水分不容易通过入渗流失，利于保持在土层中，而薄土层之下的砂砾层持水性差，导致薄土层水分易于入渗流失。

5.2.4 吉尔孟地区薄土层含水量变化特点与土壤干层

从土壤剖面上部到下部，吉尔孟地区薄土层土壤含水量变化趋势是明显减少的（图 5-10、图 5-11），在土壤剖面上部含水量常多于 20%，下部常小于 10%，上下部差异很大。一般说来，土壤上部的水分会向下部较快的移动，补充下部的水分，使得上下部含水量差异变小。在黄土高原，即使在丰水年也很少出现土壤上下部含水量差异如此大的现象（杜娟和赵景波，2005；2006；2007；李瑜琴和赵景波，2005；2006；2007；2009；赵景波等，2007b；2008c；2011i）。根据第 7 章的入渗实验得知，吉尔孟地区土壤入渗率并不低，该区土壤水分聚集在土壤上部是该区气温低决定的。较低的气温使得土壤冻结期长，土壤水分下移缓慢。低温还使得土壤蒸发与植物蒸腾量较小，导致土壤水分能够在土壤上部聚集。

如前面第 2 章所述，吉尔孟地区土壤干层划分标准是含水量低于 11%。吉尔孟地区降水量少，年均降水量只有 330 mm，降水入渗深度小，干层分布深度小。我们在 2009 年所做的含水量测定表明，该区土壤干层分布深度为 0.6 m 左右。受 2009 年和 2010 年较多降水的影响，干层分布深度略有加大。由图 5-13 可知，厚土层在 80 cm 深度就出现了土壤干层，在第 1 和第 2 采样点 0.9~1.5 m 深度范围水分亏缺量分别为 5.5%、5.8%，指示水分输出量大于输入量，水分平衡为明显的负值。在第 1 和第 2 采样点 0~1.5 m 深度范围水分盈余量分别为 3.0%、3.5%，指示水分输出量小于输入量，水分平衡为明显的正值。30 cm 厚度的薄土层高草地在 24 cm 深度出现了含水量低于 11% 的干化现象，30 cm 厚度的薄土层低草地在 21 cm 深度出现了含水量低于 11% 的土壤干层。

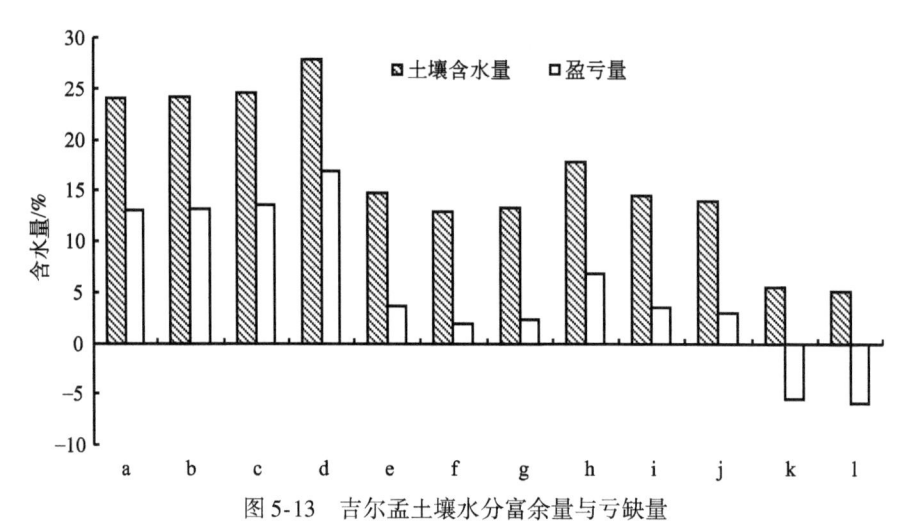

图 5-13 吉尔孟土壤水分富余量与亏缺量

a. 低草地厚土层上部 60 cm 土层；b. 高草地厚土层上部 60 cm 土层；c. 高草地厚土层上部 30 cm 土层；d. 低草地厚土层上部 30 cm 土层；e. 高草地 30 cm 厚度薄土层；f. 低草地 30 cm 厚度薄土层；g. 低草地 20 cm 厚度薄土层；h. 高草地 20 cm 厚度薄土层；i. 低草地 150 cm 厚度厚土层；j. 高草地 150 cm 厚度厚土层；k. 高草地 9~150 cm 厚度厚土层；l. 低草地 90~150 cm 厚度厚土层

5.2.5 吉尔孟薄土层水分存在形式

土壤水存在的主要形式为薄膜水（杨文治和邵明安，2002），重力水较少，且一般在雨季、丰水年短时出现（赵景波等，2007b；2008c；2011i）。当土层中含水量超过田间持水量时，水分就成为受重力作用影响的重力水。重力水运移速度快，含量高，在陕西黄土高原中部和南部一般大于 20%。在土层含水量低于田间持水量时的水为薄膜水。薄膜水是从水膜厚的地方向水膜薄的地方移动，移动速度很缓慢。在黄土高原区，大气降水也是以薄膜水的形式缓慢入渗补给地下水的（赵景波等，2007b；2008a；Zhao et al., 2007）。由含水量测定结果可知，在吉尔孟厚土层 60 cm 深度以上平均含水量为 24.1%，所以在此深度范围内均应有重力水存在。在厚土层 60 cm 深度以下，土壤平均含水量为 7.4%，所以在此深度以下水分存在形式均为薄膜水。然而在薄土层中含水量绝大多数都小于 20%，所以在薄土层中水分的存在形式主要是薄膜水，重力水很少出现。刚察县吉尔孟地区降水量较少，这是该区薄土层中重力水较少出现的原因。

5.3 泉吉乡地区薄土层含水量与水分转化

5.3.1 泉吉乡地区土壤含水量

在泉吉乡政府驻地附近选择了两个采样点进行打钻采样。两个采样点距泉吉乡的黄玉农场东南方向约 1 km，位于青藏铁路高架桥东约 250 m，铁路南约 100 m，海拔

3232 m。第 1 采样点地理坐标为 37°18′ N、100°68′ E。第 2 采样点距第 1 采样点向东约 700 m，铁路南约 100 m，地理坐标为 37°18′ N、100°07′ E。采集的土层分别为 15 cm、20 cm、30 cm 和 40 cm 厚度的薄土层，采样间距为 3 cm。每个样点利用轻型人力钻采取 4 个钻孔的样品，各钻孔间隔约 5 m。采样区为密集草本植物构成的草原，草高为 10 cm 左右。

1. 泉吉乡地区第 1 采样点薄土层含水量

含水量测定表明，剖面 1 由上向下含水量呈增加趋势 [图 5-14（a）]，平均含水量为 15.3%，变化范围为 13.0%~16.7%。剖面 2 由上向下含水量呈明显增加趋势 [图 5-14（a）]，含水量较剖面 1 高，平均含水量为 16.6%，变化范围为 13.3%~18.1%。剖面 3 由上向下含水量亦呈增加趋势 [图 5-14（b）]，平均含水量为 16.5%，变化范围为 13.5%~18.0%。剖面 4 含水量波动较大，含量高 [图 5-14（b）]，平均含水量为 17.7%，变化范围为 16.4%~18.5%。剖面 5 从上向下含水量呈现由低到高再到低的变化特点 [图 5-14（c）]，含水量高，平均为 19.2%，变化范围为 13.0%~22.0%。

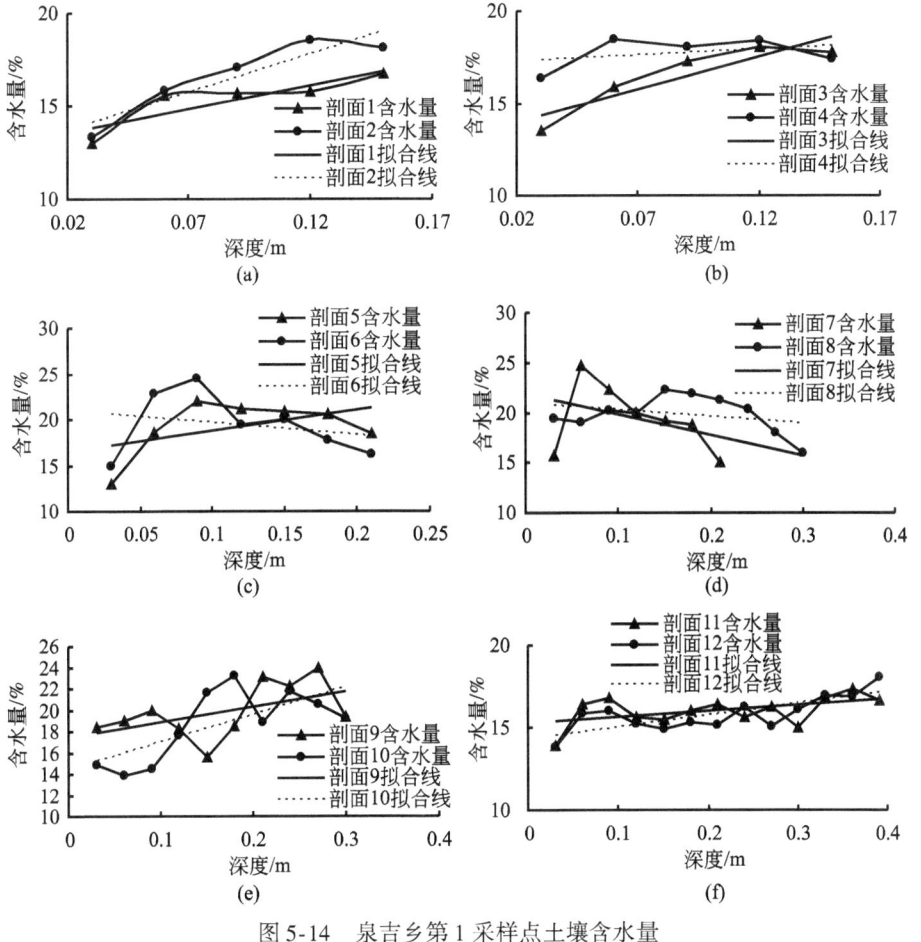

图 5-14 泉吉乡第 1 采样点土壤含水量

剖面 6 [图 5-14 (c)] 含水量变化与剖面 5 相同，平均含水量为 19.4%，变化范围为 14.9%~24.5%。剖面 7 由上向下呈现由低到高再到低的变化 [图 5-14 (d)]，含水量高，平均含水量为 19.3%，变化范围为 15.0%~24.8%。剖面 8 含水量波动变化大，含量高 [图 5-14 (d)]，平均含水量为 19.8%，变化范围为 16.0%~22.3%。剖面 9 含水量变化大，含量高 [图 5-14 (e)]，平均含水量为 19.8%，变化范围为 15.6%~24.0%。剖面 10 含水量变化小，含水量较剖面 9 低 [图 5-14 (e)]，平均含水量为 18.6%，变化范围为 13.9%~23.2%。剖面 11 从上向下含水量总体呈升高趋势，含量变化小 [图 5-14 (f)]，平均含水量为 16.0%，变化范围为 13.9%~17.3%。剖面 12 [图 5-14 (f)] 含水量变化与剖面 11 类似，平均含水量为 15.8%，含量变化范围为 13.8%~18.1%。剖面 13 [图 5-15 (a)] 平均含水量为 16.2%，含量变化范围为 15.8%~17.1%。剖面 14 [图 5-15 (a)] 含水量变化大，含量高，平均含水量为 21.3%，含量变化范围为 18.4%~23.7%。

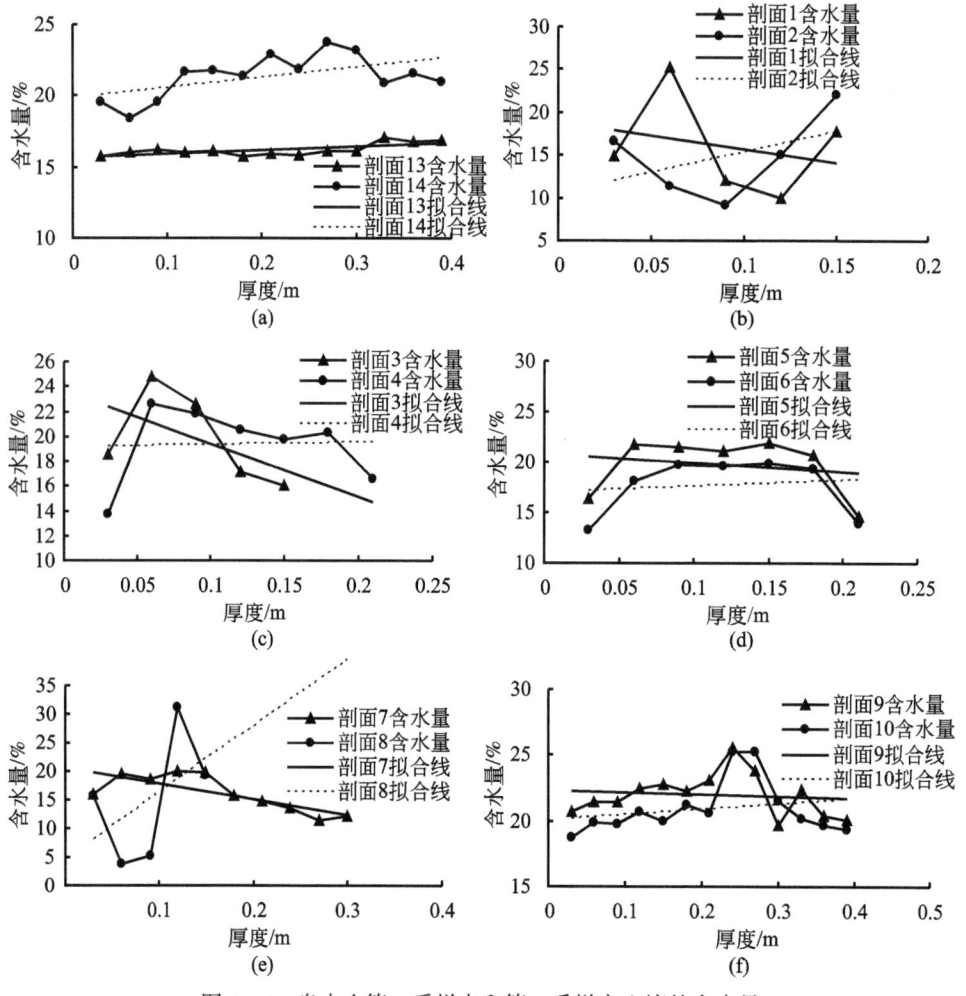

图 5-15 泉吉乡第 1 采样点和第 2 采样点土壤的含水量
(a) 泉吉乡第 1 采样点含水量；(b)~(f) 泉吉乡第 2 采样点含水量

2. 泉吉乡地区第 2 采样点土壤含水量

该采样点钻孔深度一般在 90 cm。剖面 1 含水量波动大，从上向下呈明显减少趋势 [图 5-15（b）]，含水量高，平均含量为 22.1%，变化范围为 15.0%~31.1%。剖面 2 含水量 [图 5-15（b）] 与剖面 1 基本相同，含水量高，波动变化大，平均含水量为 22.3%，变化范围为 13.0%~29.3%。剖面 3 上下部含水量低，中部高 [图 5-15（c）]，波动变化明显，平均含水量为 19.8%，变化范围为 16.0%~24.8%。剖面 4 含水量与波动变化 [图 5-15（c）] 与剖面 3 基本相同，平均含水量为 19.3%，变化范围为 13.8%~22.6%。剖面 5 上下部含水量低，中部高 [图 5-15（d）]，平均含水量为 19.7%，变化范围为 14.6%~21.8%。剖面 6 含水量变化 [图 5-15（d）] 与剖面 5 基本相同，但含水量略低，平均含水量为 17.7%，变化范围为 13.2%~19.8%。剖面 7 含水量呈现上下部低，中部高的特点 [图 5-15（e）]，平均含水量为 16.2%，变化范围为 11.5%~20.0%。剖面 8 含水量与剖面 7 相近 [图 5-15（e）]，含量略低，平均含水量为 15.5%，变化范围为 11.1%~20.7%。剖面 9 平均含水量为 22.0%，变化范围为 19.7%~25.5% [图 5-15（f）]。剖面 10 整个剖面含水量高，变化小 [图 5-15（f）]，平均含水量为 22%，变化范围为 19.7%~25.5%。

上述土壤含水量的剖面变化表明，虽然薄土层厚度小，各剖面含水量变化有一定差异，但大多数土壤剖面从上向下呈现由低到高再到低的变化规律。

5.3.2　刚察县薄土层分布区大气降水向地下水的转化

大气降水通常是地下水的主要来源，有时是唯一来源。只要在具有一定降水量的地区，即使是荒漠区，也可以成为地下水的来源。例如，巴丹吉林沙漠区，年降水量只有 50~80 mm，由于有利的沙层入渗条件，该区大气降水已成为地下水的重要来源之一（邵天杰等，2011；赵景波等，2011f）。调查分析得知，大气降水能否成为地下水的来源，主要取决于以下 3 个条件。一是要有一定的降水条件。一般说来，降水越多，越利于大气降水向地下水的转化。如果降水太少，由于蒸发消耗，不利于或不能转化为地下水。二是土层入渗条件，地表土层物质较粗，利于降水向地下水转化，细粒土层不利于降水向地下水转化。薄而粗的土层持水性差，植被稀疏耗水少，利于降水向地下水的转化。土层致密或地表岩石裸露不利于降水向地下水的转化。三是地形条件。平坦地形利于降水向地下水转化，坡度大的斜坡不利于降水向地下水转化。

在青海刚察县薄土层分布区，土层厚度为 15~30 cm，薄土层之下为砂砾石层。薄土层利于大气降水的入渗，利于大气降水向地下水的转化。如前所述，薄土层含水量与厚土层上部同厚度土层相比要明显少，表明薄土层分布区有较多的水分转化成了地下水。薄土层中的水分入渗较快，土层中含水量较少，植被发育条件较差，植被稀疏，蒸腾消耗水分少。由于该区降水不多，所以转化成为地下水的水量增多了，可供植物利用的水分就减少了。在厚土层分布区，大气降水较多地聚集在土壤中，为植被发育创造了良好条件，植被的茂密生长也加大了蒸腾量，减少了大气降水向地下水的转化。大气降水转化成为地下水之后，地下水就会以地下径流的方式向低洼的青海湖方向流动，最后成为湖水的补给来源。由此可见，薄土层的存在对地下径流的形成和对青海湖水的地下补给是有利的。

5.4 青海湖流域草原荒漠化与发生原因

5.4.1 国内外荒漠化现状与原因

为深刻和全面认识青海湖流域荒漠化发生原因，需要了解其他地区乃至全球荒漠化发生的原因等问题。荒漠化是全球性的重大环境问题，在世界各大洲均有分布，全球有 100 多个国家和地区、1/5 的世界人口分布区存在荒漠化（蒋德明等，2003）。20 世纪 70 年代以来，荒漠化已引起国际社会的广泛关注，1992 年联合国环境与发展大会通过的《21 世纪议程》把防治荒漠化列为国际社会优先采取行动的领域，充分体现了当今人类社会保护环境与可持续发展的新思想。1994 年签署的《联合国防治荒漠化公约》是国际社会履行《21 世纪议程》的重要行动之一，体现了国际社会对防治荒漠化的高度重视。土地荒漠化所造成的生态环境退化和经济贫困，已成为 21 世纪人类面临的最大威胁。

全球干旱、半干旱和半湿润干旱地区分布广泛，这些地区正是荒漠发生的地区，世界上 1/5 的人口居住在这里。这些地区降水量不足，加上人类活动的不利影响，较容易出现荒漠化。降水量越少，物质组成越粗，坡度越大，越容易产生荒漠化。世界上 52 亿 hm^2 旱地的 70% 用于农业开发，现已普遍退化，荒漠化至今已经影响了全球地表土地的 1/4。我国荒漠化问题十分严重（朱震达，1989；董光荣等，1999）。根据全国第二次荒漠化监测公告，我国荒漠化土地总面积为 262.2 万 hm^2，占国土面积的 27.3%，涉及新疆、内蒙古、西藏、青海、甘肃、河北、宁夏、陕西、山西、山东、辽宁、四川、云南、吉林、海南、河南、天津、北京等 18 个省（自治区、直辖市）的 471 个县（市、旗），其中 99.6% 分布于我国北方以及西藏 12 个省（自治区、直辖市）的 420 个县（市、旗）。荒漠化土地中有 114.8 万 hm^2 分布在干旱地区，91.9 万 hm^2 分布在半干旱地区，55.5 万 hm^2 分布在半湿润干旱区。据调查，20 世纪 80 年代以来，全国仅风蚀荒漠化土地平均每年扩大 2100km^2，近年来已增加到 2460km^2，相当于每年损失掉一个中等县的土地面积（董光荣等，1999；胡培兴，2009）。

我国是世界第二大草地资源大国，草地面积为 39 892 万 hm^2（方精云等，2010），位居澳大利亚之后。我国的草地面积占全国总面积的 42.05%，为耕地面积的 3.12 倍，林地面积的 2.28 倍。按照土地利用类型，我国荒漠化土地中退化耕地为 7.7 万 km^2，占全部耕地的 40.1%；退化草地为 105.2 万 km^2，占草地面积的 56.6%；另外还有 1000 km^2 退化林地；其余的荒漠化土地植被盖度低于 5%，主要为沙漠和戈壁（吴波，2000）。按发展程度划分，有重度荒漠化土地为 103.0 万 km^2，占荒漠化土地总面积的 39.3%；中度和轻度荒漠化土地分别为 64.1 万 km^2 和 95.1 万 km^2，分别占荒漠化土地总面积的 24.4% 和 36.3%（吴波，2000）。在荒漠化土地中，荒漠化草地为 105.2 万 km^2，占草地总面积的 56.6%（董光荣等，1999）。在荒漠化严重的锡林郭勒草原区，近 64% 的草原发生了荒漠化，其中轻度荒漠化草地面积占 34.8%，中度荒漠化草地和严重荒漠化草地面积分别占 14.0% 和 13.5%（李政海等，2008）。

关于荒漠化发生原因，由于不同学者根据本国的具体情况和研究角度不同，因此还存在几种不同的观点。第一种观点认为，气候干旱化是荒漠化的主要原因，人类活动的作用是次要的。这种观点的主要证据来自于地质历史时期气候、环境变化曾多次导致类似荒漠景观的出现，或人类历史时期以来气候变干，或有气象记录以来气候曾发生多次干湿波动，而这种变干趋势或干湿波动对荒漠化的发生、发展都有显著的影响。气候长期向干旱化或暖干化发展，温度升高且降水量减少，就会造成草原退化而发生荒漠化。气候的短时变化也会导致短暂荒漠化，连续数月持续高温，降水极少且不规律，当降水量低于历史平均水平时，干旱环境导致植被很难生长，暂时的荒漠化这一自然现象就会发生。例如，1993 年 5 月与 1994 年 4 月阿拉善地区的特大沙尘暴，破坏了大面积草地。第二种观点认为，人类不合理的经济活动是荒漠化形成的主要原因，气候变化是次要因素之一。持这种观点的学者主要是根据现代人口剧增，土地压力增大，以及在生态脆弱的干旱、半干旱区过度的经济活动，导致向生物生产力降低与土壤肥力丧失方向发展的结果。人类活动能在较短时期内造成荒漠化。主要经济来源依赖于农业生产的地区，为了给人们提供充足的粮食，常常忽视了土地休耕期，土地因过度开发而被毁坏，结果导致土壤失去肥力，植物生长受到影响，植被减少。贫瘠的土壤对侵蚀的抵抗力更加减弱，造成荒漠化发生。人口增长对土地的压力是人类活动导致土地荒漠化的直接原因。第三种观点认为，荒漠化是气候和人类活动共同作用的结果。持此观点的学者较多，但其中大部分人认为，自然和人为因素在荒漠化过程中的驱动作用很难区分。

不利的地理环境因素是荒漠化发生的主要自然因素，在我国土地荒漠化地区表现得更为明显。中国干旱、半干旱及亚湿润干旱地区深居大陆腹地，远离海洋，加上纵横交错的山脉，特别是青藏高原的隆起对水汽的阻隔，使得这一地区成为全球同纬度地区降水量最少、蒸发量最大、最为干旱脆弱的环境地带。不同地区荒漠化发生原因和影响因素不同，各地区差别很大。在靠近沙漠边缘地区，为典型干旱气候，有的接近半荒漠气候，降水量少，温差大，风力作用强，是风蚀荒漠化盛行地区，也是以沙漠化形式的荒漠化最主要分布地区和荒漠化最严重地区。这种地区生态环境很脆弱，气候的暖干化就可能导致草原荒漠化或沙漠化，荒漠化发生的动力是风力。在这样的地区，即使气候不发生变暖和变干，人类的农业生产活动和不合理地放牧也容易引起风蚀荒漠化或沙漠化。黄土高原地区为半干旱和半湿润气候，这样的地区降水量较多，气候的自然变化不容易导致荒漠化。在这样的地区，人类的农业生产活动和砍伐森林常常是发生荒漠化的主要原因。此外，黄土高于黄土物质松散，地形坡度大，沟谷密集，也是容易产生荒漠化的自然因素。黄土高原地区植被发育较好，地表植被覆盖度高，风力作用不强，风力不是这种地区的荒漠化的动力。黄土高原地区降水量较多，流水成为该区发生荒漠化的主要动力，所以黄土高原是水蚀荒漠化发生的严重地区。在干旱、半干旱和半湿润地区的低洼地带及河谷滩地区，由于水分的聚集和较为强烈的蒸发，常会导致盐碱成分在土壤上部富集，从而造成土地盐渍化型的荒漠化。

气候暖干化是主要因素之一。据有关资料，近50年来中国干旱、半干旱地区及半湿润区的部分地区降水呈减少的趋势，气温增高导致蒸发量与蒸腾量加大，引起植被盖度减小和荒漠化发生。这些都在一定程度上加剧了荒漠化的扩展。近年来频繁发生于中国西北、华北北部地区的沙尘暴，就加剧了这些地区的荒漠化过程，导致了极为严重的后果。中国可能发生荒漠化的地理范围——湿润指数为0.05~0.6的干旱、半干旱和亚湿润干旱区，总面积为331.7km^2（孙保平，2000）。

导致草地退化的人为因素包括过度放牧、滥挖、樵采、开矿等。这些因素常常是交互作用，互相促进，互为因果。例如，开垦、樵采常导致风蚀沙化、水土流失等过程的增强，过度放牧会引起鼠、虫害的加剧等。在我国有关文献中，不同作者强调了不同的因素。对黄土高原地区的研究得出，人类对土地的开垦是草地退化的根源（王义风，1991）。对新疆土地荒漠化研究认为，超载过度放牧是造成新疆草地退化的根本原因（许鹏，1993）。对内蒙古草原的研究表明，过度放牧常是造成草原荒漠化的直接、起主导作用的因素（姜恕，1988）。研究表明，内蒙古自治区呼伦贝尔草原大部分处于超载放牧状态（朱幼军等，2007），这引起了草场出现大面积退化，草原产量下降，鼠虫害猖獗，加剧了草畜矛盾。过度放牧常指家畜采食量超过了草地的生产能力。据估计我国退化草地中至少60%是由于过度放牧引起的，而且这种退化还在以惊人的速度扩展。草地的超载过牧主要是由于家畜数量增加造成的，牲畜的增加势必造成草畜矛盾尖锐化，其直接后果就是草地严重退化。

在草原区滥挖中草药、搂发菜、砍柴、搂草等活动，也常引起草地退化。据报道荒漠草原上每挖1m^{2}的草地，就会引起3~5 m^{2}的草地沙化。近年来由于草原上挖黄芪、苁蓉、甘草和搂发菜所造成的草原退化面积，至少有上千万公顷。据研究，鄂尔多斯高原由于挖甘草、麻黄等药材，到处土坑林立，每挖1kg甘草要破坏0.53~0.67hm^{2}草地，该地区由此而遭受破坏的草地每年达2.67万hm^2（董光荣等，1999）。樵采由来已久，因为沙区交通不便，经济落后，人们的主要燃料来源就是沙区的灌木和乔木。由于草原地区缺乏木柴，主要以牛粪作燃料，这种落后做法使粪便不能归还草地，有机物得不到补充，长此以往也会因地力衰竭而引起草地退化。

此外，工业发展及城市化过程也导致草原的退化与草原面积的缩小。特别是我国草原区有不少能源基地，地下蕴藏着丰富的煤炭、石油、天然气与重金属矿藏，近年来由于开矿造成的大面积矿区废弃地，也亟待治理。

强大的人口压力常是导致荒漠化的根源之一。20世纪以来，我国西部地区的人口数量急剧增加，已超过了自然生态系统所能承受的警戒线。按联合国粮农组织的标准，在干旱、半干旱地区，没有外界能量输入的情况下，自然承载力为7~9人/km^2，而实际上我国类似地区早已远远超过了这一数字，在长城沿线的陕西段人口密度早已达到70~120人/km^2，而且人口数量还在增加。对近50年坝上后山地区人畜压力与草地退化界限之间的互动关系研究表明，1951年该区的农业人口为115.1万人，1996年为334.35万人，增加2.9倍，年平均增加42.3%，远高于全国平均水平（孙武，2000），而且从增速来看，牧区远高于农区。人口增加需要更多的物质供应来支撑，在经济技术不发达的情况下，必然是扩大耕种面积，大量开垦草地，增大畜群饲养量，以牺牲自然生态环境为代价。可以说，人口压力过大是导致草地退化的根源之一。

盲目开垦草地也是引起草地退化的重要因素，过度放牧引起的草地退化是一个长期过程，可以说是渐变的，而草地开垦却是一个迅速的过程，是急变的。开垦草原使得草地植被遭到彻底破坏，由天然草原变成了人工农田植被，这些农田多数用来发展旱作雨养农业。夏季在作物保护下，土壤很少发生风蚀，而在草原地区漫长的非生长季节（6 个月以上），作物秸秆被移出农田，土表裸露，无任何保护，极易发生风蚀，使土壤有机质含量降低，土壤表层结构变粗，这样开垦 3~5 年后，粮食产量开始下降，特别是在无保护措施的平坦地或山口处，沙化速度更快，更易导致土地的严重退化。

5.4.2 青海湖流域草原荒漠化现状

青海湖流域草地退化主要表现为草原植被变得稀疏，盖度减小，裸地增多，优良牧草减少，劣质草种增多（伏洋等，2007）。还表现为鼠害增多。草地植被的草层结构简单化，草群变得低矮，种类成分改变，原来的一些建群种或优势种逐渐衰退或消失，大量的一年生及各种杂草相继侵入，甚至有毒、有害植物大量增加。草群中可食优良牧草的生长发育减弱，数量减少，产量降低，而不可食草类数量产量增多（伏洋等，2007）。草地生境条件恶化，主要表现为旱化、沙化、盐碱化、地表裸露、土壤贫瘠、水土流失加剧。鼠虫害时常发生，进一步损害牧草，破坏环境。在第二性生产上，牧畜的生产性能降低，畜产品数量减少，质量变劣。严重退化的草原土地沙漠化明显，并有沙地和沙丘出现。青海湖流域草原退化不断加剧，退化面积达 93.3 万 hm^2，占可利用草地面积的 49.13%。其中，中度以上退化草地为 65.67 万 hm^2，占该流域可利用草地面积的 34.58%；重度退化草地 13.44 万 hm^2，占 7.08%；极重度退化草地 8.98 万 hm^2，占 4.68%（白乾云，2005）。环青海湖东、北、西岸，分布着流动、固定、半固定梁窝状沙丘，东北、西北边缘夹杂有高大的沙山。其中，80% 的流动沙丘分布在湖东的海晏，半固定沙丘主要分布在湖东北的哈尔盖和湖西北的鸟岛附近，固定沙丘地和半裸露沙地全部分布在湖西北的布哈河流域鸟岛等地（马燕飞等，2010）。青海湖流域的沙丘由原来主要集中于东北部正加速向整个湖区扩展（李森等，2004）。近 45 年中，环青海湖地区土地沙漠化趋势加剧，1956~2000 年沙漠化土地净增面积 1242.24 km^2，平均年净增 27.61 km^2（汪青春等，2007）。在 20 世纪 80 年代后平均年净增加面积呈增加趋势，尤其是 90 年代中后期年增长率在 10% 以上，1996~2000 年，平均年净增面积为 111.83 km^2，土地沙漠化处于强烈发展阶段（马燕飞等，2010）。

5.4.3 青海湖流域草原荒漠化发生原因

青海湖流域的荒漠化较为严重，与该区所处地理位置有关。该区处在西北内陆高寒干旱区，生态环境脆弱，这决定了该区降水量较少，易于发生荒漠化。但是该区的自然地理条件是适于干旱草原发育的，在正常情况下的草原荒漠化显然不是这一自然地理条件造成的。如后面第九章所述，青海湖地区近 50 年气候变暖的趋势明显，这对该流域的荒漠化也有一定的促进作用。人类活动是该区重要也可能是主要的引起该区草原荒漠化发生的原因。该流域是我国重要牧区之一，人类过度放牧也是不可忽视的荒漠化的重要因素。因此，气候变暖和人类活动是该区发生荒漠化的两个主要原因。究竟是哪个因素造成了该区草原荒漠化，还需要根据土壤含水量等资料分析确定。

  青海湖西部的吉尔孟地区位于青海湖西侧，该区草原退化严重，草原退化强度仅次于青海湖东侧。在吉尔孟地区有沙丘和沙化土地出现，表明沙漠化已较严重。虽然该区气候变暖明显，这会引起蒸发与蒸腾量加大，导致土壤水分消耗增加。然而土壤含水量的测定表明，吉尔孟地区薄土层含水量也较高，能够满足草原植被生长的需要，青海湖北部和南部土壤含水量均较多，这指示气候变暖不是该区草原荒漠化发生的主要原因。在青海湖流域的草原区，人类活动影响草原的方式主要是放牧，其次还有农业生产。该区的农业生产主要是种植油菜等，油菜种植面积也不大，近年来油菜种植也在减少。而荒漠化的草原多是非农业生产区，所以农业生产也不是草原荒漠化的主要原因。该区过度放牧严重，草原载畜量严重超载，这应该是该区草原发生荒漠化的主要原因。

第6章 海晏县地区人工林土壤水与水分平衡

青海省海晏县地处祁连山系大通山脉西南侧，属河西走廊至柴达木盆地自然区，处在 36°53′ N、100°59′ E 附近，海拔 3000 m 以上，地势由东北向西南倾斜。主要河流有湟水河、哈景勒河、宝库河、水峡河、大通河、甘子河等。属高原大陆性气候，年平均气温 −2℃ ~ 3.4℃，年降水量 350 mm，多集中在 6 ~ 9 月（海晏县志编纂委员会，1994）。全县草场资源丰富，共有草场面积 209.1 万亩[①]，夏秋草场 153.2 万亩。天然林面积 45 万亩，人工造林 8.7 万亩。

过去对青藏高原地区的土壤水分进行了部分研究，但研究的主要是草原土壤和草甸土壤水分含量与变化（张国胜等，1999；李元寿等，2008；祁如英等，2009），未见有对青海湖流域和周边地区人工林土壤水分研究的成果发表。本章通过在青海湖东侧海晏县地区的调查，在该地区选择了人工林进行采样研究，目的是揭示该区人工林土壤水分含量与富集特点，为该地区的农林业发展、生态保护和生态建设提供科学依据。

研究的样地包括两个，一个位于海晏县政府所在地三角城镇附近，另一个位于西海镇附近。三角城镇采样点距该镇东 600 m 左右，位于 36°53′ N、101°00′ E，海拔 3000 m。样地处在河漫滩上，有杨树林和沙柳林分布。三角城镇东杨树林植株间距 3 ~ 5 m，直径 20 ~ 40 cm，树高 10 ~ 15 m，树下有草类生长，密度较大。三角城镇东沙柳林高 2.0 ~ 4.0 m，生长茂盛，植株间距 1.5 ~ 2.5 m，沙柳树下有草类生长，但密度不大。西海镇采样点位于西海镇西约 200 m，地处 36°57′ N、100°53′ E，海拔 3111 m。西海镇西沙柳林中沙柳植株高 4 ~ 5 m，呈簇状，沙柳直径为约 20 cm。植株间距为 1.5 ~ 3.0 m，林下草本植物密集分布。采样时间为 2010 年 7 月 15 日。在三角城镇东杨树林地和沙柳林地分别打了 12 个和 9 个钻孔，钻孔深度取决于土壤厚度，一般为 1.5 ~ 2.0 m。在西海镇沙柳林地打了 16 个钻孔，钻孔间距为 6 ~ 8 m，采样间距均为 10 cm。

6.1 三角城镇地区杨树林与沙柳林土壤含水量

6.1.1 三角城镇地区杨树林土壤含水量

含水量测定显示，钻孔剖面 1 含水量从上向下呈明显减少趋势，波动变化较大 [图 6-1（a）]，根据含水量变化可将剖面含水量分为两层。第 1 层为 0 ~ 0.9 m，含水量变化为 15.0% ~ 31.2%，平均为 25.5%。第 2 层为 0.9 ~ 1.3 m，含水量变化范围为

---

① 1 亩 ≈ 666.67 m²

14.2%~20.5%，平均为16.2%。钻孔剖面2含水量变化［图6-1（a）］与钻孔剖面1类似，由上向下含水量逐渐递减，但含水量较低，根据含水量变化也可将剖面含水量分为两层。第1层为0~0.8 m，含水量变化范围为15.4%~28.9%，平均为23.3%。第2层为0.8~1.20 m，含水量变化范围为13.7%~22.5%，平均为16.8%。钻孔剖面3含水量变化趋势［图6-1（a）］与钻孔剖面2接近，波动变化大，亦可将剖面含水量分为两层。第1层为0~0.9 m，含水量变化范围为13.1%~29.9%，平均为25.5%。第2层为0.9~1.3 m，含水量变化范围为10.8%~16.1%，平均为13.2%。钻孔剖面1到钻孔剖面3含水量拟合曲线见图6-1（b）。钻孔剖面4含水量从上向下总体呈减低趋势，但在近底部又升高［图6-1（c）］。根据含水量变化，可将剖面含水量分为两层。第1层为0~1.1 m，含水量变化范围为13.0%~30.6%，平均为22.0%。第2层为1.1~1.4 m，含水量变化范围为12.3%~22.3%，平均为15.1%。钻孔剖面5含水量比钻孔剖面4高，变化趋势相同［图6-1（c）］。根据含水量变化，可将剖面含水量分为两层。第1层为0~1.2 m，含水量变化范围为12.7%~31.0%，平均为25.1%。第2层为1.2~1.4 m，含水量变化范围为10.2%~20.7%，平均为16.6%。钻孔剖面6含水量变化与钻孔剖面5基本相同，但含水量较低［图6-1（c）］。根据剖面含水量变化，可划分为两层。第1层为0~1.3 m，含水量变化范围为11.4%~29.6%，平均为18.9%。第2层为1.3~1.5 m，含水量变化范围为11.8%~17.3%，平均为14.8%。钻孔剖面4到钻孔剖面6土壤含水量拟合曲线见图6-1（d）。

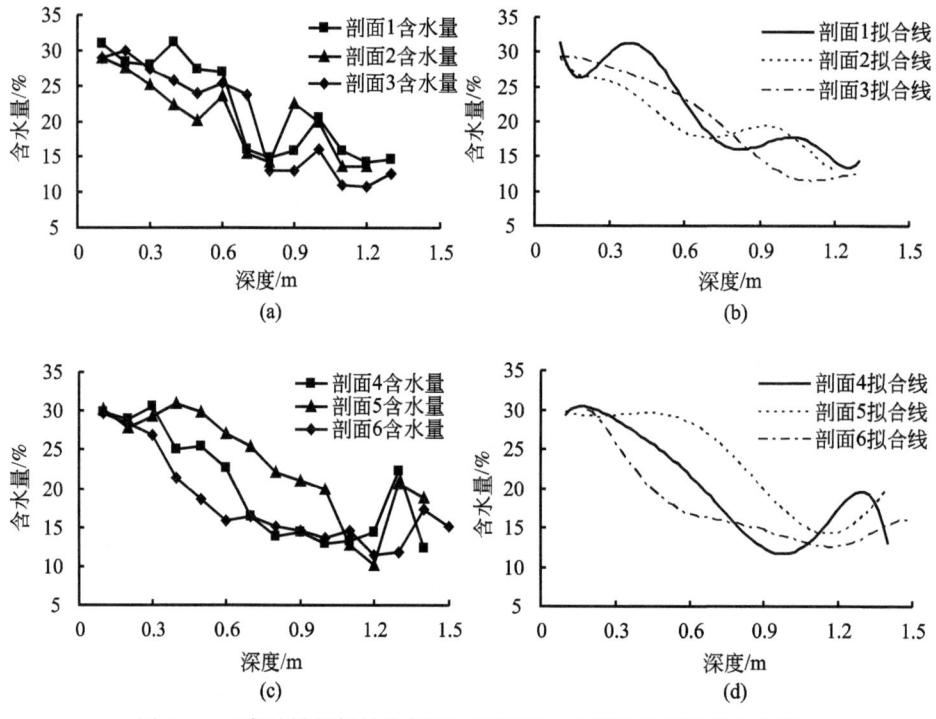

图6-1 三角城镇杨树林地剖面1至剖面6土壤含水量和拟合曲线

钻孔剖面7含水量从上向下呈明显减少趋势，但下部又升高［图6-2（a）］。根据剖面含水量变化,可分为两层。第1层为0~1.2 m,含水量变化范围为8.6%~33.0%,平均为24.9%。第2层为1.2~1.6 m,含水量变化范围为13.0%~27.4%,平均为17.0%。钻孔剖面8含水量变化与钻孔7相近[图6-2(a)],根据含水量可将剖面分为两层。第1层为0~1.1 m,含水量变化范围为10.5%~27.6%,平均为22.8%。第2层为1.1~1.5 m,含水量变化范围为12.3%~30.5%,平均为18.6%。钻孔剖面9含水量与钻孔剖面8相近,从上部到中部含水量降低,下部含水量又升高[图6-2(a)]。根据含水量变化,可将剖面含水量变化分为两层。第1层为0~1.2 m,含水量变化范围为10.0%~32.6%,平均为21.7%。第2层为1.2~1.6 m,含水量变化范围为10.4%~22.5%,平均为15.7%。钻孔剖面7到剖面9含水量拟合曲线见图6-2(b)。钻孔剖面10从上部到下部含水量呈降低趋势,上下部含量差异大[图6-2(c)]。根据剖面含水量变化,可将剖面分为两层。第1层为0~1.2 m,含水量变化范围为8.7%~31.7%,平均为20.9%。第2层为1.2~1.5 m,含水量变化范围为7.9%~15.1%,平均为11.2%。钻孔剖面11含水量与钻孔剖面10含水量变化与特点类似[图6-2(c)],含水量从上向下呈明显减少趋势。根据含水量变化,可将剖面分为两层。第1层为0~1.1 m,含水量变化范围为13.4%~26.6%,平均为23.3%。第2层为1.1~1.4 m,含水量变化为10.3%~17.0%,平均为13.5%。钻孔剖面12含水量[图6-2(c)]与钻孔剖面11类似。根据含水量变化,可将剖面含水量分为两层。第1层为0~1.0 m,含水量变化范围为12.2%~27.6%,平均为23.6%。第2层为1.0~1.3 m,含水量变化范围为10.5%~14.0%,平均为11.9%。钻孔剖面10到剖面12含水量拟合曲线见图6-2(d)。

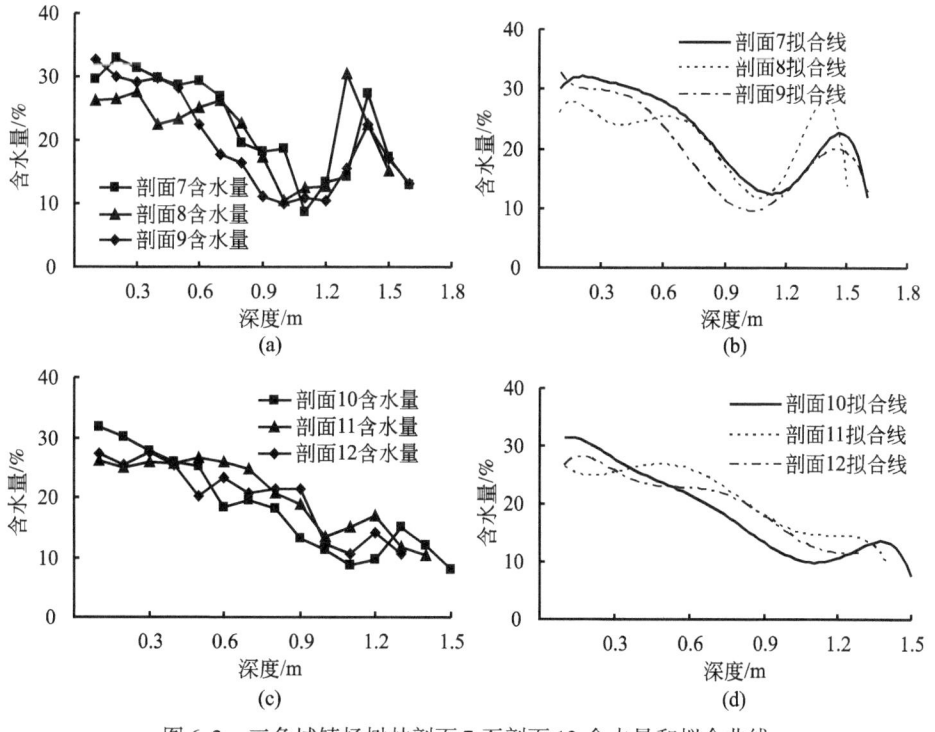

图6-2 三角城镇杨树林剖面7至剖面12含水量和拟合曲线

6.1.2 三角城镇地区沙柳林地土壤含水量

沙柳林钻孔剖面 1 含水量从上向下呈现由高到低再显著升高的特点，下部含水量高于中上部[图 6-3（a）]。根据含水量变化，可将剖面含水量变化分为两层。第 1 层为 0~0.9 m，含水量变化范围为 20.5%~26.8%，平均为 23.6%。第 2 层为 0.9~1.1 m，变化范围为 17.9%~35.4%，平均为 27.2%。钻孔剖面 2 含水量与剖面 1 类似，含水量也呈现从上向下由高到低再显著升高的变化特点[图 6-3（a）]，最高含水量出现在下部。根据剖面含水量变化，可将剖面含水量变化分为两层。第 1 层为 0~1.0 m，含水量变化范围为 17.7%~30.3%，平均为 23.5%。第 2 层为 1.0~1.3 m，含水量波动较大，变化范围为 25.3%~36.1%，平均为 28.8%。钻孔剖面 3 含水量变化特点与剖面 2 相近[图 6-3（a）]，根据剖面含水量变化分为两层。第 1 层为 0~0.8 m，含水量变化较小，由上向下呈逐渐递减趋势，变化范围为 20.3%~26.4%，平均为 23.6%。第 2 层为 0.8~1.1 m，含水量波动较大，变化范围为 14.2%~31.1%，平均为 24.4%。钻孔剖面 1 到剖面 3 含水量拟合曲线见图 6-3（b）。钻孔剖面 4 含水量波动变化很大，从上向下呈现由高-低-高-低的复杂变化[图 6-3（c）]，根据剖面含水量变化分为两层。第 1 层为 0~1.5 m，含水量波动较大，由上向下呈降低趋势，变化范围为 10.1%~35.1%，平均为 25.1%。第 2 层为 1.5~1.9 m，含水量变化范围为 13.2%~40.8%，平均为 24.6%。钻孔剖面 5 含水量变化也较复杂，与剖面 4 类似，也呈现高-低-高-低的变化特点[图 6-3(c)]。根据含水量变化，可将剖面含水量变化分为两层。第 1 层为 0~1.5 m，含水量波动较大且由上向下呈降低趋势，变化范围为 21.9%~37.7%，平均为 29.4%。第 2 层为 1.5~1.9 m，含水量变化范围为 12.5%~38.8%，平均为 22.3%。钻孔剖面 6 含水量变化也较复杂[图 6-3（c）]，与钻孔剖面 5 基本相同。根据含水量变化，可将剖面含水量变化分为两层。第 1 层为 0~1.5 m，含水量波动较大且由上向下呈降低趋势，变化范围为 16.9%~39.4%，平均为 28.8%。第 2 层为 1.5~1.9 m，含水量变化范围为 11.0%~42.5%，平均为 24.5%。钻孔剖面 4 到剖面 6 含水量变化拟合曲线见图 6-3（d）。

钻孔剖面 7 含水量波动变化很大，由上向下含水量总体呈现波动减少趋势[图 6-4(a)]，含水量差异大。根据含水量变化，可将剖面分为两层。第 1 层为 0~0.9 m，含水量变化较小，由上向下呈逐渐递减趋势，变化范围为 21.9%~33.6%，平均为 29.1%。第 2 层为 0.9~2.0 m，含水量波动较大，变化范围为 8.7%~31.0%，平均为 19.2%。钻孔剖面 8 含水量由上向下呈现波动减少的趋势，波动变化大[图 6-4（a）]，含水量比剖面 7 低。根据含水量变化，可将剖面含水量分为两层。第 1 层为 0~1.2 m，含水量变化为 10.3%~34.5%，平均为 25.6%。第 2 层为 1.2~1.5 m，含水量波动大，变化范围为 14.3%~25.7%，平均为 18.3%。剖面 9 含水量与剖面 7 相近，波动变化复杂[图 6-4（a）]，含水量变化大，较剖面 7 和 8 含量高。根据含水量变化，可将剖面含水量变化分为两层。第 1 层为 0~0.9 m，含水量波动变化较小且由上向下呈逐渐递减趋势，变化范围为 26.5%~34.6%，平均为 31.9%。第 2 层为 0.9~2.0 m，含水量波动较大，变化范围为 9.2%~36.8%，平均为 22.1%。钻孔剖面 7 至剖面 9 含水量拟合曲线见图 6-4（b）。

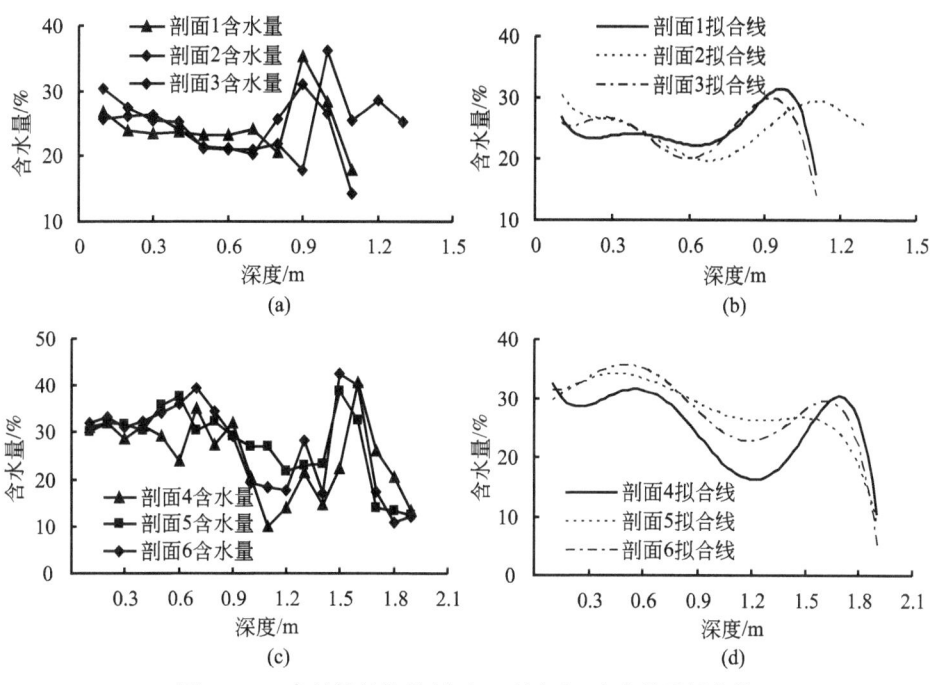

图 6-3 三角城镇沙柳林剖面 1 至剖面 6 含水量及拟合线

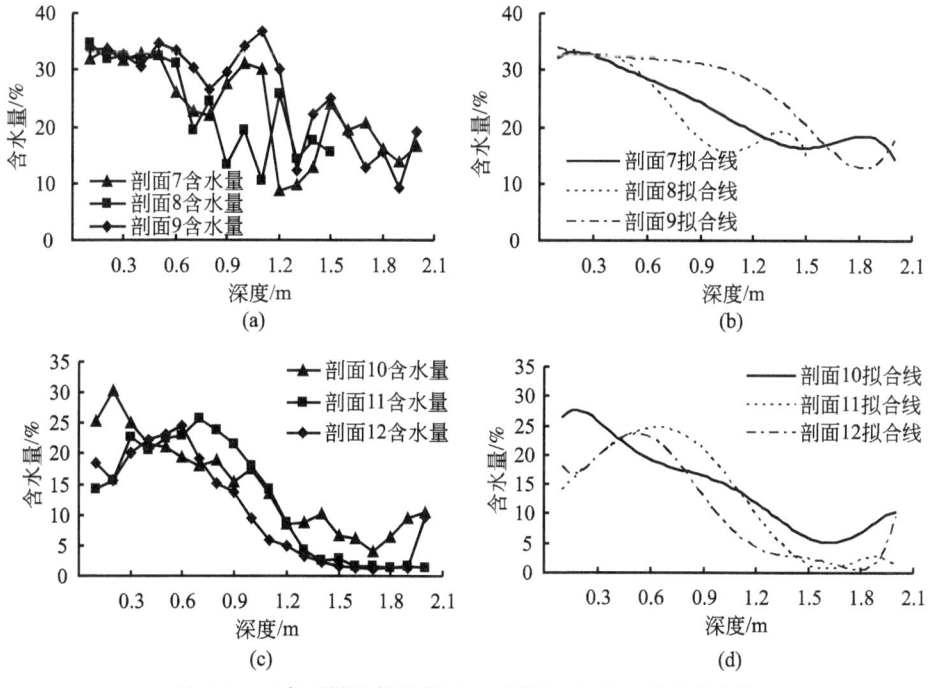

图 6-4 三角城镇沙柳林剖面 7 至剖面 12 含水量及拟合线

钻孔剖面10由上向下含水量呈显著递减趋势［图6-4（c）］，上下部含水量差值达30%左右。根据含水量变化，可将剖面含水量变化分为三层。第1层为0～0.7 m，含水量较高，变化范围为19.4%～30.4%，平均为23.8%。第2层为0.7～1.2 m，含水量由上向下呈逐渐递减趋势，变化范围为3.9%～18.9%，平均为16.6%。第3层为1.2～2.0 m，含水量较低，变化范围为3.9%～10.4%，平均为7.8%。钻孔剖面11含水量与剖面10很接近，由上向下含水量呈显著递减趋势［图6-4（c）］，上下部含水量差值很大［图6-4（c）］。根据剖面含水量变化，可将剖面含水量分为三层。第1层深度范围为0～0.8 m，含水量较高且由上向下呈增加趋势，变化范围为14.1%～25.8%，平均为20.6%。第2层为0.8～1.2 m，含水量逐渐递减，变化范围为8.5%～23.8%，平均为19.4%。第3层为1.2～2.0 m，含水量很低，变化范围为1.4%～8.6%，平均为2.9%。钻孔剖面12含水量与剖面11变化趋势与特点基本相同，但含水量较低［图6-4（c）］。根据含水量的剖面变化，可将剖面含水量变化分为三层。第1层为0～0.7 m，含水量较高且由上向下呈增加趋势，变化范围为15.7%～24.7%，平均为20.8%。第2层为0.7～1.1 m，含水量由上向下呈逐渐递减趋势，变化范围为6.0%～19.2%，平均为14.4%。第3层为1.1～2.0 m，含水量较低，变化较小，变化范围为1.2%～9.7%，平均为3.3%。钻孔剖面10至剖面12含水量拟合曲线见图6-4（d）。

6.2　西海镇地区沙柳林土壤含水量

西海镇地区气候寒冷，降水量较少，天然林和人工林较少。在西海镇西约200 m处有人工栽植的沙柳灌木林。

6.2.1　西海镇地区剖面1至剖面8土壤含水量

根据西海镇采样点钻孔1到钻孔8含水量测定可知，剖面1从上向下含水量呈明显降低特点，含水量变化范围为6.6%～29.7%［图6-5（a）］，平均含水量为18.1%。根据含水量特点可划分为两层，各层深度分别为0.1～0.8 m、0.9～1.3 m，各层含水量分别为14.2%～29.7%、6.6%～14.2%，平均含量分别为23.4%、9.6%。剖面2含水量变化特点与剖面1基本相同，含水量变化范围为9.0%～30.7%［图6-5（a）］，平均为20.2%。根据含水量的剖面变化可划分为两层，深度分别为0.1～1.0 m、1.1～1.4 m，各层含水量分别为11.3%～30.7%、9.0%～13.3%，平均分别为23.9%、11.2%。剖面3从上向下含水量呈明显降低趋势，但底部略有增加的特点，含水量变化范围为4.0%～30.4%［图6-5（b）］，平均为14.8%。根据含水量变化可划分为两层，各层深度分别为0.1～1.1 m、1.1～2.0 m，含水量分别为13.4%～30.4%、4.0%～10.4%，平均分别为20.5%、7.8%。剖面4含水量变化趋势［图6-5（c）］与剖面3相同，含水量变化范围为9.8%～34.0%，平均含水量为17.2%。根据剖面含水量变化可分为三层，各层深度为0.1～1.1 m、1.2～1.7 m、1.8～2.0 m，含水量分别为15.0%～34.0%、9.8%～15.0%、13.3%～16.0%，平均分别为21.0%、11.5%、14.4%。剖面5含水量变化趋势不明显，波动较大，含水量为16.6%～32.7%［图6-5（c）］，平均为21.3%。剖面6由上向下含水量变化呈明显降低趋势，含水量差异大，变化范围为3.7%~29.6%［图6-5（c）］，平均为14.2%。根据剖面含水量差异可将含水量分为两层，各层深度为0.1~0.9 m、1.0~2.3 m，含水量分别为14.1%~29.6%、3.7%~12.6%，平均分别为24.6%、7.0%。剖面7由上向下含水量变化呈明显降低的趋势，含水量差异非常大，含量变化范围为2.0%~34.9%［图6-5（d）］，平均含水量为11.4%。根据剖面含水量差异可分为两层，各层深度为0.1~0.8 m、0.9~2.0 m，含水量分别为16.5%~34.9%、2.0%~8.1%，平均分别为22.3%、4.0%。剖面8由上向下含水量变化特点与剖面7相同，含水量差异也很大［图6-5（d）］，变化范围为1.6%~23.4%，平均含水量为10.2%。根据剖面含水量差异可分为两层，各层深度为0.1~0.8m、0.9~2.0 m，含水量分别为13.3%~23.4%、1.6%~10.8%，平均含量分别为19.8%、3.8%。上述剖面除钻孔剖面5之外，其余各剖面含水量均表现为从上到下总体明显变小的特点。

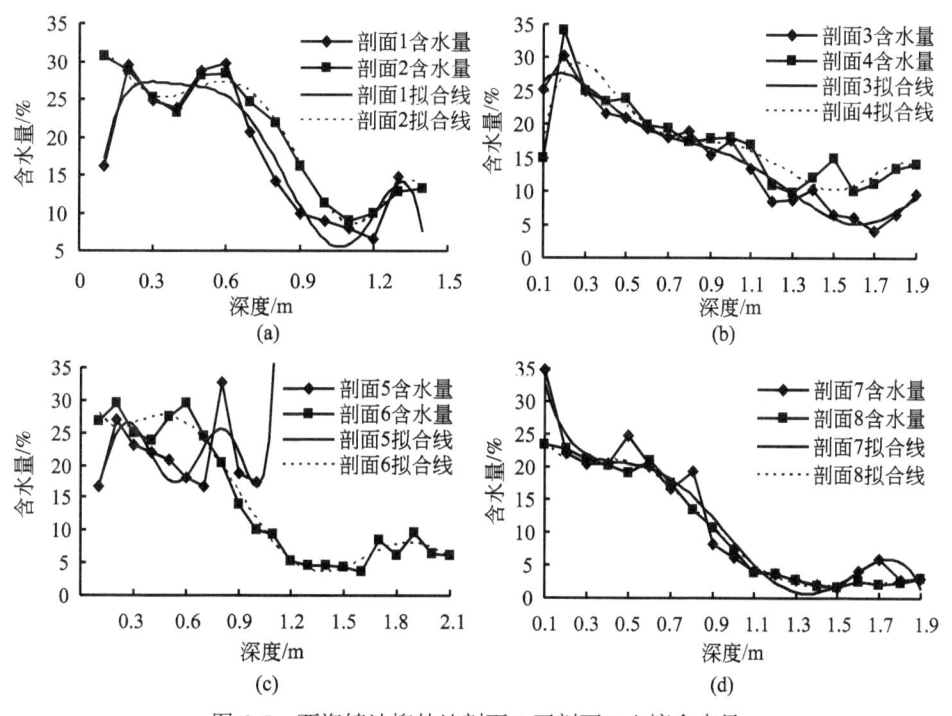

图6-5 西海镇沙柳林地剖面1至剖面8土壤含水量

6.2.2 西海镇地区剖面9至剖面16含水量

钻孔剖面9从上到下含水量呈明显降低趋势，含水量差异较大，底部略有升高，含水量变化范围为1.4%~25.8%［图6-6（a）］，平均含水量为11.6%。根据含水量特点可分为两层，深度分别为0.1~1.1 m、1.2~2.4 m，含水量变化范围分别为14.1%~25.8%、1.4%~11.1%，平均含水量分别为20.4%、4.9%。剖面10含水量水平与变化趋势与剖面9基本相同［图6-6（a）］，含水量变化范围为1.2%~24.7%，平均含水量为10.8%。根据含水量特点可分为两层，深度分别为0.1~0.9 m、1.0~2.0 m，含水量变化范围分别为13.7%~24.7%、1.2%~9.7%，平均分别为19.2%、3.9%。剖面11从上到下含水量呈明显降低趋势［图6-6（b）］，上下部含水量差异很大，含水量变化范围为2.6%~24.3%，平均含水量为15.2%。根据含水量特点可分为两层，深度分别为0.1~0.9 m、1.0~1.4 m，含水量变化范围分别为14.9%~24.3%、2.6%~11.1%，平均分别为20.6%、5.4%。剖面12从上到下含水量变化与剖面11基本相同，含水量差异较大［图6-6（a）］，变化范围为6.5%~24.0%，平均含水量为15.0%。根据含水量特点可分为两层，深度分别为0.1~0.9 m、1.0~1.4 m，含水量变化范围分别为12.1%~24.0%、6.5%~9.1%，平均分别为19.1%、7.6%。剖面13从上到下含水量呈明显降低趋势，含水量波动变化较大［图6-6（c）］，平均含水量为14.6%，变化范围为5.4%~23.4%。根据含水量特点可分为两层，深度分别为0.1~0.9m、1.0~1.6 m，含水量变化范围分别为16.3%~23.4%、5.4%~12.2%，平均分别为19.6%、8.3%。剖面14从上到下含水量呈明显降低趋势，上下部含水量差异较大［图6-6（c）］，变化范围为4.3%~28.1%，平均含水量为13.1%。根据含水量特点可分为两层，深度分别为0.1~0.7 m、0.8~1.5 m，含水量变化范围分别为12.0%~28.1%、4.3%~8.4%，平均分别为21.5%、5.8%。剖面15从上到下含水量呈明显降低趋势，含水量差异很大［图6-6（d）］，变化范围为3.4%~28.9%，平均含水量为11.1%。根据含水量特点可分为两层，深度分别为0.1~0.5 m、0.6~1.8 m，含水量变化范围分别为17.6%~28.9%、3.4%~9.3%，平均分别为23.4%、6.4%。

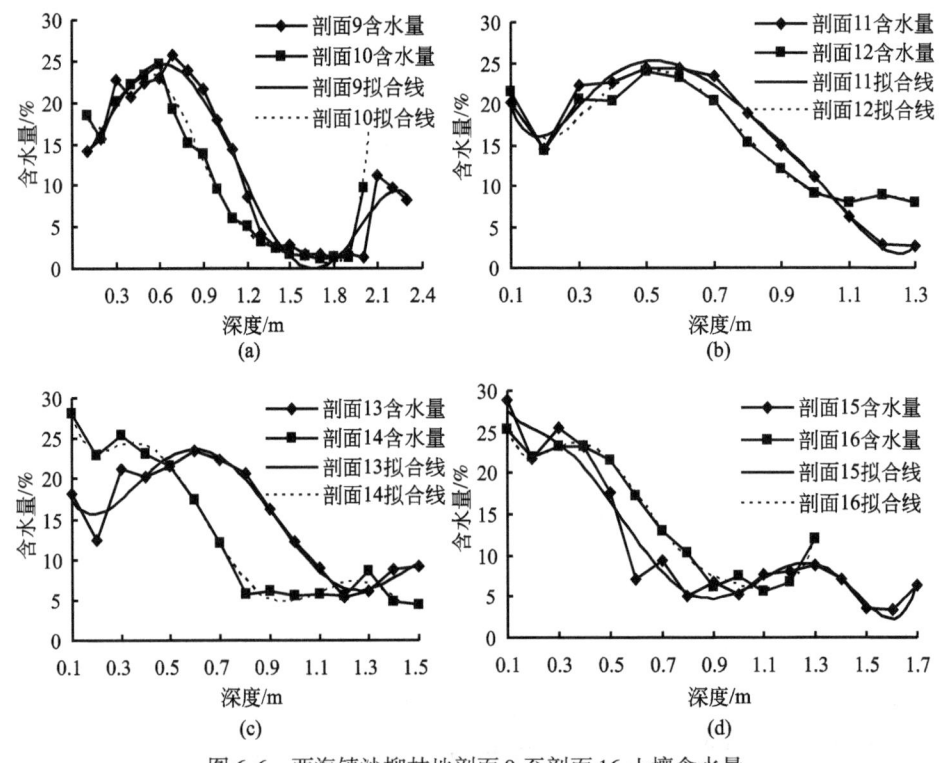

图6-6 西海镇沙柳林地剖面9至剖面16土壤含水量

剖面16从上到下含水量变化趋势与剖面15基本相同，含水量差异也较大[图6-6（d）]，平均含水量为14.9%，变化范围为5.5%~25.3%。根据含水量特点可分为两层，深度分别为0.1~0.7m、0.8~1.3m，含水量变化范围分别为13.0%~25.3%、5.5%~12.0%，平均分别为20.8%、8.0%。钻孔剖面9到钻孔剖面16土壤含水量均呈现从上到下呈由高变低的趋势，底部有时含水量略升高，这与底部有时粒度成分变细有关。

6.3 海晏县地区人工林土壤干层与水分运移

过去对黄土地区土壤干层开展了大量研究（李玉山，1983；2001；杨文治等，1984；1994；杨文治和余存祖，1992；杨文治和邵明安，2002；侯庆春和韩蕊莲，2000；王力等，2000；刘刚等，2004；陈宝群等，2009），对关中平原的土壤干层也进行了一些研究（赵景波等，2004；2005a；2005b；2007b；2008c；2011i；杜娟和赵景波，2005；2006；2007；李瑜琴和赵景波，2006；2007；2009），其他地区研究较少。本书第8章粒度分析表明，西海镇土壤粒度成分比黄土略细，该区土壤是以粗粉砂为主的粉砂土。我们以11%作为干层与非干层的划分标准，即含水量小于11%划分为干层，含水量为11%~8%的为轻度干层，含水量为8%~5%的为中度干层，含水量小于5%的为严重干层。

结合我们的含水量测定结果可知，海晏县城东的杨树林和沙柳林由于位于河漫滩低洼地带，受河流洪水的补给和地下水的补给，土壤水分含量较高，仅有少数剖面下部含水量小于11%，这显示出在地势低洼的河漫滩地带土壤水分较为充足，一般没有土壤干层发育。需要指出的是，河漫滩上的杨树林和沙柳林地高的土壤含水量代表的是受低洼地形影响的水分条件，不能代表该区广大范围的土壤含水条件。西海镇沙柳林地采样点远离河漫滩，该区降水量少，降水入渗深度小，有土壤干层发育。各孔的含水量都随着深度增加呈降低趋势，上下部变化幅度极大，且土层下部含水量很低。土层越厚，干层就越厚（图6-7），且干化程度随着深度增加而加重。剖面1在0.9~1.2m深度的平均含水量为8.5%，为轻度干层。剖面2在1.0~1.2m深度的平均含水量为10.0%，为轻度干层。剖面3在1.2~1.4m处含水量低于9.2%，为轻度干层，在1.5~1.9m深度的平均含水量为5.7%，为中度干层。剖面5没有干层发育。剖面6到剖面11在1.0m左右深处含水量低于11.0%，在1.1m~2.0m含水量低于5%，为严重干层。剖面12在1.0m处含水量低于11.0%，在1~1.4m深度的平均含水量为7.6%，为中度干层。剖面13到剖面14在0.7m处低于11%，在0.7~1.3m深度的平均含水量为6.2%，属于中度干层，在1.4~1.5m深度为平均含水量低于5%的严重干层。剖面15在0.6m处低于11.0%，在0.6~1.4m深度的平均含水量为7.2%，为中度干层，在1.5~1.8m为含水量小于5%的严重干层。剖面16在0.8m处低于11%，在0.9~1.3m深度的平均含水量为7.6%，为中度干层。

2010年西海镇降水量为423mm，属于该区降水较多年，水分入渗使得表层土壤含水量显著升高，所以约0.9m深度之上的含水量较高，代表是降水较多年份的土壤水分条件，0.9m深度以下的含水量代表的是该区正常年土壤下部含水量和水分不足的状

· 113 ·

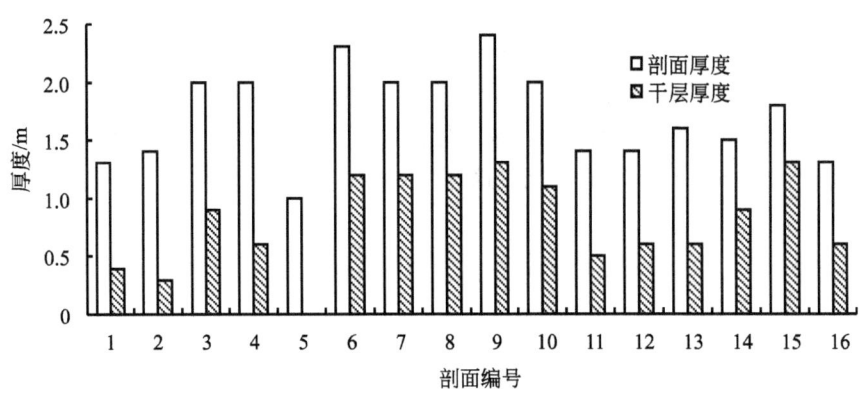

图 6-7 西海镇沙柳林地土壤干层分布

况。虽然土层下部粒度成分较粗，持水性较差，这也是土壤水分较低的重要原因，然而从第 2 章青海湖流域草原土壤 1~2 m 细粒土层仍有中等和严重土壤干层发育判断，即使西海镇地区人工林地 1.0 m 之下为细粒粉砂土，土壤水分仍然不足，仍会有土壤干层发育。如果不是近年来降水量增多，该区沙柳林地的土壤干层分布会更浅，发育等级会更高。

西海镇土壤中下部有中度和严重干层发育，表明生态环境脆弱。根据史德明和梁音（2002）确定的生态环境评级指标，我们对西海镇生态环境以权重评分法进行脆弱程度分级，结果表明该区属于强脆弱区。良好的植被覆盖是维护良好生态环境的重要条件，为改善该区脆弱的生态环境，需要科学合理地恢复植被，加强对植被的保护，确保生态安全。

6.4 海晏县地区水分循环与适于发展的植被

土壤水分存在的主要形式为重力水和薄膜水（杨文治和邵明安，2002）。当土层中含水量超过田间持水量时，水分就成为受重力作用影响的重力水，这种水运移速度快。在土层含水量低于田间持水量时为薄膜水。薄膜水是从水膜厚的地方向水膜薄的地方移动，移动速度很缓慢（黄锡荃等，1998；李天杰等，2003）。为了认识该区的水分存在形式，弄清该地区的田间持水量是非常重要的。据前人对青海湖地区的研究可知，该区土壤田间持水量一般变化为 23.8%~37.0%（张国胜等，1999）。我们认为田间持水量高达 37% 的可能性较小，需要进一步开展研究。根据本书第 8 章粒度成分分析可知，海晏西海镇附近土壤 1 m 厚度以上粒度成分以粉砂为主，比黄土略粗。粗粒土层田间持水量小。由此判断，海晏地区的土壤田间持水量不应该比黄土高。陕西黄土高原地区表层黄土田间持水量最高为 20% 左右，由此确定海晏地区的土壤田间持水量应该小于 20%。为了使确定的重力水含量更可靠，我们仍以 20% 作为土壤田间持水量的标准。

西海镇地区多年平均降水量为 380 mm 左右，2005 年、2006 年、2007 年及 2008 年降水量分别为 352 mm、352 mm、380 mm、360 mm，2009 年和 2010 年降水量分别为

416 mm 和 423 mm，为降水量较丰富年。因此，0.5 m 左右的土层普遍出现了重力水，重力水分布深度甚至达到了 0.8 m 左右，说明在降水增多年土壤上部水分充足。降水正常年和偏少年，该区水分不足，土壤下部水分含量低、有干层发育就是证据。

结合我们的含水量测定结果可知，海晏县城附近的杨树林和沙柳林由于位于河漫滩低洼地带，受河流洪水的补给和地下水的补给，土壤水分含量较高。该地区 1.1 m 以上受近年来降水增多的影响，土壤水除以较高含量的薄膜水为主之外，还存在少量重力水。西海镇地区远离河漫滩，土壤下部含水量较低，但在 0.7 m 以上一般有部分重力水存在。

西海镇土壤普遍发育了土壤干层，土壤中部干层达到了中等强度，下部常有严重土壤干层发育。如第 2 章所述，土壤干层的发育是在土壤水分支出大于收入的条件下产生的，也就是在土壤水分处于负平衡的条件下产生的。负平衡是大气降水经过蒸发、蒸腾和地表径流损失之后，已没有多余的水分由地表渗入地下，而且植物还会因吸收深层的土壤水可能使得原来储存在土壤中的水分不断减少。西海镇地区土层越厚，下部干层越强也表明了该区水分处于负平衡状态。

土壤水分的负平衡指示大气降水一般不能通过入渗补给地下水，也就是说正常的水分入渗环节被土壤干层切断，这就会导致地下水埋深加大，地下水以泉水形式的自然排泄循环减弱或消失。西海镇地区水循环主要是地表的循环，地下的水循环多不存在，是不完整的水循环，这都表明该区属于异常水分循环类型。

在降水较多的 2010 年西海镇土壤上部含水量较高，表明在年降水量 400 mm 左右条件下，土壤水分能够满足植物生长的需要。然而需要说明的是，但从约 0.9 m 深度发育土壤干层判断，该区土壤水分是不充足的。土壤含水量的测定表明，当地土壤中部和下部蓄水量较少，生态环境脆弱，如遇到干旱少雨年，会导致人工林的退化。因此，如果有必要进行植树造林，需要采取以下减少土壤干层的措施。一是要选择生长缓慢的灌木树种，二是要加大造林树种的植株间距，减少对土壤水分的消耗。从该区沙柳林土壤上部含水量高判断，沙柳林消耗水分较少，适于在该区发展。

黄土高原地区的研究表明，土壤干层的发育会导致植物生长不良（侯庆春和韩蕊莲，2000；杨文治和邵明安，2002），甚至干枯死亡。西海镇一带土壤中下部广泛发育了中度干层和严重干层，表明土壤中下部水分的不太充足。土壤水分不足也影响了草地生物量，限制了牧业的发展。因此，要继续坚持退耕还草战略，以草定畜，科学计算草场的合理载畜量，防止草场退化引起土壤水分的蒸发散失而导致生态环境退化。青藏高原是中国主要畜牧业基地之一，草地资源丰富，牧草品质优良，是发展草地畜牧业的物质基础。自 20 世纪 70 年代以来，随着人们对畜牧产品需求的增加，造成高寒草甸草场超载放牧，导致草地严重退化、沙化，退化草地面积逐渐扩大，草地生态环境日趋恶化。近 45 年，环青海湖地区土地沙漠化趋势加剧，1956 ~ 2000 年沙漠化土地净增面积 1242.2 km², 平均年净增 27.6 km²（汪青春等，2007）。在 20 世纪 80 年代后平均年净增加面积呈增加趋势，尤其是 90 年代中后期年增长率在 10% 以上，1996 ~ 2000 年，平均年净增面积 111.8 km²，土地沙漠化处于强烈发展阶段（马燕飞等，2010）。在发展青海湖流域的植被时，需要防治人工植被过量消耗水分而可能造成的荒漠化。影响植物生长、发育和产量形成的最重要的生态因子是水分,充足的土壤水分是植被正常生长的必要条件。根据我们对牧草地和草灌地的土壤含水量的测定发现,其土壤在 60 cm 深度以下存在不同等级的土壤干层,当地的降水量并不能充分满足牧草、灌木生长发育的需要。所以,该地区要以发展耐寒耐旱耗水量少的牧草为主。青海湖地区植被以牧草类为主,灌木和乔木也有分布。海晏杨树林植株高 20~30 m,乔木生长旺盛。钻孔揭露表明,海晏县城东河漫滩区地下水埋深为 1.5 m 左右。这表明在地下水埋深前的低洼河漫滩区可以发展乔木林。在河漫滩之外的广大地区,应该大力发展能够促进该区生态系统稳定和利于生态平衡的草原植被。

第7章 刚察县地区土壤渗透性与适用模型

　　入渗是指大气降水或灌溉水进入土壤的过程（陈洪松等，2005；杨培岭，2005），是大气降水、地表水、土壤水相互转化或水循环的重要环节（Brakensiek and Rawls，1994；杨培岭，2005）。土壤正是通过入渗过程来调节地表径流、壤中流和地下潜流的（李天杰等，2003）。入渗与土壤水分的再分配与有效利用、土壤储水潜能、地下水的补给、区域水土保持、地表产流、就地拦蓄降雨等问题密切相关。土壤入渗性能是反映土壤涵养水源和抗侵蚀能力的重要指标。而土壤入渗能力与土壤类型、土壤性质、地形条件以及土地利用方式等都有密切的关系（刘卉芳等，2008；王月玲等，2008；赵鹏宇等，2009；李晓宏和高甲荣，2010；赵景波等，2011c；2011e），同一地区的土壤入渗率也存在空间差异性（蒋定生和黄国俊，1986；史良胜等，2007；乔照华，2008）。

　　长期以来，土壤入渗的研究一直备受关注，建立入渗模型历来受到高度重视。国外学者最早提出了土壤入渗理论（Green and Ampt，1911），即 Green-Ampt 模型，随后建立了 Kostiakov 入渗模型（Kostiakov，1932）。后来又相继提出了 Horton 模型（Horton，1940）和 Philip 模型（Philip，1957）。国内学者通过研究土壤入渗规律，建立了 Philip 入渗模型和 Green-Ampt 入渗模型参数间的内在关系，发现了 Philip 入渗模型对参数精度要求较高，而 Green-Ampt 入渗模型对参数要求较低（王全九等，2002）。许多学者从入渗影响因素、入渗在水土保持中的作用、不同立地条件下的入渗规律、林地产流机制等方面研究了土壤入渗特征（何其华等，2003；陈洪松等，2005；姜娜等，2005；雷廷武等，2005；勃海锋等，2007；丁文峰等，2007；胡和平等，2009；郭忠升和邵明安，2009；刘汗等，2009；李卓等，2009；Franzluebbers，2002），并取得了一些有价值的成果。现已认识到裸地形成地表结皮会使产流提前，使平均入渗率降低，但地面草本植物覆盖能有效增加水分入渗，并促进土壤水分向深层运移（Franzluebbers，2002；陈洪松等，2005；卢晓杰等，2008；郭忠升和邵明安，2009；林代杰等，2010）。土壤水分入渗过程和渗透能力决定了降雨进程水分再分配中的地表径流和土壤储水性（郑燕燕和冯绍元，2009；张治伟等，2010），土壤剖面层状结构的分层性状对土壤水分的入渗和排水都产生一定的影响（郑燕燕和冯绍元，2009；李晓宏和高甲荣，2010），不同植被覆盖下的土壤入渗性能有显著差异（李晓宏和高甲荣，2010）。随季节降水和灌溉量的影响，表层土壤水分含量波动较深层剧烈（赵静和师尚礼，2010）。对于有些土壤而言，土壤表层 0~15 cm 入渗性能较高，差异小，地表之下 15~30 cm 土壤入渗性能差异较大，旱地地表下层有时存在明显的入渗阻滞层（张治伟等，2010）。

　　土壤入渗特性研究对水文产流计算和对揭示土壤水资源与地下水资源富集规律等有重要意义。长期以来，土壤水分平衡是森林、草原和农田等生态系统研究的重要内容,尤其是在干旱区和半干旱区(何其华等,2003),土壤水分更是限制植物生长和分布的主要因子,是草原畜牧业发展、水资源规划与管理及节水农牧业技术研究的基础(王月玲等,2005)。

土壤入渗特性受土壤结构、土壤质地和土地利用方式以及作物和植被类型的影响(赵勇钢等,2008;赵景波等,2009b;2009c;2009d;2009e;2010d;Franzluebbers,2002),且存在强烈的空间变异性(姜娜等,2005;贾宏伟等,2006;王康等,2007;Zeleke and Si,2006;Machiwa et al.,2006),使得这一领域的研究面临许多困难。然而,野外的实际入渗实验仍然是获得真实可信结果的重要方法。土壤入渗率是影响土壤水分和土壤水库蓄水量的重要因素之一,要查明土壤水库的蓄水条件,就需要研究土壤的入渗率或土壤的渗透性。即使在降水较为丰富的地区,如果土壤黏土含量很高,水分入渗缓慢,土壤深部含水量也可能较低。岩石山区常常是贫水的地区,原因就是岩石的入渗率很低。入渗率的研究还是确定隔水性和隔水层的重要指标。土壤在水文循环中起着极其重要的作用(赵景波等,2007b;2008a;2009b;2010d),而土壤入渗对地下水的补给、植物根系吸水、作物蒸腾等方面起重要作用(蒋定生和黄国俊,1986)。入渗是一个复杂的动态过程,它受到土壤性质、土壤初始含水率、地面坡度、降雨条件、积水深度等自然因素和耕地、造林种草等人为活动因素的影响(周择福等,1997)。

许多学者研究了青海湖流域的草原沙漠化、土地盐渍化等生态环境问题(丁永建和刘凤景,1995;李林等,2002;杨修等,2003;李凤霞等,2008;孙永亮等,2008)。然而,对该区土壤渗透性、土壤水分运移条件和土壤水库的特点研究很少,这一研究对认识该区土壤水分在上部滞留的原因有特别重要的作用。青海湖流域畜牧业发达,而土壤的入渗性能与水分的利用和消耗关系密切,开展研究具有现实意义。本章以青海湖流域的泉吉乡、沙柳河镇和吉尔孟地区低草地和高草地为研究对象,运用双环法实测土壤水分入渗性能并进行模型模拟,旨在揭示该区土壤水分入渗规律,为提高该区土壤水分利用效率,以及水土资源的合理开发利用提供科学依据。

7.1 刚察县吉尔孟地区土壤入渗率与模拟

研究地区位于青海湖西南部湖滨平原,在吉尔孟地区选择了 3 个代表性草地实验区进行实验研究。实验地区位于吉尔孟乡政府驻地东 5~6 km 处的草原中,地势平坦,人为影响小,草原植被植物组成可分为低草和高草两类。低草地植被高度为 3~15 cm,覆盖度为 60%~90%,分布最广,是该区主要的植被成分。在低草地选取 4 个点进行实验,点位间隔为 1.5 km 左右。高草地植被高度为 30~80 cm,覆盖度在 80% 以上,选取 5 个点位进行实验,实验点的间距为 1.5 km 左右。

现场入渗实验采用双环测定法,入渗环由直径 30 cm 和 60 cm 的两个金属圆环组成,环高 20 cm。试验时将两环下端同心埋入土中约 10 cm,然后在内外两环底部铺上 1 cm 厚的细砾石,以减少加水冲刷对土壤表层结构的破坏。然后注水于两环中,内外环水深均保持 5 cm 水高,以防止内外环互渗。在环壁 5 cm 高处标出水位刻度线,先将水加至刻度线处，随着水分的不断入渗减少，用 500 mL 量杯向环内加水，使两环内始终保持 5 cm 的水体高度，同时记录消耗 500 mL 水分所用的时间。直到连续 3 次消耗 500 mL 水量的时间相同为止，然后计算入渗率。

7.1.1 吉尔孟地区低草地土壤水分入渗率

根据在青海湖西北吉尔孟地区低草地第 1 实验区和第 2 实验区分别进行的 4 个实验点的入渗实验结果可知，8 个实验点入渗过程的前 10 分钟水分入渗都很快，之后入渗逐渐变慢，最后达到入渗稳定状态。因此，将前 10 分钟的平均入渗率作为初渗率，并按照初渗率、稳定前的平均入渗率和稳定入渗率数据进行介绍。

由实验结果可知，低草地第 1 实验区第 1 实验点 [图 7-1（a）] 在入渗开始后的前 10 分钟内入渗率较高，之后迅速降低，入渗开始后的 71.2 分钟时达到最低谷，之后入渗率缓慢增加，在经过 164 分钟的入渗后，入渗率达到稳定状态。初渗率（10 分钟之前平均入渗率）为 3.5 mm/min，稳定前平均入渗率为 1.8 mm/min，稳定时的入渗率或入渗系数为 1.7 mm/min。低草地第 1 实验区第 2 实验点 [图 7-1（b）] 在入渗开始后的 54.7 分钟时达到最低谷，之后入渗率缓慢增加，在经过约 183 分钟的入渗后，入渗率达到稳定状态。初渗率为 2.8 mm/min，稳定前平均入渗率为 1.5 mm/min，稳定时的入渗率为 1.4 mm/min。低草地第 1 实验区第 3 实验点 [图 7-1（c）] 在入渗开始后的 59.9 分钟时达到最低谷，之后入渗率缓慢增加，在经过 182 分钟的入渗后，入渗率达到稳定状态。初渗率为 3.7 mm/min，稳定前平均入渗率为 1.6 mm/min，稳定时的入渗率为 1.4 mm/min。低草地第 1 实验区第 4 实验点 [图 7-1（d）] 在入渗开始后的约 80 分钟时达到最低谷，之后入渗率缓慢增加，在经过 168 分钟的入渗后，入渗率达到稳定状态。初渗率为 3.0 mm/min，稳定前平均入渗率为 1.5 mm/min，稳定时的入渗率为 1.4 mm/min。

低草地第 2 实验区第 1 实验点 [图 7-2（a）] 在入渗开始后的前 10 分钟之内入渗率较高，之后入渗率减小迅速，入渗开始后的 53.3 分钟时达到最低，之后入渗率缓慢增加，在经过 192.9 分钟的入渗后，入渗率达到稳定状态。初渗率为 3.2 mm/min，稳定前的平均入渗率为 1.6 mm/min，稳定时的入渗率为 1.7 mm/min。低草地第 2 实验区第 2 实验点 [图 7-2（b）] 在入渗初期入渗率很高，在入渗开始后的 55.1 分钟达到最低，之后入渗率缓慢增加，在经过 189.9 分钟的入渗后，入渗率达到稳定状态。初渗率为 4.5 mm/min，稳定前的平均入渗率为 1.7 mm/min，稳定时的入渗率为 1.7 mm/min。低草地第 2 实验区第 3 实验点 [图 7-2（c）] 在入渗初期入渗率很高，入渗率减小快，波动明显，入渗开始后的 63.2 分钟达到最低谷，之后入渗率缓慢增加，在经过 170.8 分钟的入渗后，入渗率达到稳定状态。初渗率为 4.2 mm/min，稳定前的平均入渗率为 1.6 mm/min，稳定时的入渗率为 1.2 mm/min。低草地第 2 实验区第 4 实验点 [图 7-2（d）] 在入渗初期入渗率高，入渗率变化较快，入渗开始后的 63.6 分钟达到最低，之后入渗率缓慢波动增大，在经过 162.4 分钟的入渗后，入渗率达到稳定状态。初渗率为 4.0 mm/min，稳定前的平均入渗率为 1.6 mm/min，稳定时的入渗率为 1.4 mm/min。

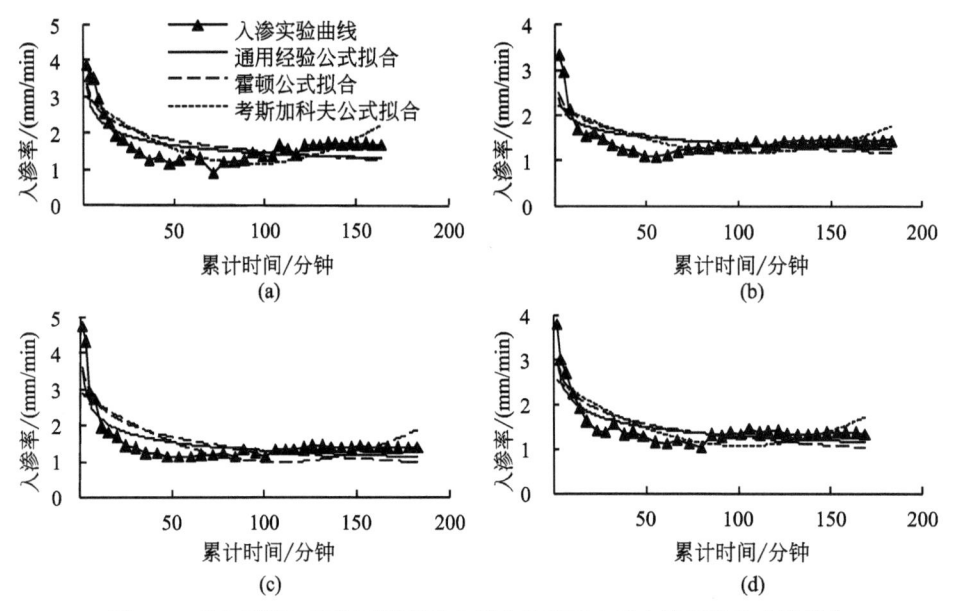

图 7-1 吉尔孟第 1 实验区低草地土壤入渗率和 3 种入渗经验公式的拟合

（a）至（d）分别为低草地第 1 实验区 4 个实验点的入渗曲线与拟合曲线；
（b）、（c）、（d）的图例和说明与（a）相同

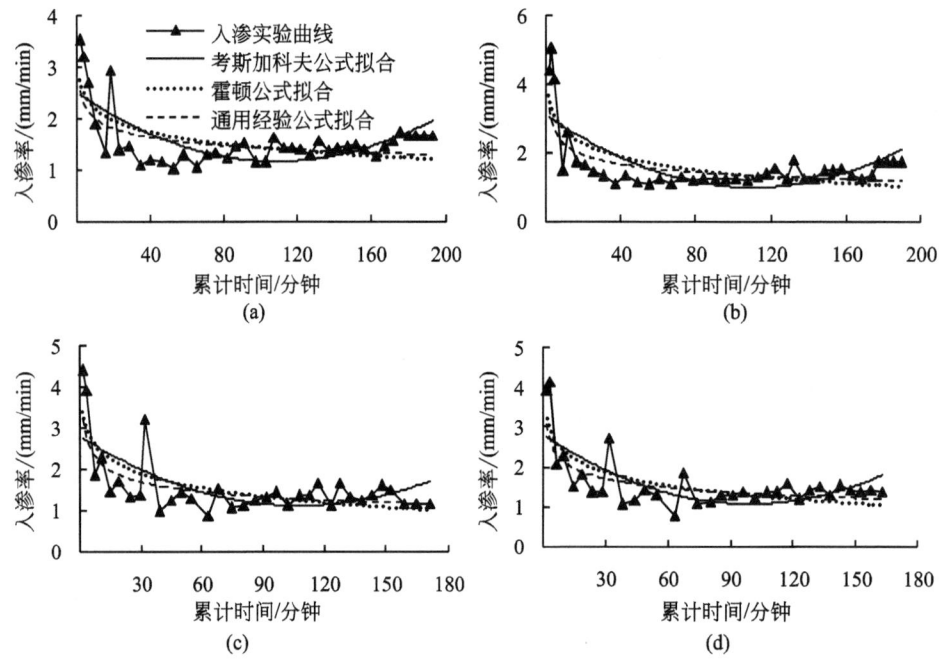

图 7-2 吉尔孟低草地第 2 实验区土壤入渗率和 3 种入渗经验公式的拟合

（a）至（d）分别为低草地第 2 实验区 4 个实验点的入渗曲线与拟合曲线；
（b）、（c）、（d）的图例和说明与（a）相同

由此可知，低草地两个实验区 8 个实验点的入渗率变化趋势相同，初渗率变化为

2.8~4.75 mm/min，稳定前的平均入渗率为1.5~1.8 mm/min，稳定入渗率为1.2~1.4 mm/min，达到稳定入渗的时间为164~193分钟。

7.1.2 吉尔孟地区高草地土壤水分入渗率

由实验结果可知，吉尔孟地区高草地第1实验区第1实验点［图7-3（a）］在入渗开始后的前10分钟之内入渗率较高，之后迅速降低，在入渗开始后的34分钟达到最低谷，之后入渗率缓慢增加，在经过约104分钟的入渗后，入渗率达到稳定状态。初渗率为5.9 mm/min，稳定前平均入渗率为3.5 mm/min，稳定入渗率为3.4 mm/min。高草地第1实验区第2实验点［图7-3（b）］在入渗开始后的29分钟时达到最低谷，之后入渗率缓慢增加，在经过约93分钟的入渗后，入渗率达到稳定状态。初渗率为8.0 mm/min，稳定前平均入渗率为4.0 mm/min，稳定入渗率为3.2 mm/min。高草地第1实验区第3实验点［图7-3（c）］在实验开始后的52分钟达到最低入渗率，之后入渗率缓慢增加，在经过约83分钟的入渗后，入渗率达到稳定状态。初渗率为8.2 mm/min，在稳定之前平均入渗率为4.3 mm/min，稳定入渗率为3.2 mm/min。高草地第1实验区第4实验点［图7-3（d）］在前10分钟入渗率很高，在15分钟时达到最低，之后入渗率缓慢增加，在经过约80分钟的入渗后，入渗率达到稳定状态。10分钟之前的平均初渗率为11.9 mm/min，稳定前平均入渗率为3.9 mm/min，稳定入渗率为3.3 mm/min。高草地第1实验区第5实验点（图略）在前10分钟入渗率很高，在入渗20分钟达到最低，之后入渗率缓慢增加，在经过约90分钟的入渗后，入渗率达到稳定状态。初渗率为10.1 mm/min，稳定前平均入渗率为3.3 mm/min，稳定入渗率为2.9 mm/min。

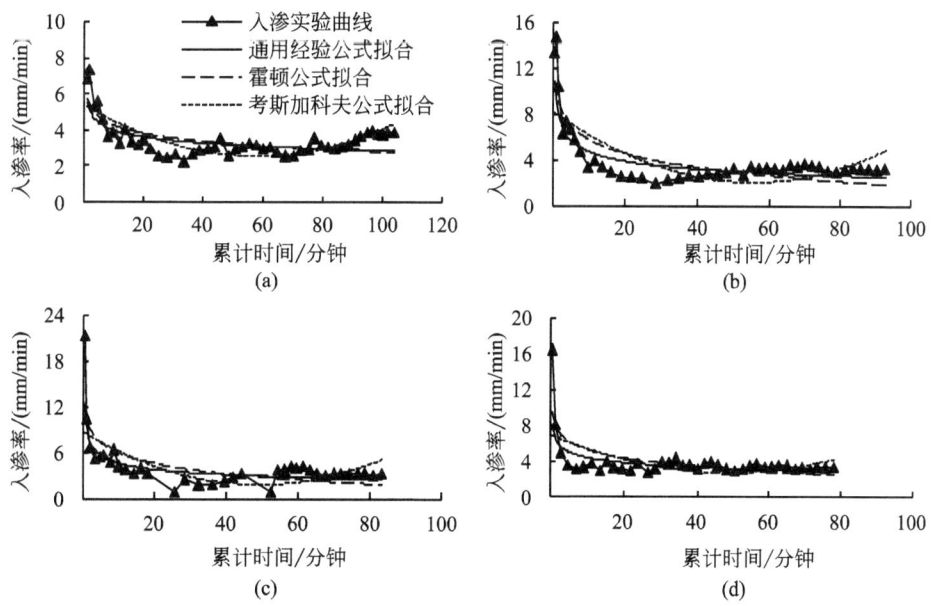

图7-3 吉尔孟第1实验区高草地土壤入渗率和3种入渗经验公式的拟合曲线

(a)至(d)分别为高草地第1实验区4个实验点的入渗曲线与拟合曲线；

(b)、(c)、(d)的图例和说明与(a)相同高草地第 2 实验区第 1 实验点 [图 7-4 (a)] 在开始入渗的 5 分钟内，入渗率很高，最高接近 12 mm/min。在经过 10 分钟入渗之后，入渗率较低。在 10~60 分钟入渗率波动较大。在入渗开始后的 33.2 分钟时达到最低谷，之后入渗率缓慢增加，在经过 101.6 分钟的入渗后，入渗率达到稳定状态。初渗率为 6.4 mm/min，稳定前的平均入渗率为 3.7 mm/min，稳定入渗率为 3.4 mm/min。高草地第 2 实验区第 2 实验点 [图 7-4(b)] 在入渗初期入渗率很高，最高接近 18 mm/min。之后入渗率迅速减小，并在开始入渗后的 36.5 分钟达到最低值。经过 36.5 分钟的入渗之后，入渗率缓慢增加，在经过 94.3 分钟之后，入渗率达到稳定状态。初渗率为 10.7 mm/min，稳定前的平均入渗率为 4.3 mm/min，稳定入渗率为 3.2 mm/min。高草地第 2 实验区第 3 实验点 [图 7-4 (c)] 在入渗初期入渗率也很高，最高接近 14 mm/min。在入渗早期入渗率波动较大，在入渗开始之后的 25.6 分钟达到最低值，之后入渗率呈缓慢增加趋势，在经过 87.5 分钟的入渗后，入渗率达到稳定状态。初渗率为 9.8 mm/min，稳定前的平均入渗率为 4.2 mm/min，稳定入渗率为 3.3 mm/min。高草地第 2 实验区第 4 实验点 [图 7-4 (d)] 在前 10 分钟入渗率较高，最高接近 12 mm/min。在经过 52.6 分钟的入渗之后入渗率达到最低，之后入渗率缓慢增加，在经过 91.2 分钟的入渗之后，入渗率达到稳定状态。初渗率为 9.8 mm/min，稳定之前的平均入渗率为 3.8 mm/min，稳定入渗率为 2.7 mm/min。

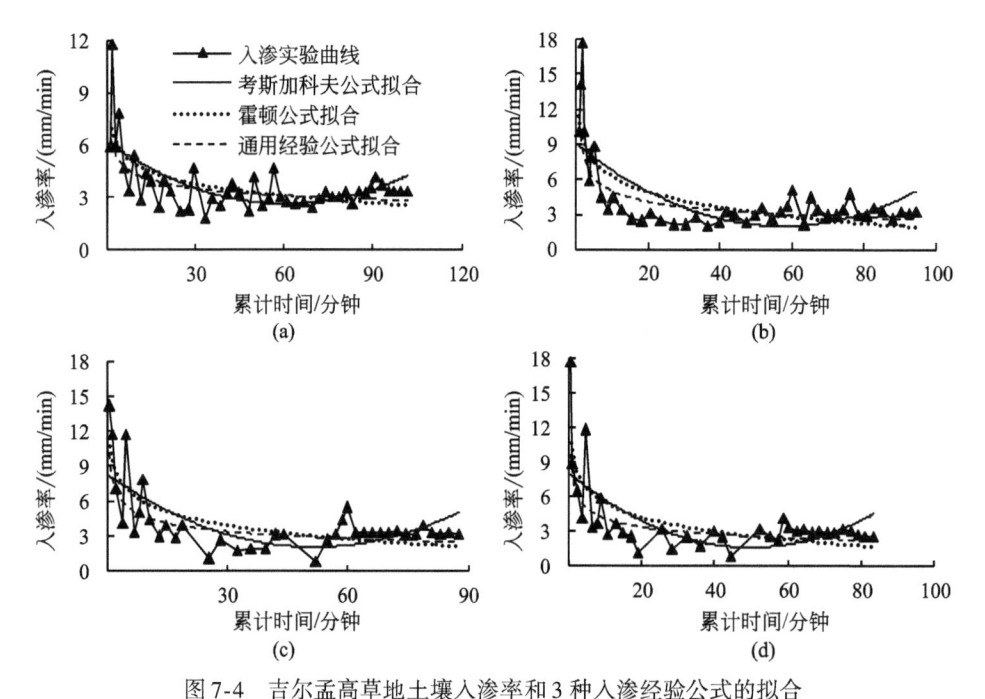

图 7-4 吉尔孟高草地土壤入渗率和 3 种入渗经验公式的拟合
(a) 至 (d) 分别为高草地 4 个实验点的入渗曲线与拟合曲线；(b)、(c)、(d) 的图例和说明与 (a) 相同

由上可知，吉尔孟地区高草地 9 个实验点的入渗率变化趋势相同，初渗率为 5.9~11.9 mm/min，平均入渗率为 3.5~4.3 mm/min，稳定入渗率为 2.9~3.4 mm/min，达到稳定入渗的时间为 83~104 分钟。

7.1.3 吉尔孟地区入渗实验数据的模型模拟

将青海湖西北部吉尔孟入渗实验数据用如下 3 种入渗经验公式拟合（Horton，1940；Philip，1957）。①考斯加科夫（Koctakob）公式：$f(t) = at-b$。式中，$f(t)$ 为入渗率（mm/min），t 为入渗时间（分钟），a、b 为经验参数。②霍顿（Horton）公式：$f(t) = f_c + (f_0-f_c)e-kt$。式中，$f_0$ 和 f_c 分别为初渗率和稳渗率，k 为经验参数，t 为入渗时间（分钟）。③通用经验公式：$f(t) = a_1 + b_1 t-n$。式中，a_1、b_1 和 n 均为经验参数，t 为入渗时间（分钟）。

通过用以上 3 种入渗公式进行回归分析得出表 7-1 和表 7-2 中的计算结果。从表 7-1 中可以看出第 1 实验区高草地土壤实验曲线用考斯加科夫公式拟合时的 a 值变化范围较大，为 1.00~11.84，低草地的 a 值变化范围为 3.35~5.21，它与土壤初始含水率和容重有关。b 值反映了入渗率递减状况，b 值越大，入渗率随时间减小越快，反之相反。由此可以看出，高草地土壤整体的入渗率递减比低草地土壤要快。用霍顿公式拟合时，低草地 f_0-f_c 变化为 2.85~4.42，高草地 f_0-f_c 变化为 1.30~23.84，高草地的初渗率和稳渗率比低草地相差要大。通用经验公式中 a_1 实质上相当于稳渗率，也表明高草地的稳渗率比低草地大。由表 7-1 中的拟合结果还可看出，不同土层的入渗参数值是不同的，造成这一结果的主要原因是土层性质的不同。第 2 实验区高草地土壤实验数据拟合结果（表 7-2）也表明高草地的初渗率和稳渗率比低草地大。

表 7-1 吉尔孟地区第 1 实验区实验点入渗实验数据用 3 种入渗经验公式回归分析结果

实验草地类型	编号	考斯加科夫公式			霍顿公式				通用经验公式			
		a	b	R^2	f_c	f_0-f_c	k	R^2	a_1	b_1	n	R_2
低草地	D1	4.56	0.25	0.73	1.47	3.15	0.1	0.92	1.15	4.50	0.57	0.79
	D2	3.35	0.2	0.66	1.37	2.85	0.15	0.94	1.28	4.38	0.88	0.86
	D3	5.21	0.31	0.85	1.31	4.42	0.15	0.98	1.05	5.41	0.67	0.92
	D4	4.17	0.26	0.84	1.31	3.10	0.12	0.97	1.09	4.46	0.67	0.92
高草地	G1	6.51	0.18	0.58	3.13	5.12	0.20	0.80	2.82	4.93	0.67	0.70
	G2	11.30	0.36	0.85	2.96	12.94	0.30	0.94	1.75	9.51	0.53	0.88
	G3	11.84	0.40	0.86	3.45	23.84	1.06	0.83	2.70	7.68	0.73	0.93
	G4	1.00	0.32	0.75	0.33	1.30	0.64	0.92	0.33	0.51	1.05	0.97
	G5	1.38	0.45	0.89	0.29	2.37	0.72	0.94	0.27	0.89	0.83	0.97

表 7-2　吉尔孟地区第 2 实验区实验点入渗实验数据用 3 种入渗经验公式计算结果

实验点类型	编号	考斯加科夫公式 a	考斯加科夫公式 b	霍顿公式 f_0	霍顿公式 f_c	霍顿公式 k	通用经验公式 a	通用经验公式 b	通用经验公式 n
低草地	D1	3.67	0.21	4.17	1.42	0.12	1.31	4.30	0.77
低草地	D2	5.40	0.31	6.01	1.36	0.15	1.10	5.71	0.67
低草地	D3	4.69	0.29	5.68	1.38	0.20	1.13	4.88	0.70
低草地	D4	4.48	0.27	5.17	1.40	0.16	1.16	4.76	0.69
高草地	G1	8.35	0.25	10.20	3.16	0.20	2.51	7.16	0.59
高草地	G2	12.68	0.37	16.30	2.97	0.24	1.12	11.73	0.46
高草地	G3	10.89	0.32	14.02	3.22	0.24	2.31	8.55	0.56
高草地	G4	11.29	0.38	17.03	2.96	0.38	2.19	8.50	0.64

对于研究水循环过程和农田灌溉而言，人们关心的主要是经验公式中经验参数的具体采用数值。为此，通过计算获得三个经验公式各个经验参数的均值（表 7-3）。结果表明，通用经验公式对于青海湖吉尔孟地区高草地土壤入渗实验的数据拟合最为适合，而霍顿公式对于青海湖吉尔孟地区低草地土壤入渗实验的数据拟合最为适合。由此可见，吉尔孟乡高草地土壤和低草地土壤在入渗性质上有显著地差异。这个结果对水文和农业部门在应用入渗经验公式时（不能够判断青海湖流域土壤的特性）有重要参考价值，其中的均值可以作为经验参数的具体取值来估计经验公式的计算结果。

表 7-3　吉尔孟地区第 1 实验区实验点入渗公式中经验参数的均值对比

实验样地类型	考斯加科夫公式计算结果 a	考斯加科夫公式计算结果 b	考斯加科夫公式计算结果 R^2	霍顿公式计算结果 f_c	霍顿公式计算结果 f_0-f_c	霍顿公式计算结果 k	霍顿公式计算结果 R^2	通用经验公式计算结果 a_1	通用经验公式计算结果 b_1	通用经验公式计算结果 n	通用经验公式计算结果 R^2
低草地均值	4.32	0.26	0.77	1.37	3.38	0.13	0.95	1.14	4.69	0.69	0.87
高草地均值	9.88	0.31	0.76	3.18	13.97	0.52	0.86	2.41	7.37	0.64	0.83

7.1.4　吉尔孟地区高草地与低草地入渗率的差异及原因

植被能够造成土壤孔隙多少、孔隙大小与土壤起始含水量的不同，是影响土壤入渗率差异的重要因素之一（李晓宏和高甲荣，2010；张治伟等，2010）。对比低草地和高草地可以发现，高草地实验点土壤的初渗率、稳定前入渗率、稳定入渗率和平均入渗率都要明显大于低草地各实验点入渗率（图 7-5、图 7-6），前者比后者大两倍以上。

低草地和高草地初渗率都较大，这是由于土壤上部植物根系密集、孔隙度较大决定的。水分迅速入渗透过表层之后，由于下部土壤土质较致密，这时的入渗率明显下降。由于保持较高入渗率的时间很短（不足 10 分钟），入渗过程的大部分时间入渗率保持相对稳定，所以低草地和高草地的稳定前入渗率、稳定入渗率和平均入渗率差别不大。

经过野外开挖土壤剖面的观察发现，高草地草本植物根系分布深度大，深度超过 30cm，低草地植物根系分布深度小，分布深度多小于 30 cm，高草地土质比低草的土质

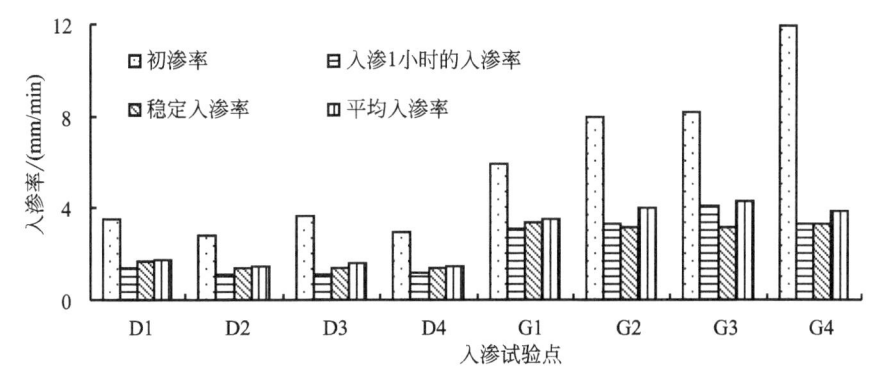

图 7-5 吉尔孟第 1 实验区各实验点低草地和高草地入渗率对比

D1 至 D4 分别为低草地第 1 至第 4 实验点入渗率；G1 至 G4 分别为高草地第 1 至第 4 实验点入渗率

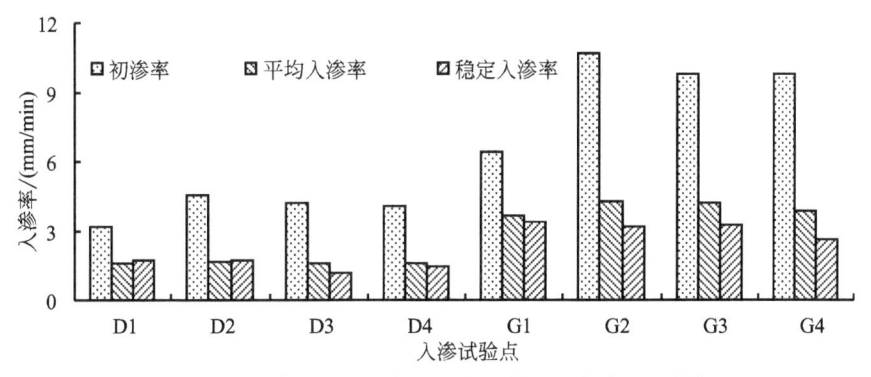

图 7-6 吉尔孟第 2 实验区各实验点低草地和高草地入渗率对比

D1 至 D4 为低草地实验点，G1 至 G4 为高草地实验点

疏松。高草根系分布深度大使得孔隙较多的疏松土层厚度较大，低草地草本根系较浅使得孔隙较多的疏松土层厚度较小，较为密实的下部土层厚度较大。在入渗过程中，水分在孔隙度较大的土壤中入渗较快，所以高草地容易达到稳定入渗状态。含水量的测定表明，高草地与低草地土壤含水量差别不明显。在土层起始含水量差别小的条件下，水分在较密实的土壤中入渗较慢，所以在低草地达到稳定入渗状态需要的时间较长，低草地平均比高草地达到稳定的时间长 60~95 分钟。

入渗率的差异也造成了入渗量的不同。根据低草地和高草地各实验点的平均入渗率和达到稳定入渗的时间可知，低草地达到稳定入渗前的总入渗量为 183 753~208 011 mL，高草地达到稳定入渗前的总入渗量为 215 337~2 636 670 mL。可以看出，高草地达到稳定入渗前的总入渗量要明显大于低草地的总入渗量。

7.1.5 吉尔孟地区土壤入渗率与黄土入渗率差异

过去对陕西黄土入渗规律研究表明，黄土与红色古土壤入渗率差异明显（赵景波等，2009b；2009c；2009d；2009e；2010d）。西安白鹿塬任家坡剖面 L_1—L_5 黄土层平均稳定入渗率为 1.49 mm/min，S_1—S_5 古土壤层平均稳定入渗率为 0.91 mm/min（赵景波等，2009b）。而青海湖周边土壤的最低稳定入渗率也达到了 1.5 mm/min，入渗率与黄土接近，但比红色古土壤大。土层入渗率与土层粒度组成和土壤的结构有密切的关系，它们决定了入渗率的大小和入渗过程的长短（赵景波等，2010c，2010d）。由于土层粒度和结构存在空间差异，所以土壤的入渗率也存在空间的变化（雷志栋等，1988；李毅等，2000）。吉尔孟地区土壤入渗率与黄土入渗率的差异主要是粒度和孔隙特点存在一定差别造成的。吉尔孟地区土壤粒度组成比陕西洛川黄土粒度组成粗一些，粗粒土层的孔隙度虽然不一定高，但构成的孔隙直径较大，这决定了孔隙的连通性较好，利于水分较快速地入渗（陈丽华和余新晓，1995；王月玲等，2005），对入渗率有决定作用。在黄土地层中，决定入渗率大小的主要也是孔径较大的孔隙，孔径较小的孔隙对入渗率影响很小（王月玲等，2005）。吉尔孟地区土壤粒度组成普遍较黄土偏粗，所以入渗普遍较高。

7.1.6　吉尔孟地区土壤入渗率与土壤持水性

从吉尔孟地区高草地与低草地土壤入渗率较高分析，该区土壤利于大气降水的入渗，利于水分进入土壤中。土壤水分能否在土壤中存留或富集，还要看土壤是否具有较好的持水性，否则土壤水分难以在土层内存留。持水性对评价土壤水库也非常重要。如果土壤粒度成分较粗，孔径较大，持水性弱，即使含水空间发育好，那么土壤中的水分也常常很少。对疏松的土壤来说，粒度组成决定其持水性的大小，粒度较为细小的土壤孔隙直径小，持水性较好。粉砂成分并含有一定量黏粒成分的土壤一般具有较好的持水性。青海湖土壤粒度组成以粉砂为主，与黄土粒度组成接近，粒度组成较细，孔隙直径也较小，土壤的持水性也较好。虽然本书没有测定土壤持水性，但我们根据 2009～2011 年对吉尔孟地区大量钻孔剖面的含水量测定可知，从 2008 年 8 月到 2010 年 6 月，土壤 0.6 m 深度范围内平均含水量大于 20%，在持续 11 个月的时间内土壤含有如此多的水分显示其持水性较好。

7.2　刚察县泉吉乡地区土壤入渗率与适用模型

实验点选在泉吉乡政府南 10km 左右处地势平坦的草地，草原植被植物组成可分为两类：一是低草原，草高一般小于 20 cm，分布最广，是该区主要的草原。二是高草草原，草高 45 cm 左右，小面积分布。低草地植被覆盖度从 60%～90% 不等，高草地植被覆盖度在 80% 以上。在高草地和低草地分别选择了两个实验区，在每个实验区选择了 4 个实验点进行入渗实验，实验点相隔 1 km 左右。

7.2.1　高草地第 1 实验区草地土壤入渗率

根据青海湖西北泉吉乡高草地第 1 实验区 4 个实验点的入渗实验结果（图 7-7）可知，4 个样点入渗过程的前 10 分钟水分入渗都很快，之后入渗渐渐变慢，最后达到入渗稳定状态。因此，我们将前 10 分钟的入渗率作为初渗率，并按照初渗率、稳定前的入渗率和稳定入渗率数据进行介绍。

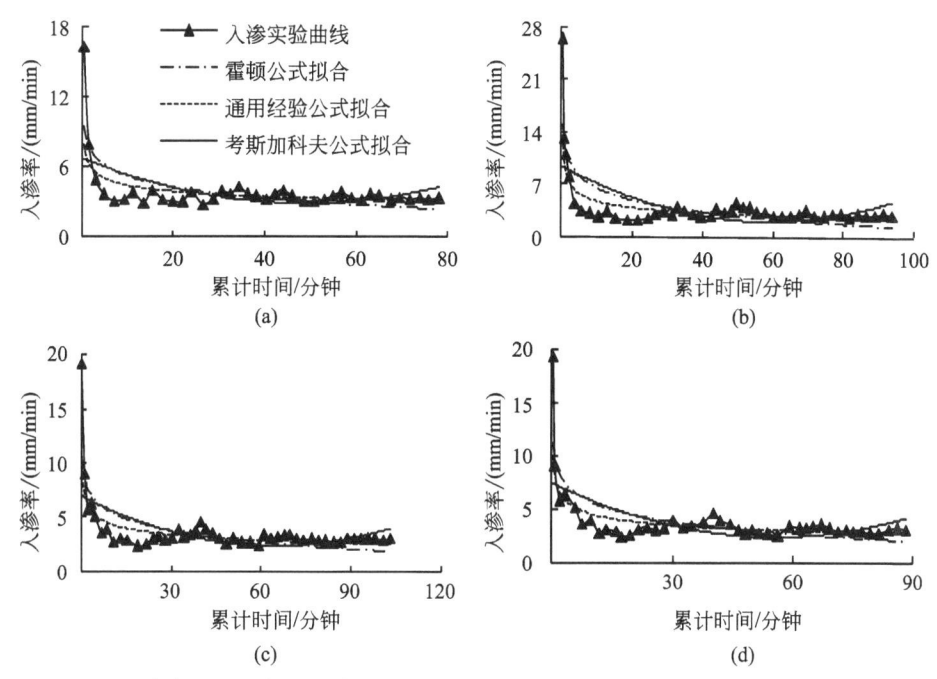

图7-7 泉吉乡地区高草地第1实验区土壤入渗率和3种入渗经验公式的拟合曲线
(a) 至 (d) 分别为高草地4个实验点的入渗实验曲线与拟合曲线；(b)、(c)、(d) 的图例和说明与 (a) 相同

由实验结果可知，高草地第1实验区第1实验点 [图7-7 (a)] 在入渗开始后的前10分钟之内入渗率较高，之后迅速降低，在经过15分钟的入渗后达到最低，之后入渗率缓慢增加，在经过约80分钟的入渗后，入渗率达到稳定状态。10分钟之前的平均初渗率为11.9 mm/min，稳定之前的平均入渗率为3.9 mm/min，稳定入渗率或入渗系数为3.3 mm/min。高草地第1实验区第2实验点 [图7-7 (b)] 在入渗开始后的前12分钟之内入渗率较大，之后迅速降低，在20分钟时达到最低，之后入渗率缓慢增加，在经过约90分钟的入渗后，入渗率达到稳定状态。初渗率为10.1 mm/min，稳定前平均入渗率为4.2 mm/min，稳定入渗率或入渗系数为2.9 mm/min。高草地第1实验区第3实验点 [图7-7 (c)] 在入渗开始后的前15分钟之内入渗率较高，之后迅速降低，在18分钟时达到最低，之后入渗率缓慢增加，在经过约100分钟的入渗后，入渗率达到稳定状态。初渗率为9.7 mm/min，稳定前的平均入渗率为3.7 mm/min，稳定入渗率为3.0 mm/min。高草地第1实验区第4实验点 [图7-7 (d)] 在入渗开始后的前13分钟之内入渗率较高，之后迅速降低，在17分钟时达到最低，之后入渗率缓慢增加，在经过约90分钟的入渗之后，入渗率达到稳定状态。初渗率为11.4 mm/min，稳定之前的平均入渗率为4.1 mm/min，稳定入渗率为3.2 mm/min。

由高草地第2实验区实验结果可知，高草地第1实验点 [图7-8 (a)] 在入渗开始后的前10分钟之内入渗率很高，在入渗开始后的20.9分钟达到最低，之后入渗率缓慢增加，在经过78.3分钟的入渗后，入渗率达到稳定状态。初渗率为10.2 mm/min，稳定前的平均入渗率为3.9 mm/min，稳定入渗率为3.2 mm/min。高草地第2实验区第2实验点［图7-8（b）］在入渗开始后的前10分钟之内入渗率很高，入渗开始后的16.9分钟时达到最低谷，之后入渗率缓慢增加，在经过89.1分钟的入渗之后，入渗率达到稳定状态。初渗率为13.4 mm/min，稳定前的平均入渗率为4.4 mm/min，稳定入渗率为2.7 mm/min。高草地第2实验区第3实验点［图7-8（c）］在入渗开始后的前10分钟之内入渗率很高，入渗开始后的18.6分钟时达到最低，之后入渗率缓慢增加，在经过91.6分钟的入渗之后，入渗率达到稳定状态。初渗率为10.7 mm/min，稳定前的平均入渗率为3.9 mm/min，稳定入渗率为2.6 mm/min。高草地第2实验区第4实验点［图7-8（d）］在入渗开始后的前10分钟之内入渗率很高，在8.1分钟时入渗率达到最低，之后入渗率缓慢增加，在经过90.2分钟的入渗后，入渗率达到稳定状态。初渗率为15.2 mm/min，稳定之前的平均入渗率为4.4 mm/min，稳定入渗率为3.3 mm/min。

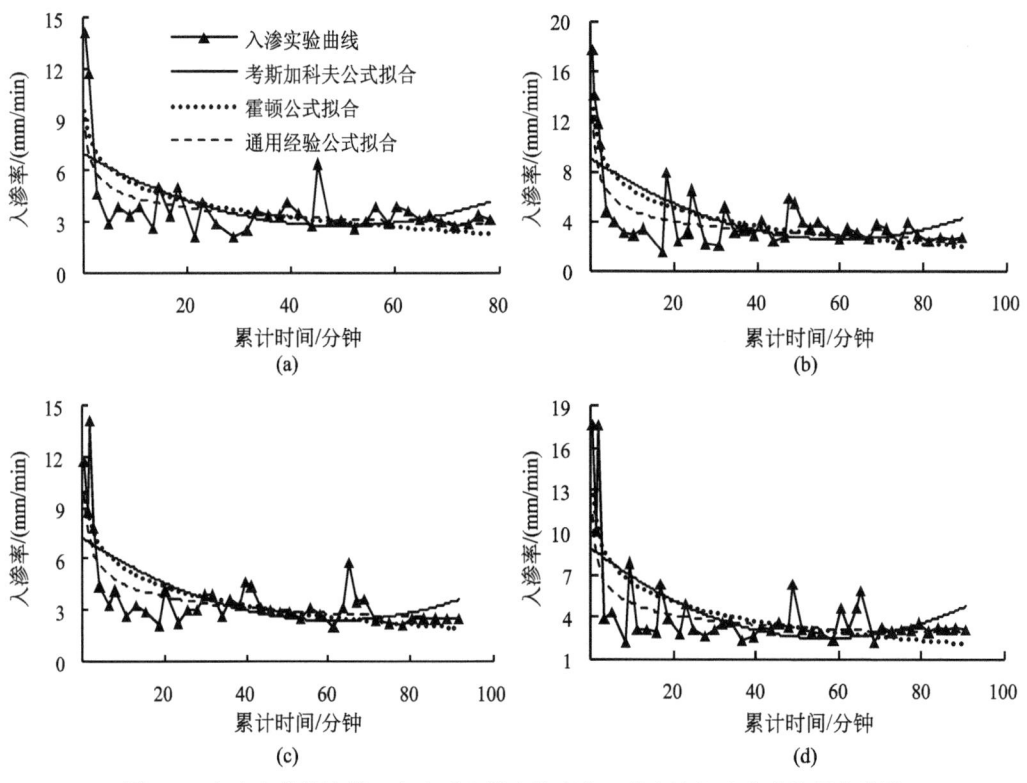

图7-8 泉吉乡高草地第2实验区土壤入渗率和3种入渗经验公式的拟合曲线
（a）至（d）分别为高草地4个实验点的入渗曲线与拟合曲线；（b）、（c）、（d）的图例和说明与（a）相同

由上可知，泉吉乡地区高草地8个实验点入渗率变化趋势基本相同，初渗率为9.7~11.9 mm/min，稳定前的平均入渗率为3.7~4.2 mm/min，入渗系数或稳定入渗率为2.9~3.3 mm/min，从开始入渗到入渗稳定的时间为70~100分钟。

7.2.2 泉吉乡地区低草地第1实验区土壤入渗率

由入渗实验结果可知，低草地第1实验区9个实验点的入渗曲线有相似的特点，入渗率较高草地小,达到稳定入渗的过程较高草地长。低草地第1实验区第1实验点[图7-9(a)]在入渗开始后的前10分钟之内入渗率较大,之后迅速降低,在50分钟时达到最低,之后入渗率缓慢增加,在经过约160分钟的入渗后,入渗率达到稳定状态。初渗率为3.1 mm/min,稳定前平均入渗率为1.6 mm/min,稳定入渗率为1.5 mm/min。低草地第1实验区第2实验点[图7-9(b)]在入渗开始后的前10分钟之内入渗率较大,之后迅速降低,在50分钟时达到最低,之后入渗率缓慢增加,在经过大约160分钟的入渗之后,入渗率达到稳定状态。初渗率为3.9 mm/min,稳定入渗前平均入渗率为2.0 mm/min,稳定入渗率为1.5 mm/min。低草地第1实验区第3实验点[图7-9(c)]在入渗开始后的前10分钟之内入渗率较大,之后迅速降低,在60分钟时达到最低,之后入渗率缓慢增加,在经过约150分钟的入渗之后,入渗率达到稳定状态。初渗率为0.49 mm/min,稳定前平均入渗率为0.22 mm/min,稳定入渗率为0.16 mm/min。低草地第1实验区第4实验点[图7-9(d)]在入渗开始后的前16分钟之内入渗率较大,之后迅速降低,在经过约110分钟的入渗后,入渗率达到稳定状态。初渗率为0.48 mm/min,稳定前平均入渗率为0.24 mm/min,稳定入渗率为0.15 mm/min。低草地第1实验区第5实验点(图略)在入渗开始后的前10分钟之内入渗率较大,之后迅速降低,在经过约170分钟的入渗后,入渗率达到稳定状态。初渗率为3.8 mm/min,稳定前平均入渗率为1.8 mm/min,稳定入渗率为1.7 mm/min。

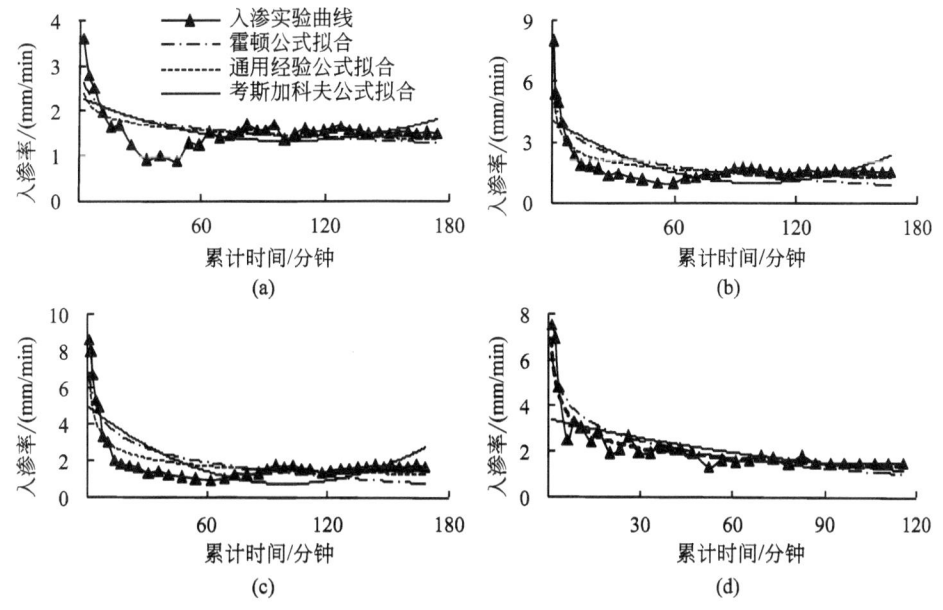

图7-9 泉吉乡地区低草地第1实验区土壤入渗率和3种入渗经验公式的拟合曲线
(a)至(d)分别为低草地4个实验点的入渗曲线与拟合曲线;(b)、(c)、(d)的图例和说明与(a)相同

由实验结果知,低草地第2实验区第1实验点[图7-10(a)]在入渗开始后的前10分钟之内入渗率较大,之后迅速降低,入渗开始后的46.0分钟达到最低,之后入渗率呈缓慢波动式增加,在经过186.1分钟的入渗后,入渗率达到稳定状态。初渗率为

3.6 mm/min，稳定前的平均入渗率为 1.6 mm/min，稳定时的入渗率为 1.7 mm/min。低草地第 2 实验区第 2 实验点［图 7-10（b）］在入渗开始后的前 10 分钟之内入渗率很大，入渗开始后的 52.1 分钟时达到最低谷，之后入渗率缓慢增加，在经过 176.2 分钟的入渗后，入渗率达到稳定状态。初渗率为 5.2 mm/min，稳定前的平均入渗率为 2.1 mm/min，稳定时的入渗率为 1.6 mm/min。低草地第 2 实验区第 3 实验点［图 7-10（c）］在入渗开始后的前 10 分钟之内入渗率很大，在入渗开始后的 69.3 分钟时达到最低，之后入渗率缓慢增加，在经过 164.8 分钟的入渗后，入渗率达到稳定状态。初渗率为 6.0 mm/min，稳定前的平均入渗率为 2.2 mm/min，稳定时的入渗率为 1.7 mm/min。低草地第 2 实验区第 4 实验点［图 7-10（d）］在入渗开始后的前 10 分钟之内入渗率较大，在入渗开始之后的 49.7 分钟时入渗率达到最低，之后入渗率呈缓慢波动式增加，在经过 165.9 分钟的入渗后，入渗率达到稳定状态。初渗率为 5.4 mm/min，稳定前的平均入渗率为 2.0 mm/min，稳定时的入渗率为 1.7 mm/min。

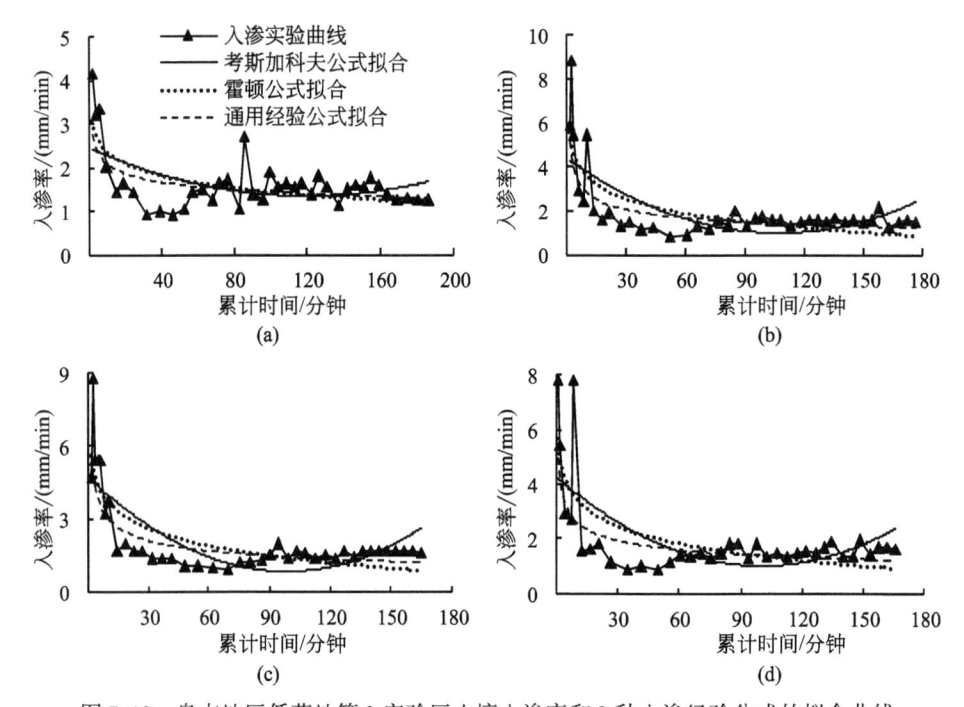

图 7-10　泉吉地区低草地第 2 实验区土壤入渗率和 3 种入渗经验公式的拟合曲线

（a）至（d）分别为低草地 4 个实验点的入渗曲线与拟合曲线；(b)、(c)、(d) 的图例和说明与 (a) 相同

由上可知，低草地 9 个实验点入渗率变化趋势相同，初渗率变化为 3.1～4.9 mm/min，稳定前平均入渗率为 1.6～2.4 mm/min，稳定入渗率或入渗系数为 0.15～1.7 mm/min，从开始入渗到稳定入渗的总入渗时间为 160～180 分钟。低草地初渗率、平均入渗率和稳定入渗率均明显小于高草地入渗率，达到稳定入渗的时间过程较长。低草地有两个实验点的入渗率很低。

7.2.3 入渗实验数据的模型计算

用与本章7.1节所用的3种渗水经验公式对青海湖西北泉吉乡入渗实验数据进行拟合。使用以上3种渗水公式进行回归分析，得出表7-4中的结果。从表7-4可以看出，低草地土壤入渗实验数据用考斯加科夫公式拟合时的 a 值变化范围较大，为 0.34~0.86，高草地的 a 值变化范围较小，为 1.00~1.37，它与土壤初始含水率和容重有关，与它们成反相关关系，说明低草地土壤含水量高，容重大。高草地土壤含水量低，容重小。b 值反映了入渗率递减状况，b 值越大，入渗率随时间减小越快，反之则相反。由此可以看出，高草地土壤整体的入渗率递减比低草地土壤要大。用霍顿公式拟合时，高草地 f_0-f_c 变化为 1.3~2.37，低草地 f_0-f_c 变化为 0.21~0.7，高草地的初渗率和稳定入渗率比低草地差值要大。通用经验公式中 a_1 实质上相当于稳定入渗率，也表明高草地的稳定入渗率比低草地大。由表7-4中的拟合结果还可以看出，不同土层的入渗参数值是不同的，造成这一结果的主要原因是高草地和低草地土层性质的不同。

表 7-4 泉吉乡第1实验区入渗实验数据用3种入渗经验公式中参数的回归分析结果

实验样地类型	编号	考斯加科夫公式 a	b	R^2	霍顿公式 f_c	f_0-f_c	k	R^2	通用经验公式 a_1	b_1	n	R^2
高草地	G1	1.00	0.32	0.75	0.33	1.3	0.64	0.92	0.33	0.51	1.05	0.97
	G2	1.37	0.45	0.89	0.29	2.37	0.72	0.94	0.27	0.89	0.83	0.97
	G3	1.15	0.37	0.81	0.30	1.63	0.58	0.91	0.29	0.71	0.91	0.97
	G4	1.19	0.37	0.83	0.33	1.79	0.70	0.93	0.30	0.69	0.82	0.95
低草地	D1	0.34	0.19	0.53	0.15	0.21	0.12	0.79	0.14	0.47	0.97	0.76
	D2	0.73	0.38	0.89	0.15	0.65	0.18	0.97	0.11	0.68	0.64	0.94
	D3	0.86	0.40	0.90	0.17	0.7	0.15	0.96	0.06	0.82	0.51	0.91
	D4	0.75	0.37	0.93	0.15	0.61	0.14	0.89	0.06	0.71	0.46	0.94
	D5	0.65	0.35	0.82	0.17	0.56	0.22	0.91	0.13	0.63	0.80	0.93

7.2.4 拟合结果对比及其意义

对于研究水循环过程和农田灌溉而言，人们关心的主要是经验公式中经验参数的具体采用数值。为此，通过计算获得了3个经验公式各个经验参数的均值（表7-5）。结果表明，通用经验公式对刚察县泉吉乡地区高草地土壤入渗实验数据的拟合最为适合，而霍顿公式对低草地土壤入渗实验数据的拟合最为适合。渗水公式中经验参数的均值对比（表7-6）结果对水文和农业部门在应用渗水经验公式（不能够判断青海湖流域土壤的特性时）有重要参考价值，其中的均值可以作为经验参数的具体取值来估计经验公式的计算结果。

表 7-5 泉吉乡地区第 2 实验区入渗实验数据用 3 种入渗经验公式中参数的回归分析结果

实验样地类型	编号	考斯加科夫公式 a	b	霍顿公式 f_0	f_c	k	通用经验公式 a	b	n
低草地	D1	4.07	0.23	5.20	1.46	0.17	1.37	4.75	0.84
	D2	7.85	0.38	8.38	1.47	0.15	0.86	7.63	0.56
	D3	8.36	0.39	8.08	1.45	0.12	0.50	8.28	0.47
	D4	7.27	0.36	7.78	1.47	0.14	0.94	6.73	0.55
高草地	G1	10.14	0.32	20.13	3.46	0.78	3.14	6.40	0.89
	G2	12.37	0.37	21.29	3.37	0.53	2.31	9.57	0.60
	G3	10.51	0.33	14.95	3.11	0.33	1.82	8.85	0.51
	G4	12.46	0.35	21.18	3.57	0.51	2.47	9.49	0.59

表 7-6 泉吉乡地区第 2 实验区入渗公式中经验参数的均值对比

实验样地类型	考斯加科夫公式 a	b	R^2	霍顿公式 f_c	f_0-f_c	k	R^2	通用经验公式 a_1	b_1	n	R^2
高草地均值	1.18	0.38	0.82	0.31	1.77	0.66	0.92	0.30	0.70	0.91	0.96
低草地均值	0.67	0.34	0.81	0.16	0.55	0.16	0.90	0.10	0.66	0.68	0.89

7.2.5 泉吉乡地区高草地与低草地入渗率的差异原因

植被能够造成土壤孔隙多少与孔隙大小的不同,是影响土壤入渗率差异的重要因素之一(Franzluebbers,2002;张治伟等,2010)。根据高草地和低草地各实验点入渗率对比(图 7-11)可知,高草地 4 个实验点的初渗率都明显大于该点的稳定前入渗率、稳定入渗率和平均入渗率,但稳定前入渗率、稳定入渗率和平均入渗率差别不大,低草地 5 个实验点入渗率也有类似的变化。对比高草地和低草地可以发现,高草地实验点土壤的初渗率、稳定前入渗率、稳定入渗率和平均入渗率都明显大于低草地各实验点入渗率,前者比后者大两倍以上。高草地和低草地初渗率大的主要原因是土壤上部

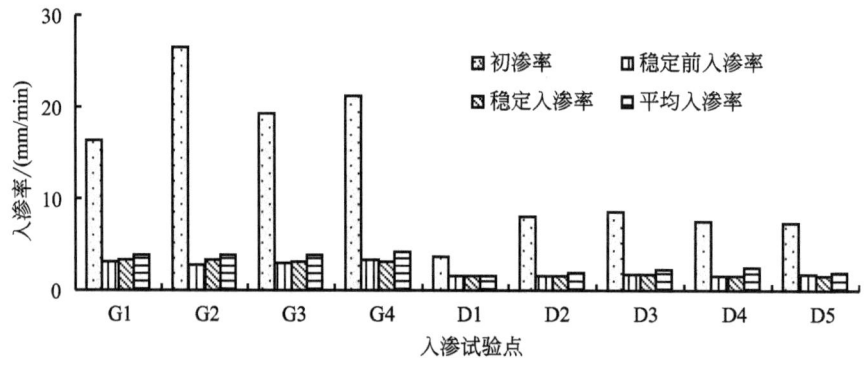

图 7-11 泉吉乡地区高草地和低草地各实验点入渗率对比

G1 至 G4 分别为高草地第 1 至第 4 实验点入渗率;D1 至 D5 分别为低草地第 1 至第 5 实验点入渗率

疏松，孔隙度高。水分快速入渗，透过表层干化土层到达下部土层之后，由于土壤下部孔隙较小，导致水分含量较高，这时的入渗率比初渗率明显变小。

通过野外开挖土壤剖面的观察发现，高草地草本植物根系分布深度大，深度超过 30 cm，低草地植物根系分布深度小，分布深度一般在 30 cm 之内；高草地土质比低草的土质较为疏松、干燥。高草根系分布深度大使得孔隙较多的疏松土层厚度较大，有机物含量多，低草地草本植物根系较浅使得孔隙较多的疏松土层厚度较小，下部土层有机质含量低，较为密实的下部土层厚度较大。在渗水过程中，水分在孔隙度较大的土壤中入渗较快，所以高草地土壤容易达到稳定入渗状态。而水分在较致密的土壤中入渗较慢，所以在低草地达到稳定入渗状态需要的时间较长，比高草地达到稳定入渗的时间平均长 80~90 分钟。

土壤入渗率的差异也导致了入渗量的不同。根据高草地和低草地各实验点土壤的平均入渗率和达到稳定入渗的时间计算，高草地达到稳定入渗前的总入渗量为 215 337 ~ 280 126 mL，低草地达到稳定入渗前的总入渗量为 193 275 ~ 268 819 mL。由此可知，在高草地土壤达到稳定入渗前的总入渗量要大于低草地的总入渗量。

前人对陕西黄土水分的入渗规律研究表明，延安地区的土壤稳定入渗率为 1.15~1.30 mm/min，泾洛渭台塬区的土壤入渗率为 0.60~0.90 mm/min，陕西东部的土壤入渗率甚至低于 0.50 mm/min（蒋定生和黄国俊，1986）。而泉吉乡地区低草地土壤的稳定入渗率为 1.42~1.61 mm/min，高草地的土壤稳定入渗率为 1.63~3.21 mm/min。从整体来看，泉吉乡地区草地的土壤稳定入渗率比陕西黄土高原地区土壤的大，造成这种差异的原因值得讨论。土壤的稳定入渗率与孔隙度和土壤质地等有关（朱冰冰等，2008）。粗粒土层的孔隙度虽然不一定高，但构成的孔隙直径较大，使得颗粒间的孔隙大，这决定了孔隙的连通性较好，利于水分较快速地入渗（陈丽华和余新晓，1995；王月玲等，2005）。青海湖北部土壤主要为粗粉砂（赵景波等，2011b；2011c；2011d），比延安地区黄土粒度粗一些，所以泉吉乡地区草地土壤稳定入渗率比陕西黄土高原区土壤稳定入渗率普遍高。

根据过去对陕西黄土入渗规律研究得知，陕西长武黄土剖面上部的黄土平均稳定入渗率为 2.02 mm/min（赵景波等，2009a）。而泉吉乡地区土壤的最低的稳渗速率也达到了 1.5~1.7 mm/min，虽然比长武黄土入渗率略低，但入渗率还是较高的。土层入渗率与土层粒度成分和土壤的结构有密切的关系，它们决定了入渗率的大小和入渗过程的长短（姜娜等，2005；贾宏伟等，2006；王康等，2007；Machiwa et al.，2006；Zeleke and Si，2006）。由于土层粒度和结构存在空间差异，所以土壤的入渗率也存在空间变化（王康等，2007；Machiwa et al.，2006；Zeleke and Si，2006）。泉吉乡地区土壤入渗率与黄土入渗率的差异主要是粒度成分和孔隙特点存在一定差别造成的。泉吉乡土壤粒度成分比陕西长武黄土粒度成分粗，土层中粗粒成分构成的孔隙直径较大，这决定了孔隙的连通性较好，利于水分较快速地入渗（李云峰，1991；赵景波等，2009c；2010d），对入渗率有决定作用。

7.3 刚察县沙柳河镇地区土壤入渗率与模拟

2009年8月下旬在刚察县选取了2个渗水实验区。第1个实验区为刚察县沙柳河镇实验区，位于沙柳河镇南约500 m处的薄土层低草地区，北距沙柳河约40 m，实验区土层厚度为20~50 cm。在该实验区做了4个点的入渗实验，第1和第2实验点土层厚度为约0.5 m，第3和第4实验点土层厚度为0.2 m，各实验点相距4 m。第2个实验区位于青海湖农场四大队附近，距沙柳河镇南约10 km，该区土层厚度为1 m左右。根据青海湖农场四大队附近植被类型的变化，分别选择了4个高草地、4个低草地和2个油菜地进行入渗实验。

7.3.1 沙柳河镇南薄土层低草地土壤入渗率

刚察县沙柳河镇南侧薄土层低草地第1实验点渗水实验结果[图7-12(a)]显示，薄土层入渗率总体较低，该点初渗率为2.28 mm/min，稳定前平均入渗率为1.88 mm/min，稳定入渗率1.53 mm/min，大约经过62分钟之后入渗率达到稳定状态。第2实验点[图7-12(b)]初渗率为2.14 mm/min，稳定前平均入渗率为1.82 mm/min，稳定入渗率为1.59 mm/min，约52分钟后入渗率达到稳定状态。第3实验点[图7-12(c)]初渗率为2.44 mm/min，稳定前平均入渗率为2.05 mm/min。约36分钟后入渗率达到稳定状态，稳定入渗率为1.83 mm/min。第4实验点[图7-12(d)]初渗率为2.37 mm/min，稳定前平均入渗率为2.06 mm/min。约45分钟后入渗率达到稳定状态，稳定入渗率为2.00 mm/min。由上可见，薄土层达到稳定入渗的时间过程较短，上述4个实验点达到稳定入渗的时间为36~62分钟。

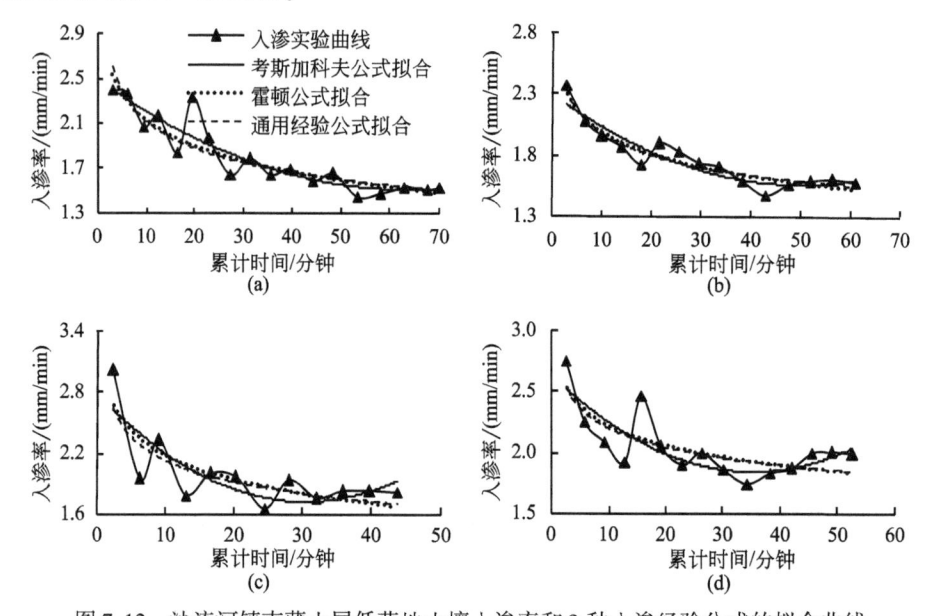

图7-12 沙流河镇南薄土层低草地土壤入渗率和3种入渗经验公式的拟合曲线

(a)至(d)分别为薄土层低草地4个实验点入渗曲线与拟合曲线；(b)、(c)、(d)的图例和说明与(a)相同

7.3.2 青海湖农场四大队厚土层入渗率

由实验结果得知，青海湖农场四大队低草地第 1 实验点入渗开始前 10 分钟入渗率较高［图7-13（a）］，初渗率为 3.54 mm/min，稳定前平均入渗率为 1.78 mm/min。经过约 137 分钟入渗后达到稳定状态，稳渗率为 1.57 mm/min。低草地第 2 实验点［图7-13(b)］初渗率为 5.36 mm/min，稳定前平均入渗率为 2.24 mm/min。经过约 116 分钟入渗后达到稳定状态，稳定入渗率为 1.61 mm/min。低草地第 3 实验点［图7-13（c）］初渗率为 5.33 mm/min，稳定前平均入渗率为 2.38 mm/min。经过约 131 分钟入渗后达到稳定状态，稳定入渗率为 1.42 mm/min。低草地第 4 实验点［图7-13（d）］初渗率为 3.96 mm/min，稳定前平均入渗率为 1.97 mm/min。经过约 116 分钟入渗后达到稳定状态，稳定入渗率为 1.51 mm/min。

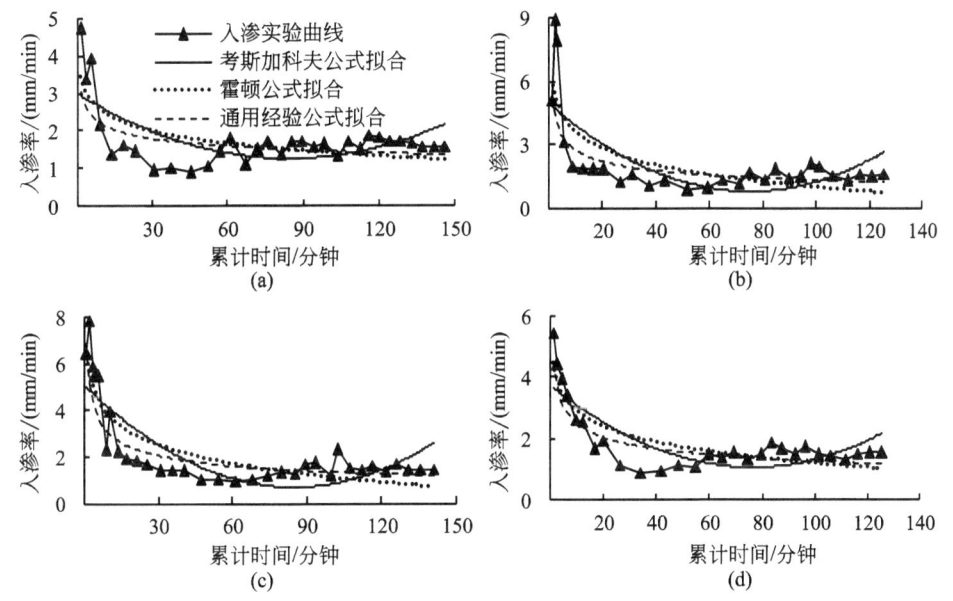

图 7-13　青海湖农场四大队低草地土壤入渗率和 3 种入渗经验公式的拟合曲线
（a）至（d）为厚土层低草地 4 个实验点入渗曲线与拟合曲线；(b)、(c)、(d) 的图例和说明与（a）相同

7.3.3 青海湖农场四大队高草地土壤入渗率

青海湖农场四大队高草地第 1 实验点实验结果［图7-14（a）］表明，该实验点初渗率为 3.54mm/min，稳定前平均入渗率为 2.66 mm/min。经过约 90 分钟后入渗率达到稳定状态，稳定入渗率为 1.68 mm/min。第 2 实验点［图7-14（b）］初渗率为 2.97 mm/min，稳定前平均入渗率为 2.13 mm/min。经过约 95 分钟后入渗率达到稳定状态，稳定入渗率为 1.63 mm/min。第 3 实验点［图7-14（c）］初渗率为 3.79 mm/min，稳定前平均入渗率为 3.85 mm/min。经过约 77 分钟入渗后达到稳定状态，稳定入渗率为 3.21 mm/min。第 4 实验点［图7-14（d）］初渗率为 8.54 mm/min，稳定前平均入渗率为 4.53 mm/min。经过约 84 分钟入渗后达到稳定状态，稳定入渗率为 2.72mm/min。

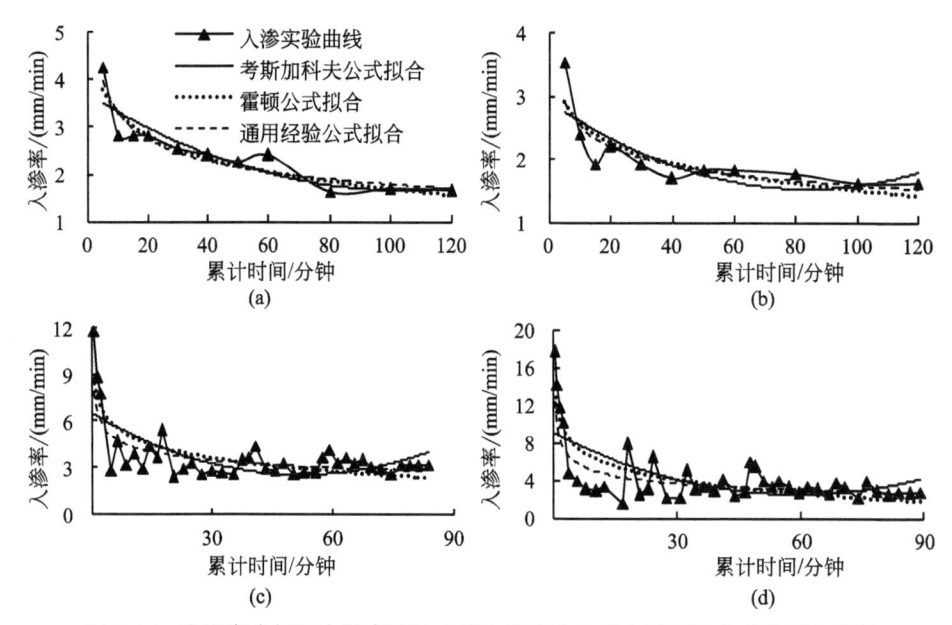

图 7-14 青海湖农场四大队高草地土壤入渗率和 3 种入渗经验公式的拟合曲线

(a) 至 (d) 分别为高草地 4 个实验点入渗曲线与拟合曲线；(b)、(c)、(d) 的图例和说明与 (a) 相同

7.3.4 青海湖农场四大队油菜地土壤入渗率

油菜地第 1 实验点渗水实验结果 [图 7-15 (a)] 显示，油菜地入渗率总体很低，初渗率为 0.71 mm/min，稳定前平均入渗率为 0.68 mm/min。约 40 分钟后入渗率达到稳定状态，稳定入渗率为 0.50 mm/min。第 2 实验点 [图 7-15 (b)] 入渗率也较低，初渗率为 0.57 mm/min，稳定前平均入渗率为 0.38 mm/min。经过约 40 分钟后入渗率达到稳定状态，稳定入渗率为 0.14 mm/min。

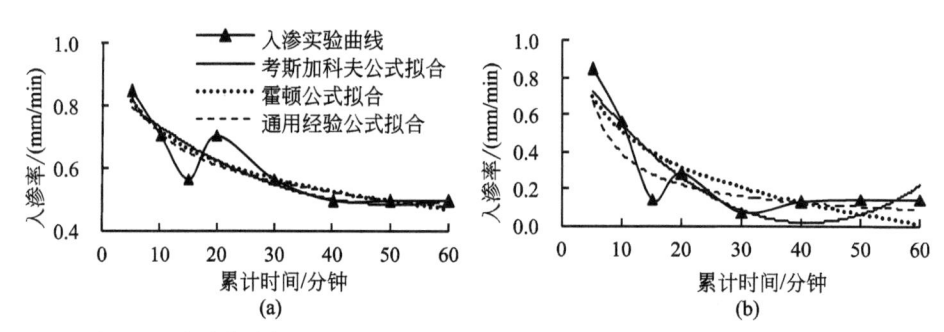

图 7-15 青海湖农场四大队油菜地土壤入渗率和 3 种入渗经验公式的拟合曲线

(a) 和 (b) 分别为油菜地 2 个实验点入渗曲线与拟合曲线；(b) 的图例和说明与 (a) 相同

7.3.5 入渗实验数据的公式拟合

应用与 7.1 节相同的 3 种入渗模型，对沙柳河镇渗水实验数据进行回归分析得到

表7-7中的结果。从表7-7可知，厚土层低草地土壤入渗实验数据用考斯加科夫公式拟合时的 a 值较小，变化为 4.68~8.91，平均值为6.91。高草地的 a 值相对较大，变化为 4.55~12.37，平均值为8.01。油菜地 a 的均值为2.54。薄土层低草地的 a 值变化为 2.71~3.19，平均值为2.95。说明高草地土壤的初渗率最大，厚土层低草地和薄土层低草地的次之，油菜地的最小。厚土层低草地、厚土层高草地、厚土层油菜地和薄土层低草地土壤 b 的均值分别为0.35、0.28、0.56和0.14，说明油菜地的土壤入渗率递减最快，厚土层低草地和厚土层高草地次之，薄土层低草地的最慢。即拟合结果表明油菜地达到稳定状态用时最短，厚土层低草地达稳定状态用时比高草地的短。上述实验结果表明，厚土层低草地达到稳定状态用时比高草地的大很多，说明考斯加科夫模型在本区适用性较差。用霍顿公式拟合时，厚土层低草地、厚土层高草地、厚土层油菜地和薄土层低草地的平均初渗率 f_0 分别为7.69 mm/min、11.07 mm/min、0.87 mm/min 和 3.11 mm/min，即高草地初渗率最大，厚土层低草地和薄土层低草地次之，油菜地的最小，这与实测初渗率：高草地>厚土层低草地>薄土层低草地>油菜地相符。厚土层低草地、高草地、油菜地和薄土层低草地的平均稳渗率 f_c 分别为1.44 mm/min、2.62 mm/min、0.30 mm/min 和 1.72 mm/min，即高草地稳渗率最大，厚土层低草地和薄土层低草地次之，油菜地最小，这与实测相符。厚土层低草地、高草地、油菜地和薄土层低草地的 k 值均值分别为0.17、0.30、0.07和0.16，说明不同植被类型土壤特性存在差异。上述拟合结果表明霍顿模型较适合本区。在通用经验公式拟合结果中，薄土层低草地的第1采样点土壤的 a_1 值为负数，为异常值，这在实际中是不可能的。因此，剔除异常值，对其余13个实验点在通用经验公式拟合下所显示的规律进行研究。厚土层低草地、高草地、油菜地和薄土层低草地的 a_1 均值分别为0.89、1.99、0.20和1.51，即高草地初渗率最大，薄土层低草地比厚土层低草地大，油菜地最小，其中薄土层低草地的初渗率比厚土层低草地的小与实测结果不符。厚土层低草地、高草地、油菜地和薄土层低草地的 n 均值分别为0.62、0.77、0.82和0.83，即不同植被类型下入渗率变化的快慢表现为厚土层低草地>高草地>油菜地>薄土层低草地。结合 a_1 和 n 得出，薄土层低草地比厚土层低草地达到稳定状态用时长，这与实测不符，说明通用经验模型不适合本区。因此霍顿模型是研究本区入渗过程的较好模型，考斯加科夫模型和通用经验模型在本区的适用性相对较差。

表7-7　3种入渗经验公式中参数的回归分析结果

实验点	考斯加科夫公式			霍顿公式				通用经验公式			
	a	b	R^2	f_0	f_c	k	R_2	a_1	b_1	n	R^2
1	4.68	0.27	0.60	5.86	1.50	0.19	0.82	1.38	5.06	0.83	0.73
2	8.91	0.44	0.68	10.29	1.43	0.21	0.79	0.89	9.02	0.65	0.70
3	8.26	0.40	0.83	8.40	1.41	0.13	0.93	0.25	8.14	0.43	0.84
4	5.80	0.32	0.82	6.21	1.43	0.14	0.93	1.04	5.61	0.59	0.86
5	6.13	0.27	0.90	4.24	1.66	0.04	0.82	0.68	5.99	0.36	0.90
6	4.55	0.24	0.79	3.54	1.75	0.08	0.80	1.70	15.63	1.33	0.94

续表

实验点	考斯加科夫公式			霍顿公式				通用经验公式			
	a	b	R^2	f_0	f_c	k	R_2	a_1	b_1	n	R^2
7	9.00	0.25	0.47	15.19	3.68	0.55	0.57	3.28	6.02	0.78	0.86
8	12.37	0.37	0.79	21.29	3.37	0.53	0.86	2.31	9.57	0.60	0.82
9	1.48	0.21	0.79	0.85	0.47	0.05	0.76	0.33	1.10	0.47	0.80
10	3.59	0.90	0.88	0.89	0.12	0.08	0.78	0.07	5.30	1.17	0.89
11	3.07	0.16	0.80	2.39	1.51	0.04	0.81	−115.40	118.29	0.01	0.82
12	2.71	0.14	0.91	2.37	1.57	0.05	0.89	0.86	1.98	0.25	0.92
13	3.19	0.17	0.71	4.47	1.86	0.36	0.80	1.79	3.54	1.26	0.83
14	2.82	0.10	0.58	3.22	1.95	0.20	0.65	1.89	2.16	0.98	0.68

注：实验点1~4为青海湖农场四大队附近厚土层低草地，实验点5~8为青海湖农场四大队附近厚土层高草地，实验点9、10为青海湖农场四大队附近厚土层油菜地，实验点11~14为沙柳河镇薄土层低草地

7.3.6 刚察县地区不同草地土壤入渗率差异及原因

研究区厚土层低草地、厚土层高草地、厚土层油菜地和薄土层低草地初渗率均值分别为4.55 mm/min、4.71 mm/min、0.64 mm/min 和 2.31 mm/min，稳定前平均入渗率均值分别为 2.09 mm/min、3.29 mm/min、0.53 mm/min 和 2.12 mm/min，稳定入渗率均值分别为 1.53 mm/min、2.31 mm/min、0.32 mm/min 和 1.95 mm/min。由此可见，同一实验区，不同植被类型的土壤初渗率为：高草地>低草地>油菜地；稳定前平均入渗率为：高草地>低草地>油菜地；稳定入渗率为：高草地>低草地>油菜地（图7-16）。同种植被在不同土层厚度土壤的初渗率为：厚土层低草地>薄土层低草地；稳定前平均入渗率为：薄土层低草地>厚土层低草地；稳定入渗率为：薄土层低草地>厚土层低草地（图7-16）。

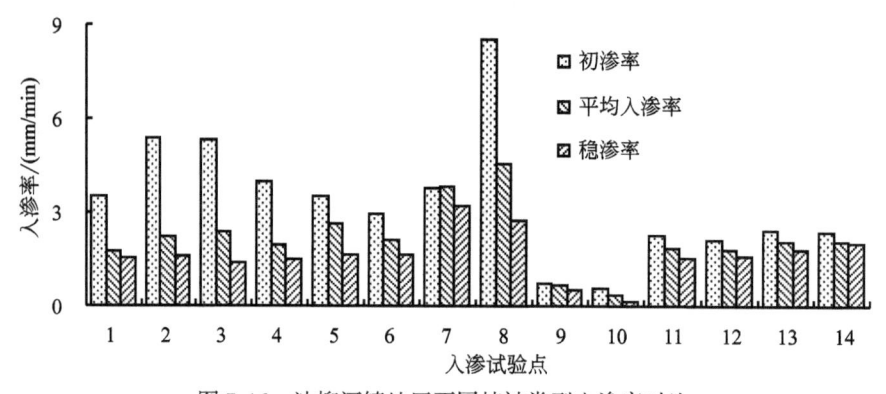

图 7-16 沙柳河镇地区不同植被类型入渗率对比

实验点1~4为青海湖农场四大队附近厚土层低草地，实验点5~8为青海湖农场四大队附近厚土层高草地，实验点9、10青海湖农场四大队附近为厚土层油菜地，实验点11~14为沙柳河镇附近薄土层低草地

分析造成不同植被类型及不同厚度土层初渗率和稳渗率差异原因得知，土壤初渗率通常与土壤初始含水量呈负相关（朱冰冰等，2008），土壤初始含水量越大，初渗率

越低，反之，初渗率越高。由图7-17得知，厚土层低草地、厚土层高草地、厚土层油菜地和薄土层低草地的平均含水量分别为16.1%、14.0%、19.5%和19.0%。土壤含水量与降水量、气温、蒸发量、土壤结构、质地和地下水埋藏深浅及土地利用方式等有关。研究区都位于青海湖北部，其土壤结构、质地、降水量、气温、地下水埋藏深浅相同，由于植被覆盖度和草本植物高度差异，厚土层低草地地表蒸发量比高草地略多，植被蒸腾量比高草地小，加之高草地植物生长所需水分比厚土层低草地大许多，使得厚土层低草地土壤含水量大于高草地，而油菜地受人为灌溉的影响，其含水量最高，所以造成厚土层高草地土壤初渗率大于厚土层低草地，厚土层低草地入渗率大于厚土层油菜地。土层越厚，土壤水库容量越大，则厚土层低草地的土壤含水量应大于薄土层低草地，而实际上却相反，造成这种差异的原因需进一步分析。土壤稳定入渗率与土壤孔隙度和有机质含量成正相关（王国梁等，2003）。植被产生的枯落物能有效阻止土壤结皮的形成，防止土壤结皮对水分下渗的阻碍作用，同时枯落物使土壤有机质含量增加，使腐殖质容易与黏粒结合形成微团聚体，使土体变得疏松透水。

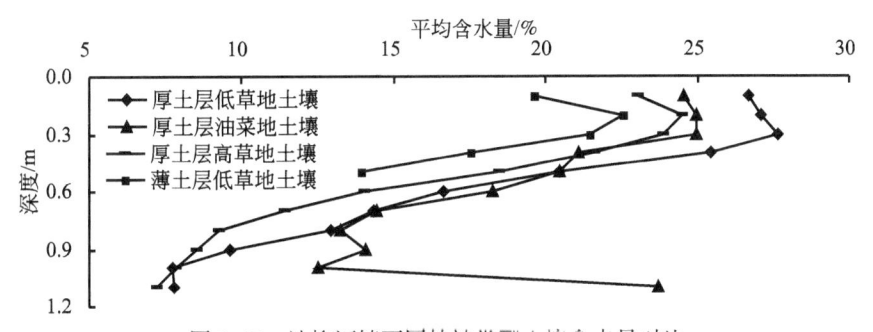

图 7-17 沙柳河镇不同植被类型土壤含水量对比

另外，枯落物为土壤中的动物、微生物的活动提供食物，其生物活动易在土体内产生孔隙。且植物根系的挤压、分割作用改变了土壤结构，增加了土壤孔隙含量，特别是增加了非毛管孔隙度，从而显著地提高了土壤的入渗能力。高草地根系深度通常大于30 cm，低草地的根系分布深度在30 cm之内，高草植物根系分布深度大使得孔隙较多的疏松土层厚度较大，厚土层低草地根系较浅使得孔隙较多的疏松土层厚度相对较小，较为密实的下部土层厚度较大。所以高草地稳定入渗率大于厚土层低草地。油菜地产生的枯落物很少，基本都被人为收割，且在农耕时人畜践踏使得土壤密度变大，以致耕作层以下土壤的容重增大，使得土壤入渗性能降低，所以稳定入渗率最小。

前述吉尔孟地区和泉吉乡地区土壤入渗实验资料表明，这两个地区的土壤入渗率都比黄土高原土壤的入渗率高。沙柳河镇地区天然草地的土壤入渗率与前两个地区基本相同，也比陕西黄土高原土壤入渗率大。这表明刚察县地区草原土壤入渗特性利于大气降水向土壤水和地下水的转化。但是需要指出的是，入渗率太高不利于土壤水的保存，容易造成土壤水分含量较低，不利于植被的发育。实际的实验结果表明，刚察县地区土壤入渗率不是很高，只是比黄土高原的土壤略高，表明该区土壤持水性较好。

第8章 青海湖流域土壤物理性质与土壤水库

土壤是布满孔隙的疏松多孔体，能够储蓄天然降水，满足植被生长的需要，土层深厚的土壤具有明显的存蓄、调节水分的功能，被称为土壤水库。土壤水库通常是指地面以下，地下潜水面以上的整个包气带（郭凤台，1996；张扬等，2009）。土壤水库的蓄水能力与土壤类型、结构、质地和地下水埋藏深度关系密切（郭凤台，1996），良好的土壤水库首先需要有较大的含水空间。良好的土壤水库还需要土壤具有较好的持水性，持水性对评价土壤水库有非常重要的作用。含有一定量黏粒成分的粉砂土壤一般具有很好的持水性。土壤厚度也是评价土壤水库的重要指标，一般情况下，厚度越大的土壤蓄水能力越强。研究显示，土壤水库的调控深度一般为 2.0~3.0 m（郭凤台，1996；张扬等，2009）。长期的土壤水库调节深度可达数十米甚至仅百米（赵景波等，2009b；2009c；2009d；2009e；2010d）。

土壤颗粒是土壤的基本组成，是评价土壤质量的重要指标。在自然界不同的沉积环境和沉积条件下形成的沉积物具有各自的粒度分布，粒度组成是指不同粒径的颗粒在沉积物中所占的比例。根据土样的粒度组成特点，本书采用筛析法和激光粒度仪相结合的实验方法。对样品先在实验室采用筛析法进行筛分，然后对小于 2 mm 的颗粒采用 Mastersizer2000 激光粒度仪进行测定。

激光粒度实验测定步骤如下。①称取 1 g（精度为 0.001 g）自然风干土壤样品放入 250 mL 的烧杯中，加入约 10 mL10% 的 H_2O_2，在电热板上适当加热，使其充分反应，以去除有机质。②当气泡完全排完后，取下冷却，之后加入 10 mL 浓度 1∶3 的 HCl，再置于电热板上加热，使其充分反应，以除去 $CaCO_3$ 等可溶盐。③当气泡排完后，加水至 500 mL，静置 48 小时，再抽取清水，重复几次直至溶液呈中性为止。然后抽掉上部的清液。④在剩余液中加入 10 mL 浓度为 0.05 mol/L 的六偏磷酸钠分散剂溶液，进行分散。⑤采用 Malvern 公司生产的 Mastersizer 2000 型激光粒度仪，设置搅拌器转速为 700 转/分钟，泵转速为 2000 转/分钟，超声调至 100，遮光度为 10%~25%。⑥每测一个样品后，冲洗加样处数遍至背景值小于 1%，再对下一个样品进行测定。⑦每个样品重复测定 3 次，最后取其平均值为该样品的测量结果。⑧对个别异常样品，如达不到或超过遮光度时，需要进行重新测量。

土壤粒级的划分标准是根据土壤粒径的大小和理化性质上的差异把土粒分为若干组，每组就是一个粒级。本书采用的力度分类标准是土壤学中常用的粒度分类体系（徐馨等，1992；姜在兴，2003），该体系的粒级划分为：1~0.1 mm 采用十进制分类方法，小于 0.1 mm 用黄河中游黄土的一般分类方法（王挺梅和鲍芸英，1964）。粗砂粒径范围为 2~0.5 mm，中砂粒径范围为 0.5~0.25 mm，细砂粒径范围为 0.25~

0.1 mm，极细砂粒径范围为 0.1~0.05 mm，粗粉砂粒径范围为 0.05~0.01 mm，细粉砂粒径范围为 0.01~0.005 mm，黏粒粒径小于 0.005 mm，胶粒粒径小于 0.002 mm。

8.1 青海湖流域土壤粒度组成

8.1.1 沙柳河镇南部土壤粒度组成

1. 青海湖农场四大队油菜地土壤粒度组成

从前述的刚察县沙柳河镇南部青海湖农场四大队油菜地含水量钻孔剖面样品中，选择2个油菜地土壤剖面样品进行了粒度分析。分析结果显示，第2采样点2个剖面的粒度成分差异很小，以剖面6为代表进行介绍。根据油菜地剖面6（2gc6）粒度组成分析结果（图8-1、图8-2）可知，剖面中粗粉砂含量最高，是主要成分，含量变化为45.9%~54.2%，平均含量为50.6%。细粉砂含量次之，含量变化范围为16.2%~22.2%，平均含量为18.8%。黏粒含量也较高，含量变化为12.2%~19.0%，平均含量为16.5%。极细砂含量变化为4.6%~13.7%，平均含量为9.0%。胶粒含量变化为2.3%~4.2%，平均含量为3.1%。细砂含量变化范围为0~2.6%，平均含量为1.2%。中砂仅在剖面的0.1~0.3 m、0.7 m 深度处存在，含量很低，最高含量不足3%。粗砂也仅在0.1~0.3 m、0.7 m 深度处存在，含量小于1%。

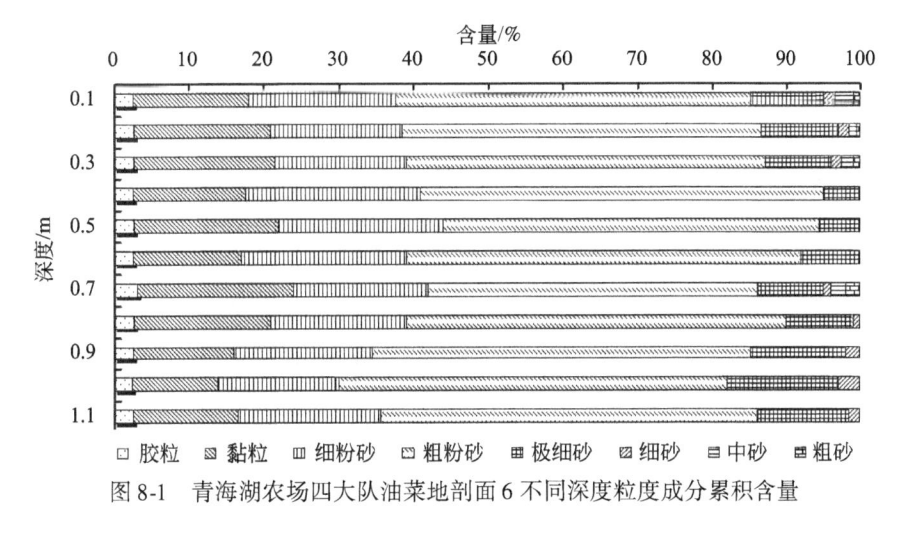

图8-1 青海湖农场四大队油菜地剖面6不同深度粒度成分累积含量

根据该剖面各粒级组成随深度的变化规律（图8-2），可将该剖面划分为三层。第1层位于剖面的0.1~0.3 m 深处，各粒级均没有缺失，为细粉砂、黏粒、粗粉砂层。该层含量最高的是粗粉砂，变化范围为47.1%~48.3%，平均含量为47.9%。其次为黏粒，含量变化范围为19.2%~20.8%，平均含量为20.2%。再次是细粉砂，变化范围为18.1%~18.7%，平均含量为18.3%。极细砂的含量较低，变化范围为9.3%~9.8%，平均含量为9.7%。细砂、中砂、粗砂的含量非常少，变化范围分别为1.3%~

2.7%、1.0%~1.9%、0.3%~0.7%，平均含量分别为1.9%、1.4%、0.6%。第2层位于剖面的0.4~0.7 m深处，为黏粒、细粉砂、粗粉砂层，砂粒的含量减少或缺失，而粉砂含量增加。其中粗粉砂的含量最高，含量变化范围为45.9%~54.1%，平均含量为51.2%。其次为细粉砂，含量变化范围为19.0%~22.2%，平均含量为20.9%。再次是黏粒，变化范围为19.1%~23.2%，平均含量为20.8%。极细砂的含量较低，平均为5.7%，变化范围为4.6%~6.9%。细砂、中砂、粗砂都仅在0.7 m深处出现，含量极低，平均含量分别为1.5%、2.8%、0.9%。第3层位于剖面的0.8~1.1 m深处，中砂和粗砂均不存在，为细粉砂、黏粒、粗粉砂层。其中粗粉砂的含量最高，变化范围为51.4%~53.1%，平均含量为52.2%。其次为黏粒，变化范围为14.5%~21.2%，平均含量为17.8%。再次为细粉砂，变化范围为16.2%~18.3%，平均含量为17.0%。极细砂的含量较第2层多，变化范围为8.7%~13.7%，平均含量为11.6%。细砂的含量很低，变化范围为0.4%~2.5%，平均含量仅为1.4%。

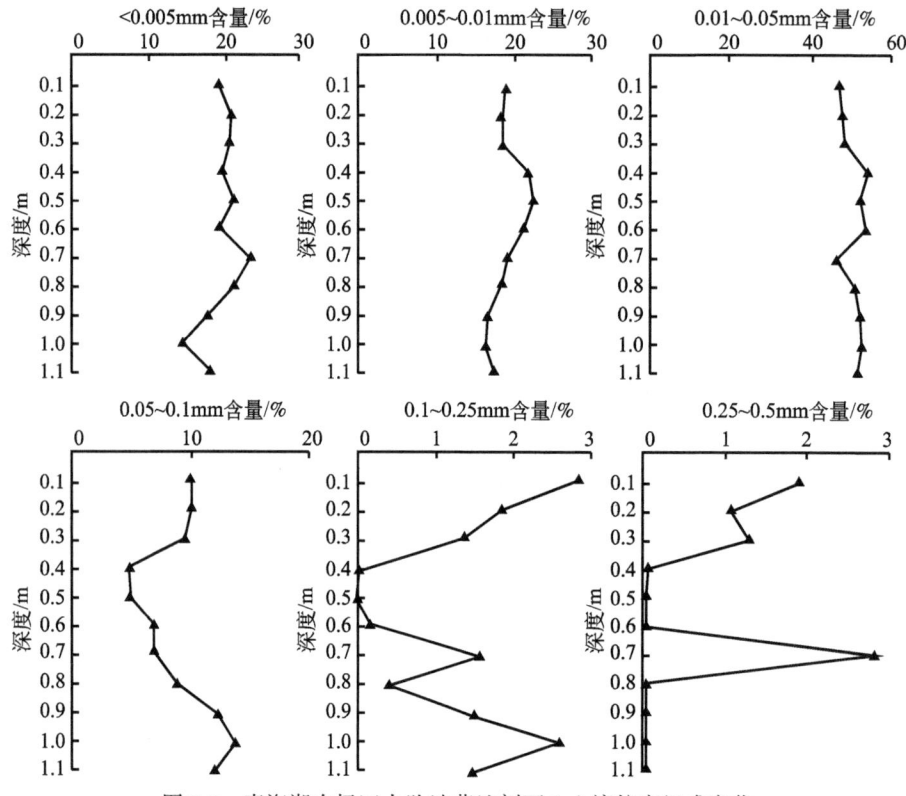

图8-2 青海湖农场四大队油菜地剖面6土壤粒度组成变化

由上述三层各粒级含量的分布可知，整个剖面粒度组成以粉砂为主，平均含量为50.6%。粒度组成表明，青海湖农场四大队附近土壤为粉砂土，与黄土粒度成分基本相同，但极细砂含量比黄土多，含有少量黄土中不存在的细砂、中砂及粗砂，比黄土粒度略粗。

2. 青海湖农场四大队草地土壤粒度组成

从前述的刚察县沙柳河镇南部青海湖农场四大队草地含水量钻孔剖面样品中，选择了 2 个土壤剖面的样品进行粒度分析。分析结果显示，2 个剖面粒度成分差异不大，现以草地剖面 4（3gc4）的分析结果（图 8-3、图 8-4）为代表进行介绍。在剖面 4 中，粗粉砂组分在剖面中均有出现，含量最高，含量变化为 41.6%~54.6%，平均含量为 47.6%。细粉砂在剖面中均有出现，含量变化范围为 9.5%~20.7%，平均含量为 14.8%。极细砂在剖面中均有出现，含量变化为 5.8%~22.2%，平均含量为 14.5%。黏粒在剖面各样品中均有出现，是重要组分之一，含量变化为 8.3%~18.2%，平均含量为 13.0%。胶粒在剖面各样品中均有出现，含量变化为 1.7%~3.3%，平均含量为 2.5%。细砂仅在剖面的 0.2 m 深度处缺失，其余深度含量变化范围为 0.6%~13.5%，平均含量为 5.6%。中砂在剖面的 0.1~0.3 m 深度处缺失，其余深度含量变化范围为 0.8%~3.2%，中砂平均含量仅为 1.4%。粗砂也在剖面的 0.1~0.3 m 深处缺失，其余深度含量变化范围为 0.3%~1.5%，平均含量仅为 0.5%。

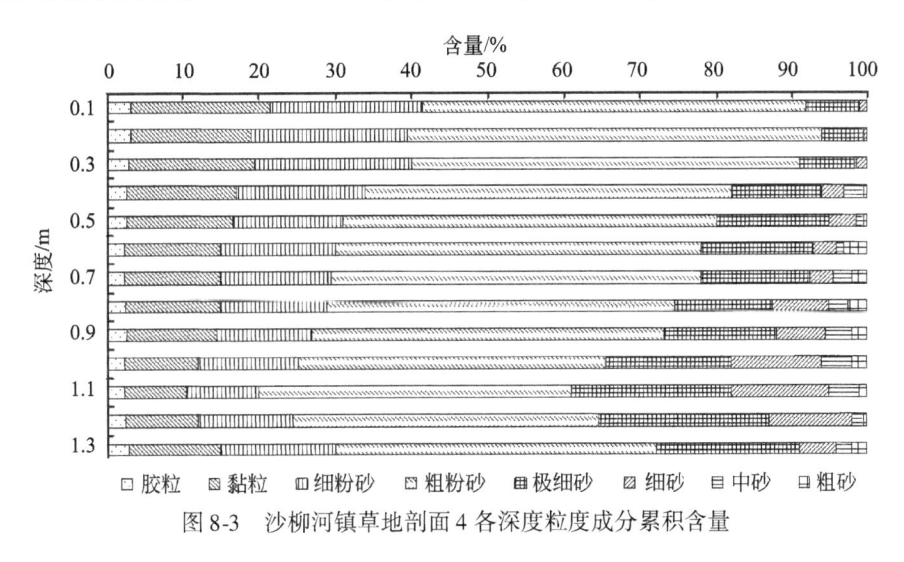

图 8-3 沙柳河镇草地剖面 4 各深度粒度成分累积含量

根据该剖面各粒级组成随深度的变化（图 8-4），可将该剖面划分为三层。第 1 层位于剖面的 0.1~0.4 m 深处，为细粉砂、黏粒、粗粉砂层。其中含量最高的是粗粉砂，变化范围为 49.3%~54.6%，平均含量为 51.4%。其次为黏粒，含量变化范围为 17.3%~21.5%，平均含量为 19.2%。再次是细粉砂，变化范围为 16.0%~20.7%，平均含量为 19.1%。极细砂的含量较低，变化范围为 5.8%~12.2%，平均含量为 8.5%。细砂在 0.2 m 深处缺失，变化范围为 0~3.8%，平均含量为 1.4%。中砂和粗砂仅在 0.4 m 处存在，含量分别为 1.0%、0.4%。第 2 层位于剖面的 0.5~1.0 m 深度处，各粒级均无缺失，为黏粒、极细砂、粗粉砂层。砂粒的含量明显增多，而黏粒和粉粒的含量减少。其中粗粉砂的含量最高，变化范围为 41.6%~49.2%，平均含量为 47.1%。其次为极细砂，含量变化范围为 15.1%~17.9%，平均含量为 15.8%。再次是黏粒，变化范围为 11.9%~16.5%，平均含量为 14.4%。细粉砂的含量也较高，平均含量为13.6%，变化范围为11.9%~15.0%。细砂的含量较低，变化范围为3.1%~12.9%，平均含量为6.3%。中砂、粗砂含量均很低，变化范围分别为0.9%~3.2%、0.5%~1.5%，平均含量分别为2.0%、0.8%。第3层位于剖面的1.1~1.3 m深度处，也为黏粒、极细砂、粗粉砂层。各粒级均无缺失，与上层不同的是，黏粒、粉砂含量逐渐降低，而极细砂、细砂含量升高。粗粉砂的含量最高，变化范围为46.1%~42.7%，平均含量为43.9%。其次为极细砂，含量变化范围为16.1%~22.2%，平均含量为19.8%。再次是黏粒，变化范围为10.0%~16.0%，平均含量为12.7%。细粉砂的含量也较高，平均含量为11.5%，变化范围为9.5%~13.7%。细砂的含量较低，变化范围为5.8%~13.5%，平均含量为10.0%。中砂、粗砂的含量均很低，变化范围分别为0.8%~2.6%、0.4%~0.9%，平均含量分别为1.6%、0.6%。

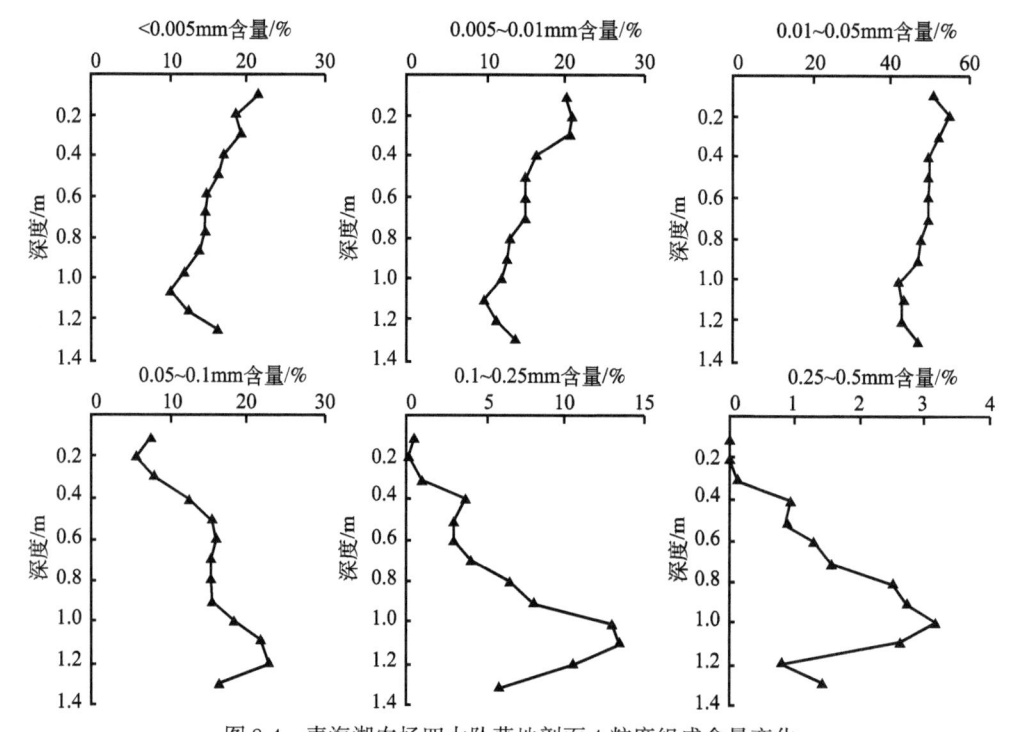

图8-4 青海湖农场四大队草地剖面4粒度组成含量变化

由上述三层各粒级含量的分布特征可知，整个剖面粒度组成以粉砂为主，平均含量为62.4%，其次为极细砂和黏粒。粒度组成表明，沙柳河镇草地土壤亦为粉砂土，与黄土粒度组成接近，但极细砂与细砂含量较黄土高，粒度成分较黄土略粗。

8.1.2 吉尔孟地区土壤粒度组成

利用前述的含水量钻孔剖面样品，选择了7个剖面的样品进行粒度分析。

1. 吉尔孟地区第1采样点剖面2粒度成分

采样点位于吉尔孟乡政府驻地东南方向约5 km处。根据粒度分析结果（图8-5、

图8-6)得知,在第1采样点剖面2中,粗粉砂是整个剖面中含量最高的成分,平均含量为35.2%,变化范围为18.0%~43.2%。极细砂在各样品中均有出现,平均含量为19.5%,变化范围为16.0%~21.7%。细砂平均含量为16.5%,变化范围为10.1%~35.4%。黏粒在各样品中均有出现,平均值为12.3%,含量变化范围为7.3%~15.1%。细粉砂在各样品中均有出现,平均含量为11%,含量变化为5.6%~13.4%。中砂少量,平均含量为3.5%,变化范围为0~15.3%,在30~50 cm深处缺失。胶粒在各样品中均有出现,含量很低,平均为1.60%,含量变化为0.9%~2.1%。粗砂仅在深度10 cm、70~90 cm处出现,平均含量仅为0.4%,变化范围为0~1.5%。

根据剖面2粒度成分含量变化(图8-5、图8-6),可将剖面2粒度成分划分为两层。第1层为10~50 cm,为黏粒、极细砂、粗粉砂层。其中粗粉砂的含量最高,变化范围为38.7%~43.2%,平均含量为40.8%。其次是极细砂,平均含量为20.0%,变化范围为18.9%~21.7%。再次是黏粒,平均含量为13.7%,变化范围为11.4%~15.1%。细粉砂、细砂的平均含量分别为12.9%、10.7%。中砂与粗砂仅在10 cm深处出现,两者含量都仅为0.1%。第2层为剖面的60~90 cm,粒度成分比第1层略粗,为极细砂、细砂、粗粉砂层。其中粗粉砂的含量最高,变化范围为18.0%~35.4%,平均含量为26.7%。其次是细砂含量,平均为25.3%,变化范围为15.1%~35.4%。再次是极细砂含量,平均为18.8%,含量变化范围为16.0%~21.6%。黏粒、细粉砂的平均含量分别为10.3%、8.1%,分布范围分别为7.3%~13.2%、5.6%~10.7%。中砂与粗砂的平均含量分别为8.6%、0.9%,分布范围分别为1.9%~15.3%、0.4%~1.5%。上述土壤粒度成分含量变化表明,该剖面上部粒度成分与黄土类似,下部粒度成分比黄土粗。

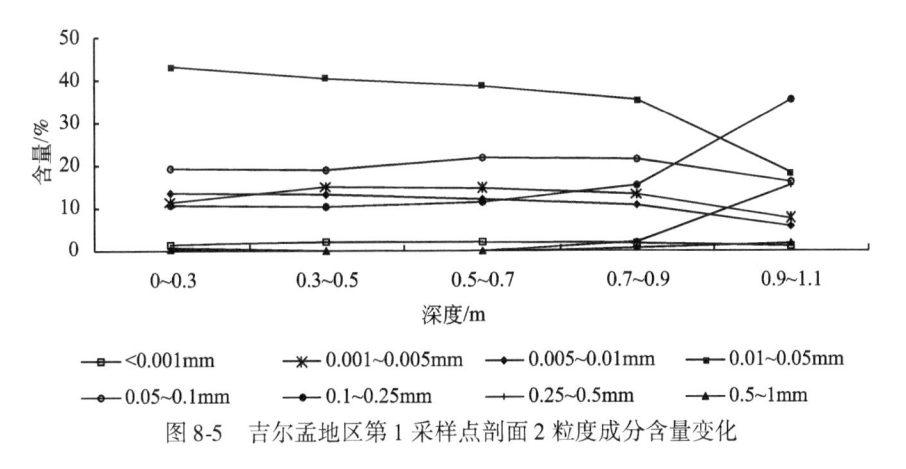

图8-5 吉尔孟地区第1采样点剖面2粒度成分含量变化

根据吉尔孟第1采样点草地剖面2的土壤粒度特征,分别求上层和下层土壤累积频率平均值,并根据平均值绘制了草地土壤粒度累积含量曲线(图8-7)。由图8-7可知,草地土壤上层和下层粒度累积含量曲线略有差异,草地上层累积含量曲线位于左侧,表明曲线斜率大,粒度成分偏细;草地下层累积含量曲线位于右侧,表明它的斜率较小,粒度组分偏粗。

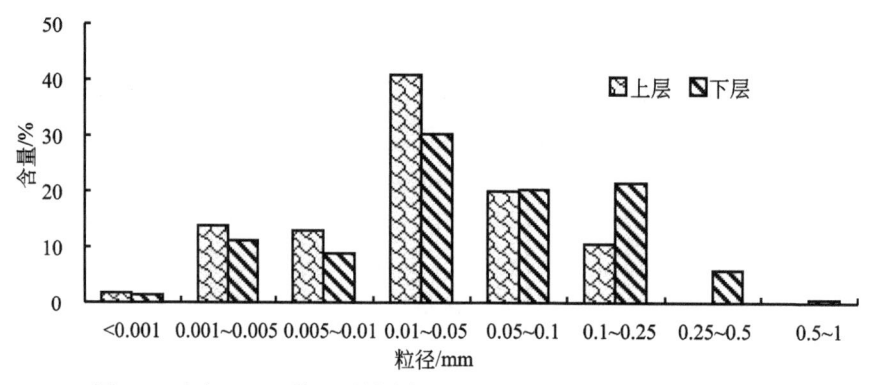

图 8-6　吉尔孟地区第 1 采样点剖面 2 上层与下层粒度成分含量分布

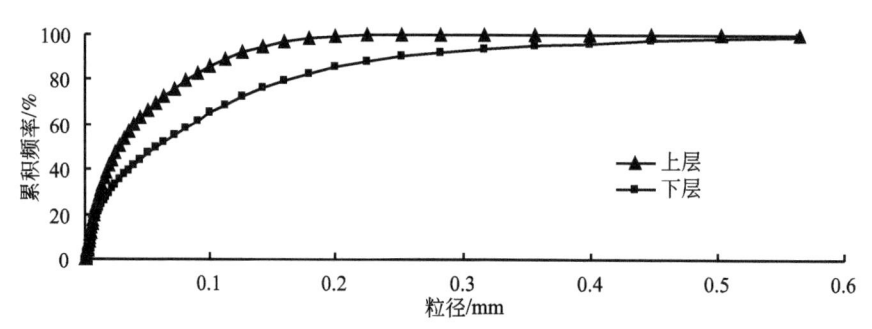

图 8-7　吉尔孟地区第 1 采样点剖面 2 上层与下层粒度累积含量曲线

2. 吉尔孟地区第 3 采样点剖面 1 至剖面 3 粒度成分

根据吉尔孟地区第 3 采样点 3 个剖面粒度成分的分析结果，做出各剖面粒度成分平均含量变化图（图 8-8）。图 8-8 表明，剖面中胶粒组分在各样品中均有出现，平均含量为 2.2%，含量变化为 1.3%～3.0%。黏粒组分在各样品中均有出现，平均含量为 11.7%，变化范围为 9.0%～16.8%。细粉砂组分在各样品中均有出现，平均含量为 10.6%，变化范围为 8.5%～13.0%。粗粉砂组分含量是整个剖面中含量最高的，平均含量为 42.3%，变化范围为 25.2%～51.0%。极细砂组分在各样品中均有出现，平均含量为 15.7%，变化范围为 8.8%～19.2%。细砂组分在各样品中均有出现，平均含量为 11.9%，变化范围为 5.2%～29.4%。中砂组分平均含量为 5.4%，变化范围为 1.7%～16.8%。粗砂组分平均含量为 0.3%，变化范围为 0.1%～1%。

根据 3 个剖面粒级组成的变化（图 8-9），对各剖面粒度成分进行介绍。在缓坡上部的剖面 1 中，粗粉砂、极细砂和细砂的含量较高，其中粗粉砂的含量最高，变化范围为 9.5%～53.3%，平均含量是 41.9%。其次是极细砂，平均含量为 17.5%，变化范围为 7.8%～21.8%。再次是细砂，平均含量为 13.1%，变化范围为 4.6%～44.9%。黏粒、细粉砂的平均含量分别为 10.0%、9.2%。中砂和粗砂的平均含量分别为 6.0%、0.4%。

图 8-8　吉尔孟地区第 3 采样点 3 个剖面粒度成分平均含量变化

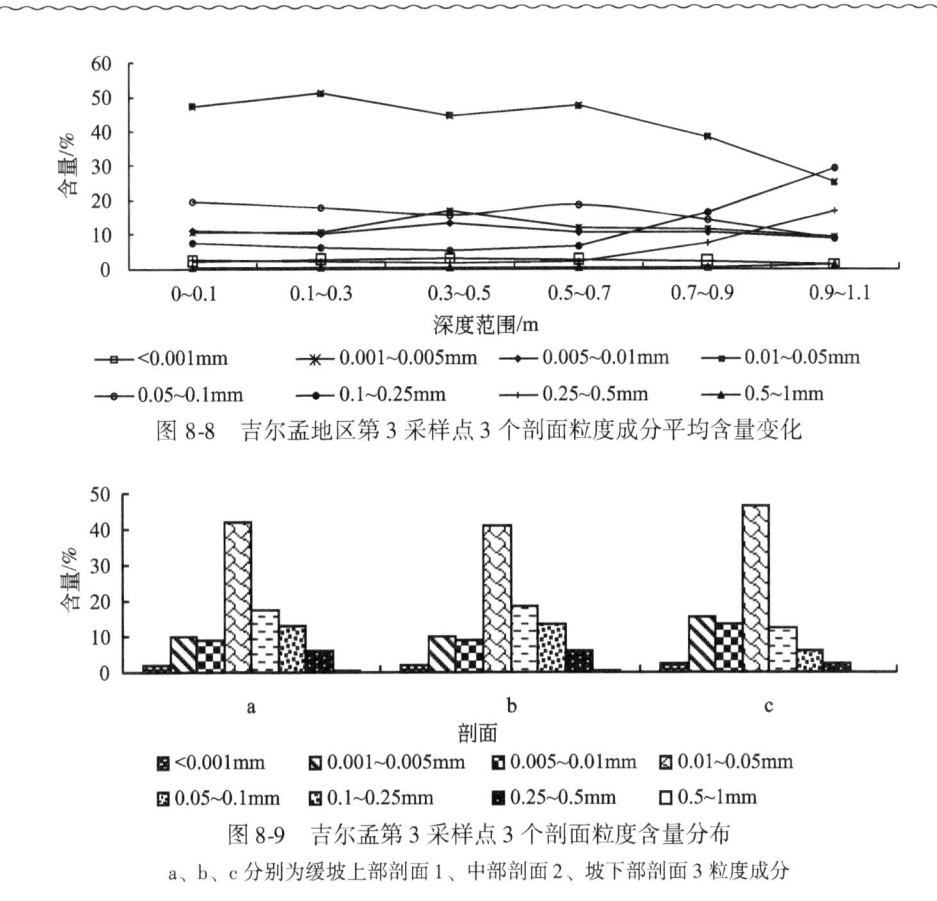

图 8-9　吉尔孟第 3 采样点 3 个剖面粒度含量分布

a、b、c 分别为缓坡上部剖面 1、中部剖面 2、坡下部剖面 3 粒度成分

在坡中部剖面 2 中，粗粉砂、极细砂和细砂的含量较高，其中粗粉砂的含量最高，变化范围为 18.1%～48.3%，平均含量为 40.9%。其次是极细砂，平均含量为 18.4%，变化范围为 11.9%～21.5%。再次是细砂，平均含量为 13.8%，变化范围为 5.9%～38.4%。黏粒、细粉砂的平均含量分别为 9.8%、9.0%，分布范围分别为 4.8%～14.6%、4.7%～10.8%。中砂、粗砂的平均含量分别为 5.8%、0.4%，分布范围分别为 1.9%～20.2%、0.1%～1.1%。

在坡下部的剖面 3 中，粗粉砂、黏粒和细粉砂的含量较高，其中粗粉砂的含量最高，变化范围为 40.8%～51.3%，平均含量为 46.6%。其次是黏粒，平均含量为 15.3%，变化范围为 12.2%～19.3%。再次是细粉砂，平均含量为 13.6%，变化范围为 11.4%～15.5%。极细砂、细砂的平均含量分别为 12.7%、6.2%，分布范围分别为 9.7%～15.4%、2.5%～14.0%。中砂、粗砂的平均含量分别为 2.7%、0.2%，分布范围分别为 0.6%～6.4%、0.01%～0.5%。

根据吉尔孟地区第 3 采样点草地 3 个剖面的粒度特征，分别求出 0.7 m 深度以上的层位和 0.7～1.1 m 层位的土壤粒度累积频率平均值，并绘制了草地土壤粒度累积含量曲线（图 8-10）。由图 8-10 可知，草地土壤上层、下层粒度累积含量曲线略有差异，草地上层累积含量曲线位于左侧，表明曲线斜率大，粒度成分偏细。草地下层累积含量曲线位于右侧，表明它的斜率较小，粒度组分偏粗。

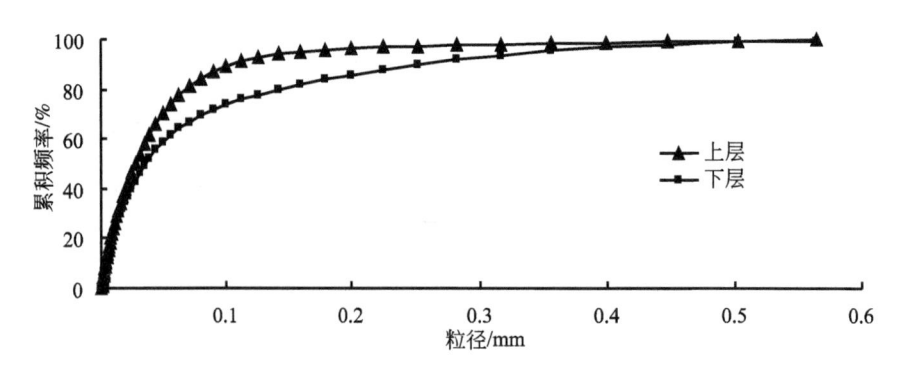

图 8-10 吉尔孟地区第 3 采样点 3 个剖面上下层粒度成分平均含量累积含量曲线

由上述可知,该剖面粒度组成以粗粉砂为主,坡上部、坡中部、坡下部平均含量分别为 41.9%、40.9%、46.6%,坡上部和坡中部极细砂的平均含量分别为 17.5%、18.4%。黏粒的含量在坡下部高,平均含量为 15.3%。中砂的含量在坡上部高,平均含量是 6.0%。坡上部粗砂和中砂含量较高,坡下部粉砂和黏粒含量较高。虽然研究的剖面中为粉砂土,但由于极细砂与细砂含量较黄土显著高,所以粒度组成比黄土粗。

3. 吉尔孟地区第 5 采样点剖面 1 至剖面 3 粒度成分

据吉尔孟地区第 5 采样点各粒级在剖面中的含量变化(图 8-11)可知,剖面中胶粒组分在各样品中均有出现,平均值为 1.4%,变化范围为 0.7%~1.9%。黏粒组分在各样品中均有出现,平均值为 10.0%,变化范围为 8.6%~12.2%。细粉砂组分在各样品中均有出现,是重要组分之一,平均含量为 10%,变化范围为 8.6%~11.6%。粗粉砂含量是整个剖面中最高的,平均含量达 38.2%,变化范围为 27.2%~47.2%。极细砂在各样品中均有出现,也是重要组分之一,平均含量为 20.8%,变化范围为 19.9%~21.9%。细砂在各样品中均有出现,平均含量达 15.3%,变化范围为 9.6%~26.4%。中砂平均含量为 3.4%,变化范围为 0.7%~6.2%。粗砂平均含量为 0.9%,变化范围为 0.1%~2%。

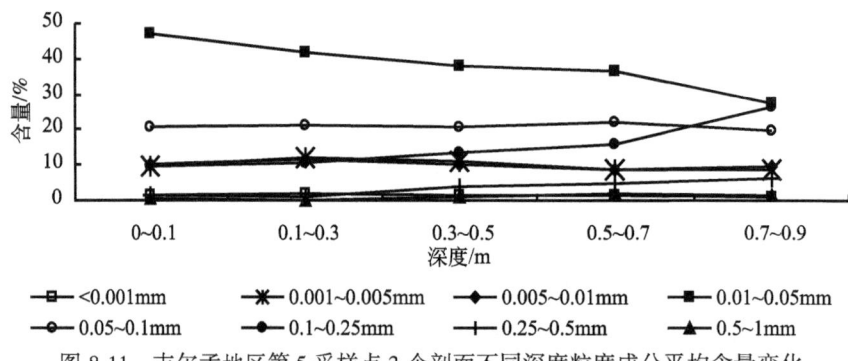

图 8-11 吉尔孟地区第 5 采样点 3 个剖面不同深度粒度成分平均含量变化

根据缓坡上、中、下部3个剖面各粒级组成（图8-12）变化显示，各剖面粒度组成存在一定差异。坡上部粗粉砂、极细砂和细砂的含量较高，其中粗粉砂的含量最高，变化范围为37.5%~44.7%，平均含量为41.3%。其次是极细砂，平均含量为22.2%，变化范围为19.5%~27.1%。再次是细砂，平均含量为12.5%，变化范围为10.4%~15.5%。细粉砂、黏粒的平均含量分别为10.5%、10.0%。中砂、粗砂的平均含量分别为1.4%、0.5%，分布范围分别为0~5.6%、0~2.1%。

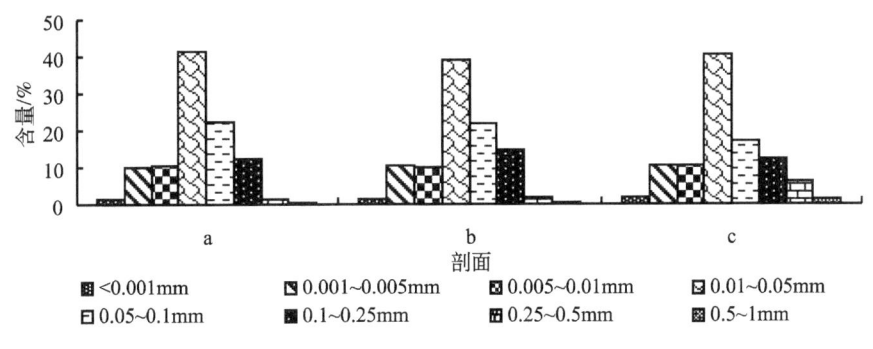

图8-12 吉尔孟地区第5采样点3个剖面粒度成分含量分布变化
a、b、c分别为坡上部、坡中部和坡下部的剖面

坡中部的土壤粗粉砂、极细砂和细砂的含量较高，其中粗粉砂的含量最高，变化范围为27.2%~51.2%，平均含量为38.9%。其次是极细砂，平均含量为22.1%，变化范围为18.9%~25.7%。再次是细砂，平均含量为14.6%，变化范围为8.4%~26.4%。黏粒、细粉砂的平均含量分别为10.4%、9.8%，分布范围分别为8.4%~14.8%、7.6%~15.0%。中砂、粗砂的平均含量分别为2.1%、0.6%，分布范围分别为0~6.2%、0~1.8%。

坡下部粗粉砂、极细砂和细砂的含量较高，其中粗粉砂的含量最高，变化范围为29.5%~46.5%，平均含量为40.5%。其次是极细砂，平均含量为17.0%，变化范围为13.5%~20.5%。再次是细砂，平均含量为12.4%，变化范围为7.8%~19.4%。黏粒、细粉砂的平均含量分别为10.6%、10.3%，分布范围分别为8.1%~12.1%、9.1%~11.8%。中砂、粗砂的平均含量分别为6.0%、1.5%，分布范围分别为2.2%~12.0%、0.2%~2.6%。

根据吉尔孟地区第5采样点3个剖面土壤粒度组成，分别求上层和下层土壤累积频率平均值，并绘制了草地土壤粒度累积含量曲线（图8-13），由图8-13可知。草地土壤上层、下层粒度累积含量曲线略有差异，草地上层累积含量曲线位于左侧，表明曲线斜率大，粒度成分稍微偏细。草地下层累积含量曲线位于右侧，表明它的斜率较小，粒度组分偏粗。

上述资料表明，该剖面粒度组成是以粗粉砂为主的粉砂土。坡上部、中部和下部3个剖面的粒度成分差异很小，中部的剖面粒度成分略粗。

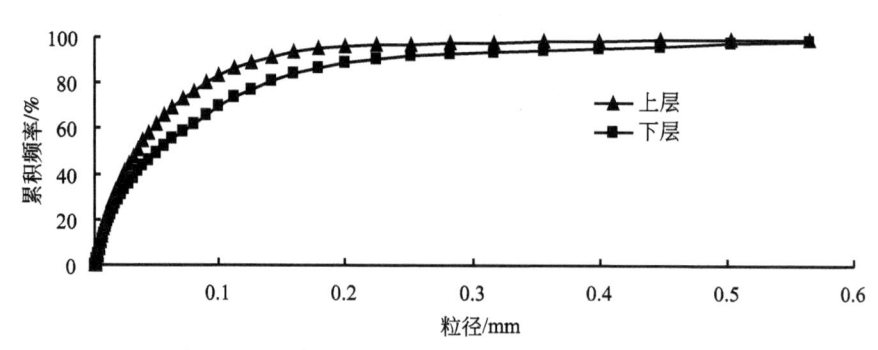

图 8-13　吉尔孟地区第 5 采样点 3 个剖面上下层平均粒度累积含量曲线

8.1.3　泉吉乡地区土壤粒度成分

在第 1 采样点和第 2 采样点分别选择了 3 个代表性好的土壤剖面进行粒度成分分析，分析样品总计 78 个。

1. 泉吉乡地区第 1 采样点粒度成分

根据 15 cm 厚度土壤剖面粒度分析（图 8-14）可知，粗粉砂、极细砂和黏粒的含量较高，其中粗粉砂的含量最高，变化范围为 35.9%～37.5%，平均含量为 36.6%。再次是极细砂，平均含量为 22.9%，变化范围为 22.2%～23.5%。其次是黏粒，含量变化范围为 14.6%～14.8%，平均含量为 14.8%。细砂、细粉砂的平均含量分别为 12.2%、11.8%，含量分布范围分别为 11.4%～12.6%、11.4%～12.3%。中砂和粗砂缺失。

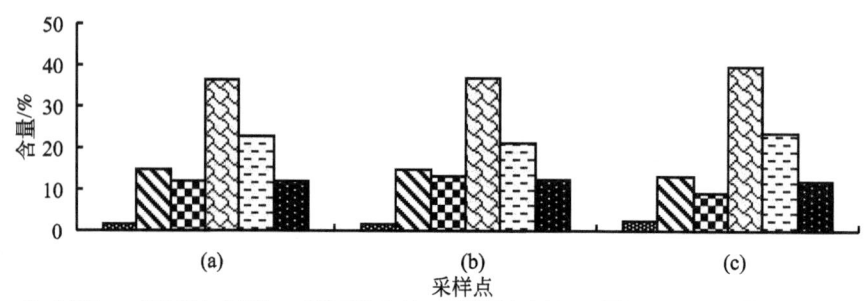

图 8-14　泉吉乡地区第 1 采样点 3 个剖面平均粒度成分含量分布
(a)、(b)、(c) 分别为 15 cm、30 cm、40 cm 厚度的剖面

30 cm 厚度土壤剖面粒度分析（图 8-14）显示，粗粉砂、极细砂和黏粒的含量较高，其中粗粉砂的含量最高，变化范围为 34.7%～38.5%，平均含量为 37.0%。其次是极细砂，平均含量为 21.1%，变化范围为 19.6%～23.2%。黏粒含量也较高，平均含量为 14.7%，变化范围为 12.5%～16.4%。细粉砂、细砂的平均含量分别为 13.2%、12.3%，含量分布范围分别为 11.7%～14.9%、11.6%～13.0%。中砂和粗砂缺失。40 cm 厚度的土壤剖面粒度分析结果（图 8-14、图 8-15）表明，粗粉砂、极细

砂和黏粒的含量较高，其中粗粉砂的含量最高，变化范围为 38.3%～42.6%，平均含量为 39.7%。其次是极细砂，平均含量为 23.6%，变化范围为 21.3%～26.4%。再次是黏粒，平均含量为 13.0%，变化范围为 12.1%～13.4%。细砂、细粉砂的平均含量分别为 11.9%、9.3%，分布范围分别为 10.0%～13.7%、8.6%～10.0%。中砂和粗砂缺失。

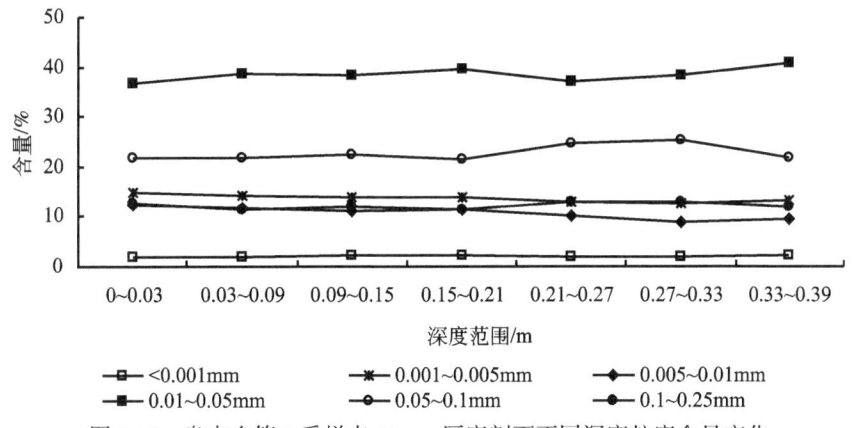

图 8-15　泉吉乡第 1 采样点 40 cm 厚度剖面不同深度粒度含量变化

据泉吉乡第 1 采样点草地薄土层粒度特征，分别求上层和下层土壤累积频率平均值，并绘制了草地土壤粒度累积含量曲线（图 8-16）。由图 8-16 可知，草地土壤粒度累积含量曲线表明，草地上层粒度成分和草地下层粒度成分基本相同。

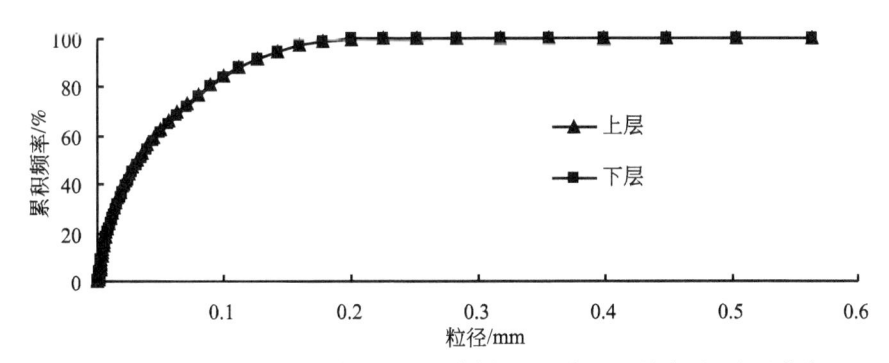

图 8-16　泉吉乡第 1 采样点 40 cm 厚度剖面上层与下层粒度累积含量曲线

上述资料表明，3 个不同厚度的剖面均以粉砂含量为最高的粉砂土，各剖面粒度成分差异较小。与黄土相比，极细砂和细砂含量较高，显示比黄土粒度成分粗。

2. 泉吉乡地区第 2 采样点粒度成分

根据 15 cm 厚度土壤剖面粒度分析（图 8-17）可知，15 cm 厚度的剖面中，粗粉砂、极细砂和黏粒的含量较高，其中粗粉砂的含量最高，变化范围为 32.1%～36.6%，平均含量为 34.2%。其次是极细砂，平均含量为 20.8%，变化范围为 19.3%～20.9%。再次为黏粒、细粉砂和细砂，平均含量分别为 15.3%、14.3%、13.0%，分布范围分别为 13.9%～17.7%、13.2%～15.6%、12.4%～13.4%。中砂、粗砂的平均含量分别是 0.4%、0.3%，分布范围分别为 0～1.1%、0～0.9%。

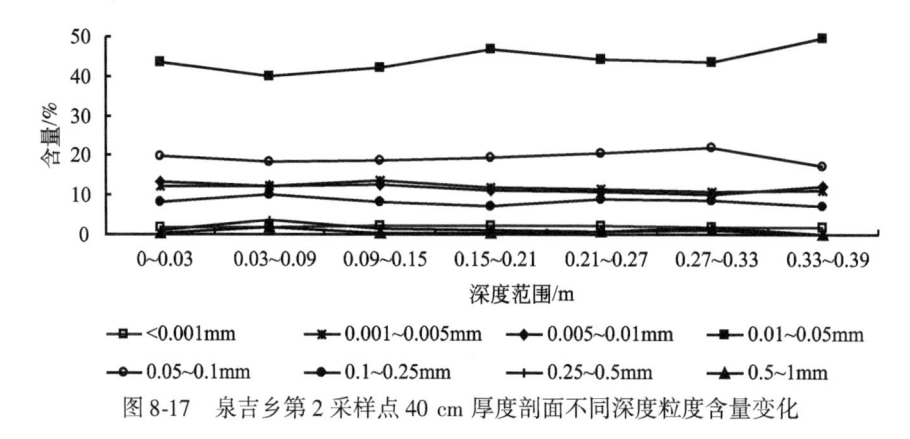

图 8-17 泉吉乡第 2 采样点 40 cm 厚度剖面不同深度粒度含量变化

30 cm 厚度的剖面样品粒度分析结果（图 8-17、图 8-18）显示，粗粉砂、极细砂的含量较高，其中粗粉砂的含量最高，变化范围为 47.3%～48.9%，平均含量为 47.7%。其次是极细砂，平均含量为 19.3%，变化范围为 16.3%～21.2%。再次是细粉砂与黏粒，平均含量分别为 11.0%、11.0%，分布范围分别为 10.4%～11.9%、9.6%～11.7%。细砂、中砂、粗砂的平均含量分别为 5.8%、2.0%、1.0%，分布范围分别为 5.0%～6.7%、1.4%～2.9%、0～0.7%。

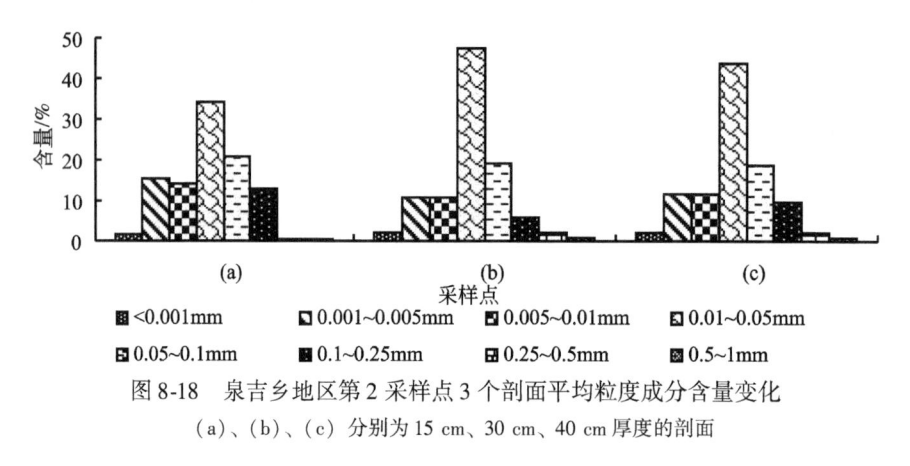

图 8-18 泉吉乡地区第 2 采样点 3 个剖面平均粒度成分含量变化
（a）、（b）、（c）分别为 15 cm、30 cm、40 cm 厚度的剖面

在 40 cm 厚度的剖面中，粗粉砂、极细砂的含量较高，其中粗粉砂的含量最高，变化范围为 38.9%～49.1%，平均含量为 43.8%。其次是极细砂，平均含量为 18.6%，变化范围为 16.1%～22.4%。再次是黏粒、细粉砂，平均含量分别为 11.7%、11.7%，分布范围分别为 10.9%～12.9%、10.3%～13.8%。细砂、中砂、粗砂的平均含量分别是 9.5%、1.9%、0.9%，分布范围分别为 5.7%～12.9%、0～6.9%、0～3.4%。

根据泉吉乡地区第 2 采样点草地 40 cm 厚度土层粒度特征，分别求出上层和下层土壤累积频率平均值，并绘制出草地土壤粒度累积含量曲线（图 8-19）。由图 8-19 可知，草地土壤上层与下层粒度累积含量曲线非常接近,表明草地上层粒度成分和草地下层粒度成分基本相同。

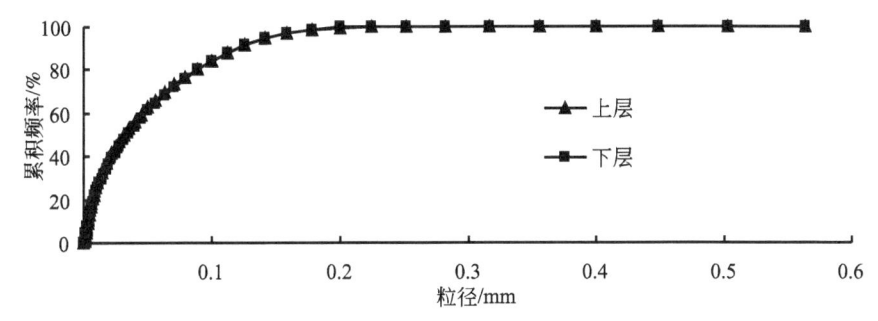

图8-19 泉吉乡第2采样点40 cm厚度剖面上层与下层粒度累积含量曲线

上述表明,3个不同厚度的土壤粒度成分均以粗粉砂为主,15 cm厚度的土壤粒度略细,30cm和40 cm厚度的土壤粒度略粗。虽然泉吉乡地区土壤为粉砂土,但与黄土相比,极细砂与细砂含量显著高,黏粒含量显著低,并含有少量中砂和粗砂,表明比黄土粒度成分粗。

8.1.4 石乃亥土壤粒度成分

根据石乃亥剖面3土壤粒度分析结果(图8-20)得知,该剖面粒度成分以粗粉砂为主,含量变化为27.4%~53.5%,平均含量为43.9%。极细砂、黏粒和细粉砂含量次之,三者含量接近,含量变化分别为11.1%~24.4%、14.2%~20.2%、8.3%~19.0%,平均含量分别为17.2%、16.6%、14.4%。细砂含量变化为2.3%~18.6%,平均含量为3.7%。中砂和粗砂含量很少,平均含量低于1%。大于2 mm的砾石缺失。石乃亥剖面4粒度分析结果(图8-21)与剖面3接近。粒度成分显示,石乃亥地区的

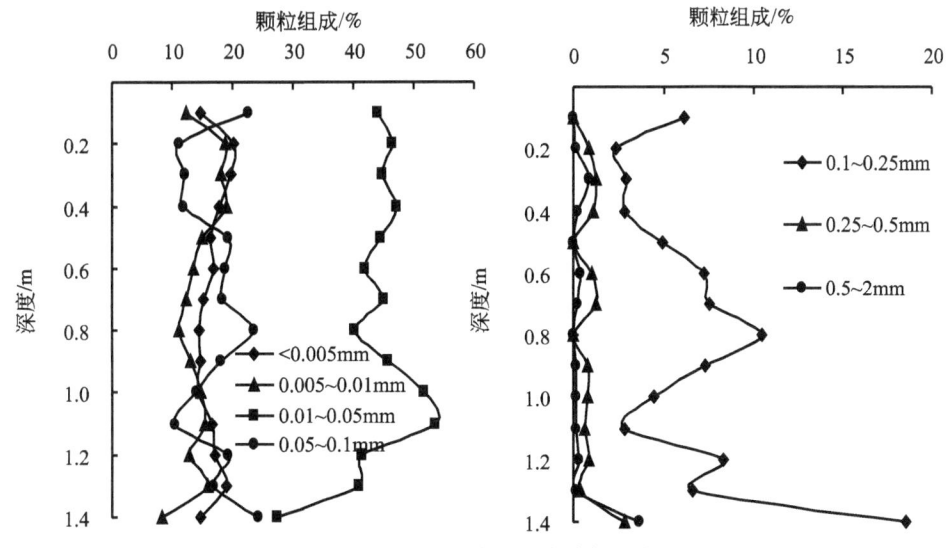

图8-20 石乃亥土壤粒度成分剖面变化

土壤也是粉砂为主的粉砂土，但极细砂和细砂含量比黄土明显高，黏粒含量比黄土明显低，粒度组成比黄土粗。

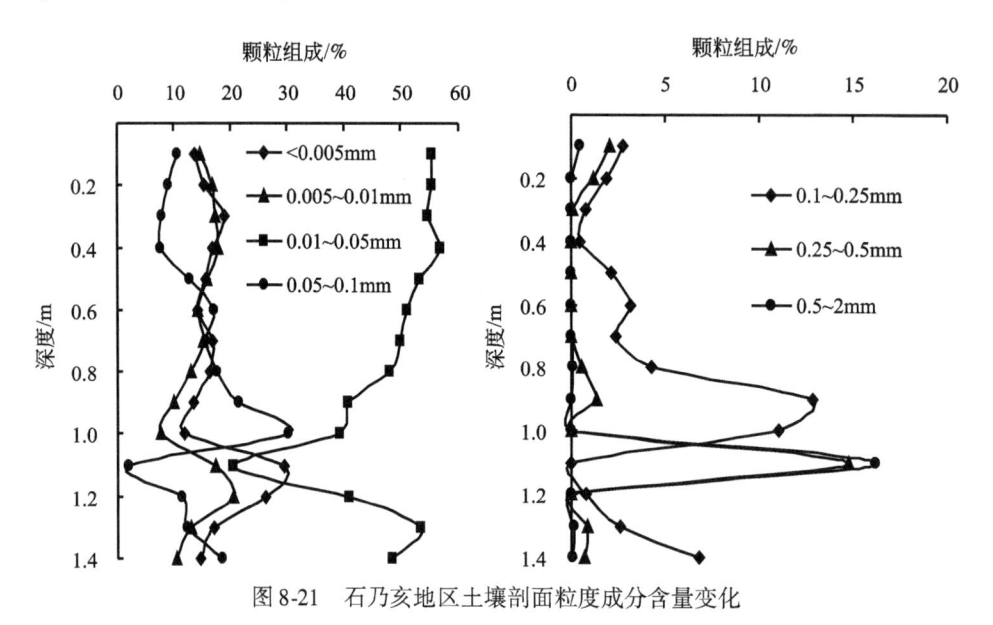

图 8-21　石乃亥地区土壤剖面粒度成分含量变化

8.1.5　海晏地区土壤粒度成分

1. 三角城镇杨树林土壤粒度成分

对紧靠青海湖流域东部边缘的海晏县三角城镇东约 500 m 处的杨树林地 2 个土壤剖面进行了粒度分析。剖面 1 分析结果（图 8-22）显示，该地区 0～0.9 m 粒度组成主要以粗粉砂含量最高，平均含量为 43.6%。细粉砂和黏粒（含胶粒）次之，平均含量分别为 20.8% 和 22.0%。粒度成分表明，海晏杨树林土壤粒度成分较细，并且随深度的增加粒径大于 0.05 mm 的成分增加，0.9 m 以下粒径大于 2 mm 的砾石含量增加较多，最高达 45.0% 左右。0.9 m 以上为粉砂土，0.9 m 以下为砂砾层。

根据该剖面各粒级组成随深度的变化，可将该剖面划分为三层，第 1 层为 0～0.5 m，第 2 层为 0.6～0.9 m，第 3 层为 1.0～2.0 m（图 8-22）。在剖面的 0～0.5 m 深度的第 1 层中，粗粉砂、细砂和极细砂的含量较高，其中粗粉砂的含量最高，变化范围为 17.1%～58.2%，平均含量为 37.8%。其次是细砂，平均含量为 16.3%，变化范围为 5.5%～28.2%。再次是极细砂，平均含量为 15.1%，变化范围为 11.8%～24.5%。细粉砂、黏粒的平均含量分别为 12.0%、10.0%。中砂仅在 0.1 m 和 0.5 m 深处出现，平均含量是 4.4%。粗砂也仅在 0.1 m 和 0.5 m 处出现，平均含量为 1.9%。在剖面的 0.6～0.9 m 深度的第 2 层中，粗粉砂、细砂和极细砂的含量较高，其中粗粉砂的含量最高，变化范围为 7.8%～55.5%，平均含量为 30.2%。其次是细砂，平均含量为 23.5%，变化范围为 8.2%～50.0%。再次是极细砂，平均含量为 16.5%，变化范围为 9.0%～28.1%。细粉砂、中砂的平均含量分别为 9.1%、8.3%，分布范围分别

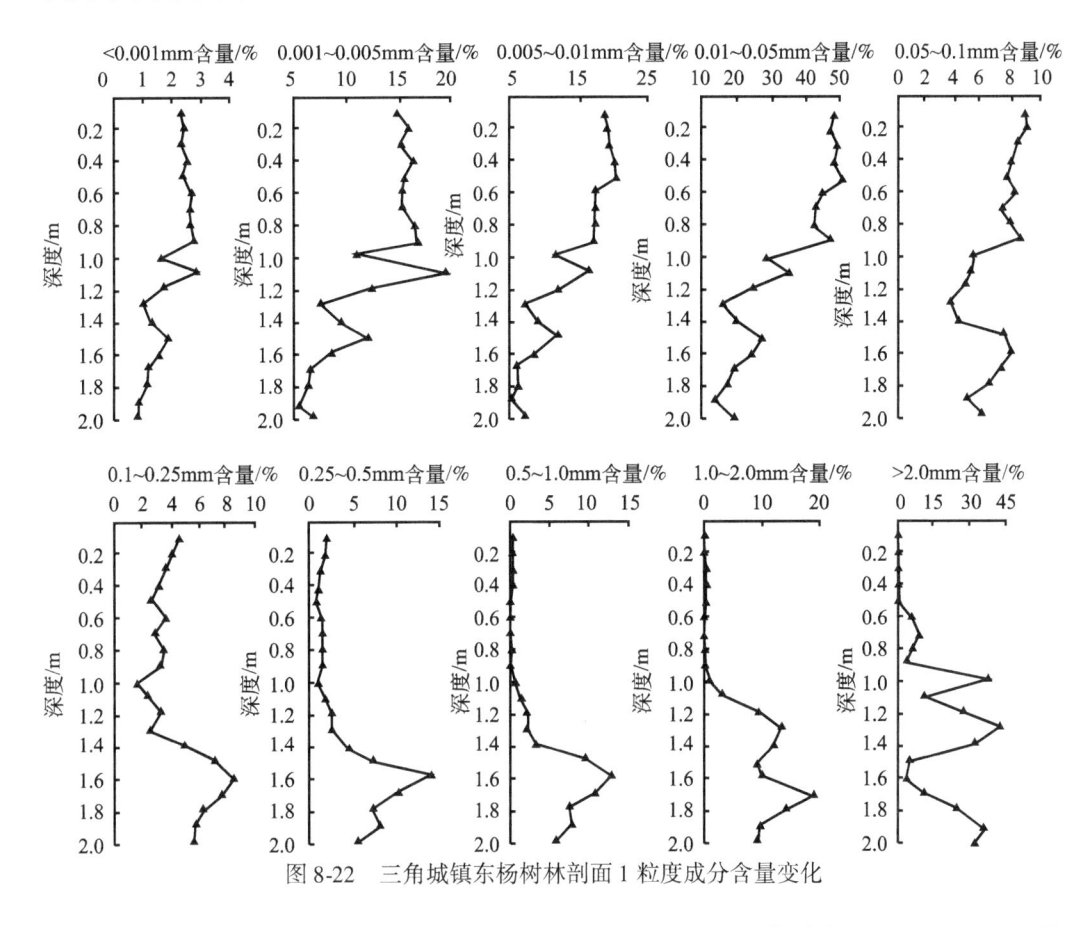

图 8-22 三角城镇东杨树林剖面 1 粒度成分含量变化

为 1.6%～18.1%、0.1%～20.9%。黏粒、粗砂的平均含量分别为 7.4%、3.4%，分布范围分别为 1.5%～15.1%、0～13.5%。在 1.0～2.0 m 的第 3 层中，粒度成分显著变粗，胶粒、黏粒和粉砂减少，细砂、中砂、粗砂和大于 2 mm 的砾石含量明显增加（图 8-22）。

2. 三角城镇沙柳林土壤粒度成分

根据海晏县三角城镇东沙柳林 2 个剖面的土壤粒度分析结果（图 8-23）可知，2 个剖面的粒度成分差异很小，以剖面 1 为代表进行介绍。剖面 1 粒度成分可分为两层，0～1.0 m 为第 1 层，粒度成分较细。1.1～1.6 m 为第 2 层，粒度成分较粗。第 1 层以粗粉砂为主，含量为 46.5%。细粉砂和黏粒（含胶粒）次之，含量分别为 18.6% 和 18.3%。极细砂平均含量为 5% 左右。1.1 m 以下的第 2 层中不同粒度的颗粒含量波动较大，粒径大于 2 mm 的砾石颗粒平均含量达到 24.7%。这表明该区 1.0 m 以上土壤为粉砂土，且粒度成分与黄土很接近，1.1 m 以下为砂砾石层。

3. 西海镇土壤粒度成分

所研究的剖面位于西海镇西侧约 200 m，植被为沙柳林，剖面厚度为 2 m。根据该剖面各粒级组成随深度的变化（图 8-24），可将该剖面划分为三层，第 1 层为 0～

0.5 m，第 2 层为 0.6~0.9 m，第 3 层为 1.0 ~2.0 m（图 8-24）。在 0~0.5 m 深度的第 1 层中（图 8-24、图 8-25），粗粉砂、细砂和极细砂的含量较高，其中粗粉砂的含量最高，变化范围为 17.1%~58.2%，平均含量是 37.8%。其次是细砂，平均含量为 16.3%，变化范围为 5.5%~28.2%。再次是极细砂，平均含量为 15.1%，变化范围为 11.8%~24.5%。细粉砂、黏粒的平均含量分别为 12.0%、10.0%。中砂在 0.1 m 和 0.5 m 处出现，平均含量是 4.4%。粗砂在 0.1 m 和 0.5 m 处出现，平均含量为 1.9%。在 0.6~0.9 m 的第 2 层中（图 8-24、图 8-25），粗粉砂、细砂和极细砂的含量较高，其中粗粉砂的含量最高，变化范围为 7.8%~55.5%，平均含量为 30.2%。其次是细砂，平均含量为 23.5%，变化范围为 8.2%~50.0%。再次为极细砂，平均含量为 16.5%，变化范围为 9.0%~28.1%。细粉砂、中砂的平均含量分别为 9.1%、8.3%，分布范围分别为 1.6%~18.1%、0.1%~20.9%。黏粒、粗砂的平均含量分别为 7.4%、3.4%，分布范围分别为 1.5%~15.1%、0~13.5%。在 1.0~2.0 m 的第 3 层中，粒度变粗，细砂含量最高，为极细砂、细砂土（图 8-24）。

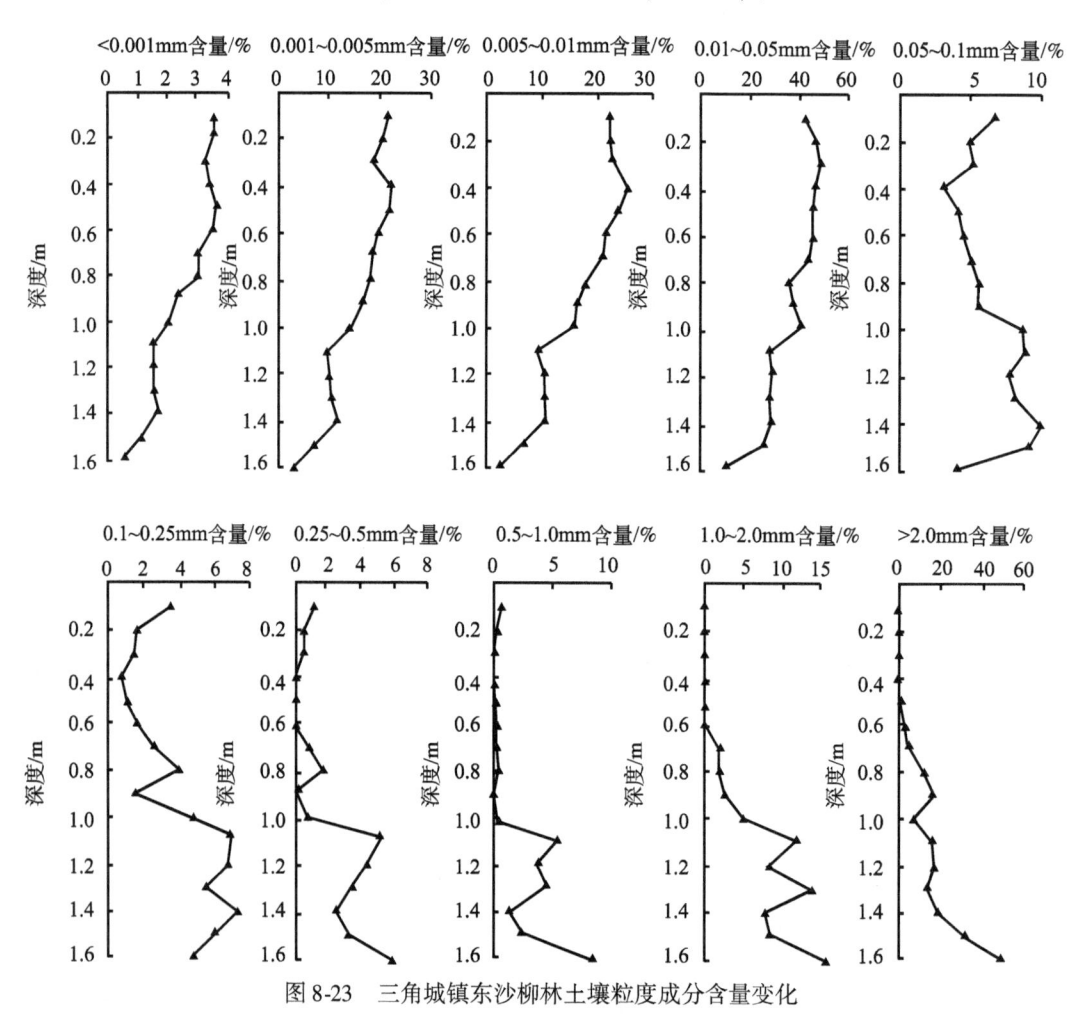

图 8-23 三角城镇东沙柳林土壤粒度成分含量变化

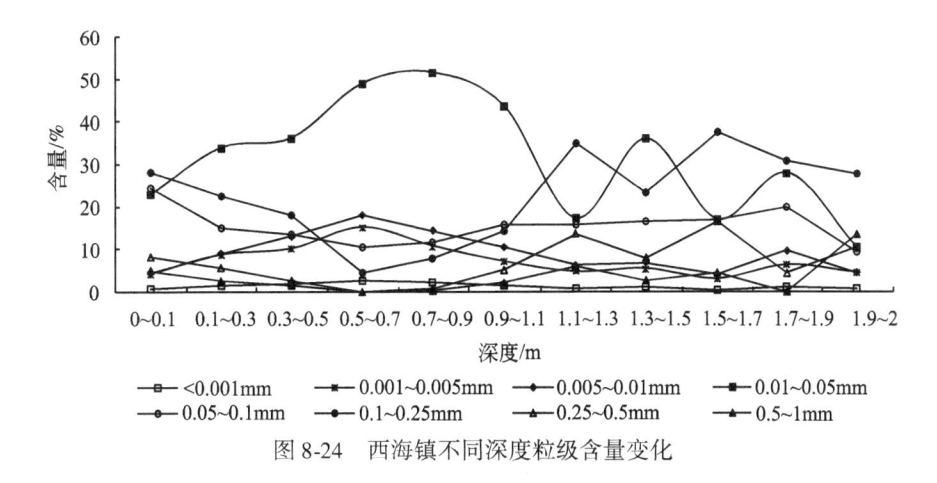

图 8-24 西海镇不同深度粒级含量变化

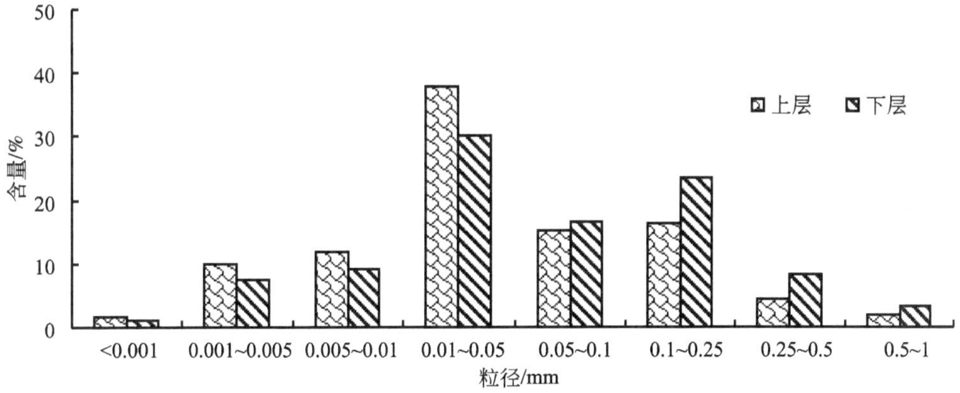

图 8-25 西海镇采样点剖面不同粒级含量
上层是 0~0.5 m 的土层，下层是 0.6~0.9 m 的土层

根据西海镇沙柳林土层粒度特征，分别求出 0~0.5 m（上层）和 0.6~0.9 m（下层）土壤累积频率平均值，并绘制了草地土壤粒度累积含量曲线（图 8-26）。由图 8-26 可知，沙柳林土壤上、下层粒度累积含量曲线略有差异，沙柳林上层累积含量曲线位于左侧，表明曲线斜率大，粒度成分稍微偏细；沙柳林土壤下层累积含量曲线位于右

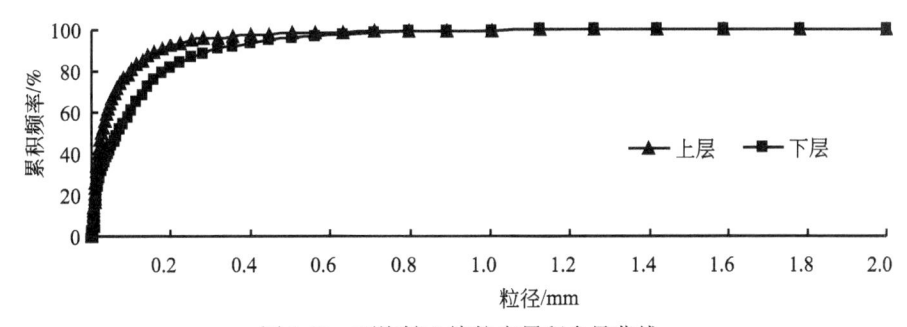

图 8-26 西海镇土壤粒度累积含量曲线
上层是 0~0.5 m 的土层，下层是 0.6~0.9 m 的土层

侧，表明它的斜率较小，粒度组分偏粗。

由此得出，该剖面0.6 m以上土壤粒度组成以粗粉砂为主，为极细砂、细砂、粉砂土，细砂和极细砂含量比黄土显著高，粉砂与黏粒含量比黄土显著低，粒度组成比黄土粗。0.6~0.9 m的粒度变粗，为含中砂与粗砂的极细砂、细砂、粉砂土，1.0~2.0 m为极细砂、细砂土，粒度成分与黄土差别较大。

8.1.6 青海湖南侧江西沟地区土壤粒度成分

第1采样点位于109国道以北约1 km处，地理坐标为36°37′N、100°16′E。第2采样点位于第1采样点北1 km，第3采样点位于第2采样点北1 km。在每个采样点选取3个钻孔样品进行粒度分析。通过对共9个钻孔样品的粒度分析得知，各个钻孔土壤粒度组成差别较小，我们选择钻孔剖面1（图8-27）进行粒度成分的介绍。由图8-27可知，钻孔剖面1粒度成分的变化可分为两层，1.6 m以上为第1层，粒度成分较细，以粗粉砂、细粉砂、黏粒和极细砂含量较多，为粉砂土。1.6~2.2 m为第2层，粒度成分较粗，细砂、中砂、粗砂和砾粒增多。第1层中粗粉砂含量最高，含量均大于40%，平均含量为53.4%。其次为细粉砂，平均含量为13.9%。小于0.005 mm的黏粒含量一般大于10%，平均含量为12.8%。第2层中粗砂含量最高，含量变化为8.4%~26.6%，平均为26.7%。极细砂含量次之，平均含量为25.5%。中砂与砾粒含量增多，含量变化范围分别为2.3%~16.1%、8.4%~26.6%，平均含量分别为9.0%、15.3%。还有一定量的粗粉砂，平均为13.4%。细粉砂和黏粒含量较少，平均为4.5%和3.8%。粒度分析结果显示，江西沟地区土壤1.6 m以上为粉砂土，1.6~2.0 m为极细砂、粗砂土。即使在土壤剖面的1.6 m以上，极细砂与细砂含量明显比黄土高，粒度组成比黄土略粗。

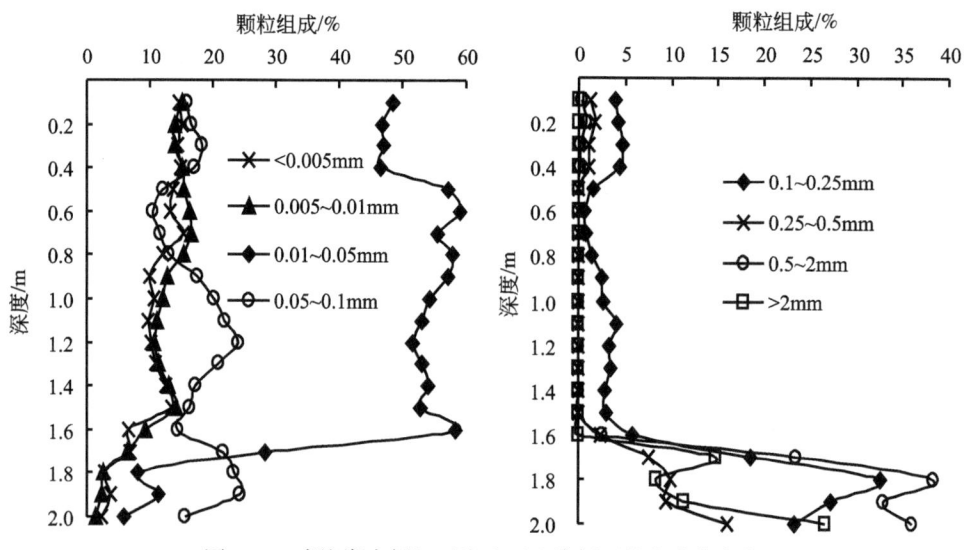

图8-27 青海湖南侧江西沟地区土壤剖面粒度成分变化

8.2 刚察县地区土壤孔隙度

孔隙度主要反映土壤的疏松程度、水分和空气容量的大小,它影响土壤的水、热和通气状况,决定土壤的蓄水量,对其研究很有意义。土壤的孔隙度是指单位体积土壤中的孔隙体积所占的比例(胡广韬和杨文远,1984)。孔隙度 $n=V_n/V\times100\%$,式中,V_n 为土中孔隙总体积,V 为土的总体积。要确定土壤孔隙度,就需要测定土壤容重。土壤容重是指土壤在自然结构状况下,单位体积土壤的烘干重,以 g/cm³ 表示(胡广韬和杨文远,1984)。土壤容重的大小与土壤质地、结构、有机质含量和土壤紧实度等有关。土壤容重的数值大小是鉴定土壤紧实度的必要数据。我们采用了最常用的环刀法测定土壤容重。该方法简便,但需多次重复才能得出较准确的数值。环刀法是利用一定体积的钢制圆筒(为环刀)切割自然状态的土壤,使土充满其中,然后称重并测定土壤含水量,计算出单位体积的干容重。

8.2.1 沙柳河镇南部土壤孔隙度

在沙柳河镇南部青海湖农场四大队附近含水量钻孔样品中选择了 2 个剖面进行含水量测定。第 1 采样点剖面 2 中 7 个样品的孔隙度测定结果(表 8-1、图 8-28)表明,该剖面中的孔隙度从上向下呈现逐渐减小的趋势,孔隙度总体较高,变化范围为 45.4% ~ 64.6%,平均值为 51.5%。第 3 采样点第 9 剖面中 7 个样品的孔隙度测定表明,该剖面中的孔隙度波动变化明显,孔隙度较高,变化范围为 50.5% ~ 53.8%,平均值为 52.8%。与黄土高原黄土孔隙度相比,青海湖农场四大队附近土壤孔隙度比黄土高原马兰黄土之下的黄土层孔隙度高 3% ~ 5%(赵景波等,2009b;2009c)。较高的孔隙度会导致土层渗透性增强,这应当是该区土壤入渗率比黄土略高的原因。

表 8-1 沙柳河镇南部青海湖农场四大队附近土壤剖面孔隙度变化

剖面 2 样品号	样品深度/cm	孔隙度/%	剖面 9 样品号	样品深度/cm	孔隙度/%
gc2-2	0.2	64.6	gc9-2	0.2	52.7
gc2-4	0.4	51.1	gc9-4	0.4	53.2
gc2-6	0.6	52.2	gc9-6	0.6	53.8
gc2-8	0.8	45.8	gc9-8	0.8	50.5
gc2-10	1.0	45.4	gc9-10	1.0	53.8
gc2-12	1.2	53.4	gc9-12	1.2	53.6
gc2-14	1.4	50.5	gc9-14	1.4	51.9

(a) 剖面2　　　　　　　　　(b) 剖面9

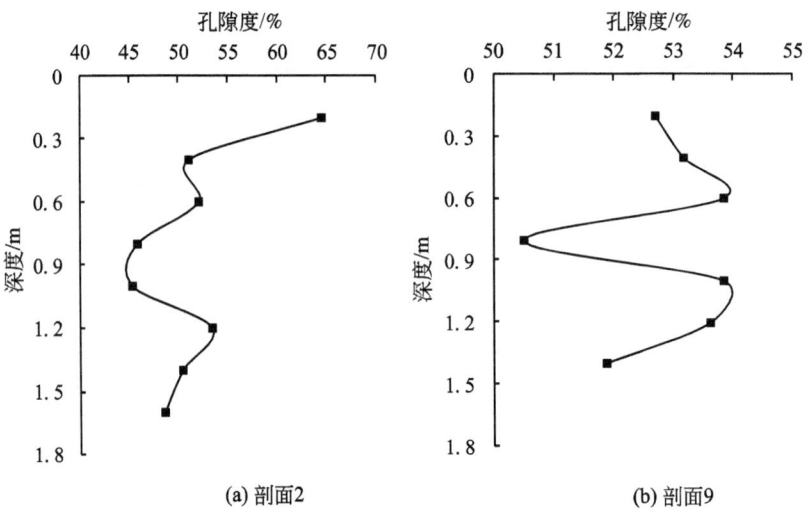

图 8-28　沙柳河镇地区土壤剖面孔隙度变化

8.2.2　吉尔孟地区土壤孔隙度

在前述的吉尔孟地区草原土壤含水量钻孔剖面中，选择了3个土壤剖面进行孔隙度测定。孔隙度测定与计算结果表明，吉尔孟第1采样点剖面5土壤孔隙度总体相当高，从上向下孔隙度呈明显减少趋势（图8-29），0.4 m以上孔隙度较高，0.4 m之下孔隙度相对较低；孔隙度变化为47.9%~63.0%，平均值为51.4%。吉尔孟第2采样点剖面7从上向下孔隙度也呈明显减少趋势（图8-29），0.5 m以上孔隙度较高，0.5 m之下孔隙度相对较低；孔隙度变化为39.4%~58.1%，平均值为48.3%。吉尔孟第3采样点剖面5从上向下孔隙度也呈明显减少趋势（图8-29），0.4 m以上孔隙度较高，0.4 m之下孔隙度相对较低；孔隙度变化为43.8%~61.0%，平均值为53.6%。

(a) 第1采样点剖面5　　　(b) 第2采样点剖面7　　　(c) 第3采样点剖面5

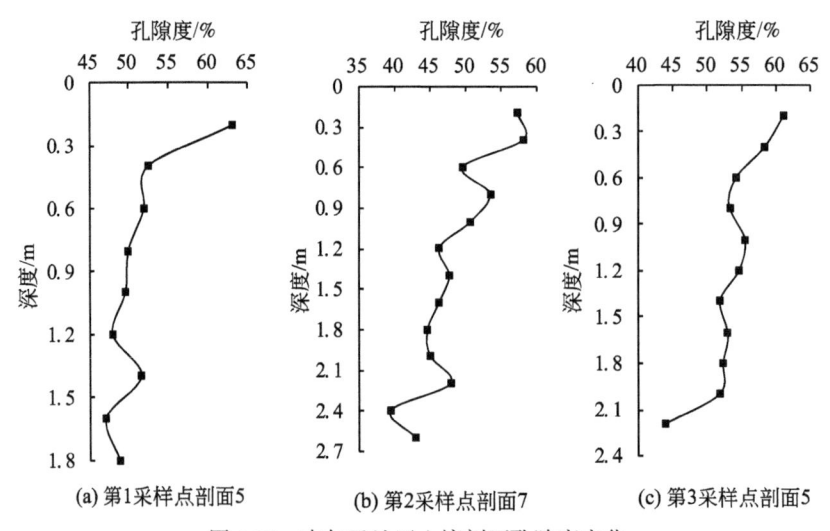

图 8-29　吉尔孟地区土壤剖面孔隙度变化

上述土壤孔隙度测定结果（图8-29）表明，吉尔孟地区土壤孔隙度平均为45%~54%，孔隙度较高且较为适中，过多和过少的孔隙度对土壤持水性和供水性都是不利的。在厚度大于1.0 m的土壤剖面中，从上向下孔隙度明显减少，在0.4 m以上土壤孔隙度明显高于0.4 m以下，这是该区草原植被根系分布范围造成的。该区草原植物根系较浅，分布深度主要在30 cm以上，根系的生长发育和植被形成的团粒结构使得土壤孔隙发育好，这造成了0.4 m以上孔隙度明显高于0.4 m以下。在2.0 m左右深处，缺少植物根系的作用，孔隙度比0.4 m以上约低10%。在草本植物根系分布的0.3 m以下，土壤孔隙仍然是逐渐减小的，这与植物根系的作用无关，应该与粒度成分向下有一定变粗有关。粒度成分的变粗会导致孔隙度减少，所以0.4~2.0 m孔隙度向下部也是逐渐减小的。

8.3 沙柳河镇与新源镇地区土壤吸力

土壤吸力反映了土壤吸附水分的强弱，对同一土壤来说，随着含水量的增加，土壤吸附水分的能力减小。对于不同土壤来说，粒度细的土壤比粒度粗的土壤吸力大。粒度细的土壤吸力较强，粒度粗的土壤吸力较弱。在相同吸力条件下，不同粒度组成土壤含水量差别很大。在同一吸力条件下，土壤中可利用的水分有效程度是一样的。土壤吸力是指示土壤水分的有效含量和土壤缺水状况的可靠指标，对于农田灌溉有重要应用价值，对确定土壤水分存在形式有重要作用。土壤吸力可用负压计测定，用负压值表示，单位是bar[①]。

为了查明青海湖流域土壤水分存在形式，我们在2012年的5月利用负压计对刚察县沙柳河镇地区和天峻县新源镇地区的土壤吸力进行了测定，同时也对含水量进行了测定。由于该区土壤水分高含量层位在土壤上部40 cm，所以测定的土层深度为20~30 cm。测定结果（表8-2）表明，测定时期土壤的负压值变化为0.16~0.42 bar，一般为0.16~20 bar。负压值高的土层含水量较低，负压值低的土层含水量较高，很符合正常变化规律。

表8-2　刚察县与天峻县草原土壤含水量与土壤负压值

测量地点	测定深度/cm	地理坐标	测量点编号	负压值/bar	含水量/%
沙柳河镇北	20	37°23′N, 100°06′E	SB1	0.20	19.3
	30		SB2	0.20	16.7
	30		SB3	0.18	22.6
	30		SB4	0.17	25.2
青海湖农场	30	37°13′N, 100°05E	SD1	0.38	19.5
	30		SD2	0.20	22.1
	20		SD3	0.42	17.2
	20		SD4	0.42	16.9

① 1bar = 10^5 Pa

续表

测量地点	测定深度/cm	地理坐标	测量点编号	负压值/bar	含水量/%
天峻县七道班	30	37°09′N，99°20′E	Q1	0.17	28.4
	30		Q2	0.17	33.9
	20		Q3	0.16	34.4
	20		Q4	0.18	22.3
天峻县五道班	20	37°12′N，99°09′E	W1	0.16	32.8
	20		W2	0.23	31.1
	30		W3	0.42	17.8
	30		W4	0.36	19.2

根据前人对黄土高原土壤吸力与含水量关系的研究结果（表8-3），黄土中的田间持水量对应的土壤吸力为0.1~0.6 bar。青海湖地区土壤粒度成分较黄土粗，加上含水量较高，所以吸力较小。吸力小一是表明含水量高，有自由重力水存在，二是表明粒度成分较粗。在土壤粒度成分较粗和土壤吸力小于0.2 bar的条件下，土壤的田间持水量应该小于20%（表8-3）。由此可以得出，青海湖流域土壤田间持水量应该为20%左右，高于20%的土壤水应该为重力水。

表8-3 田间持水量与吸力之间的关系（杨文治和邵明安，2002）

土壤	田间持水量（干土重/%）	0.1bar吸力含水量/%	0.2bar吸力含水量/%	0.4bar吸力含水量/%	0.6bar吸力含水量/%
榆林砂壤土	13.0	14.8	10.3	—	—
吴旗轻壤土	20.6	—	23.1	19.9	—
志丹中壤土	17.7	—	18.4	12.4	—
洛川中壤土	20.2	—	—	—	—
陇县中壤土	21.7	—	—	—	20.2
武功重壤土	20.2	—	—	—	21.6

8.4 青海湖流域土壤水库的特点

粒度成分是土壤最重要的物质组成，是影响土壤物理性质的主要因素，是决定土壤水库持水性、供水性与含水空间的主要因素。根据青海湖流域土壤粒度分析结果可知，该区土壤粒度成分以粉砂为主，并含有一定量的黏粒成分，土壤粒度类型主要是粉砂土。以粉砂为主，并含有一定量黏粒是优良土壤的粒度搭配，这种粒度搭配利于植物根系生长。粒度较粗的土壤持水性较差，造成土壤含水量很低或土壤水库蓄水量很少（赵景波等，2012a；2012b），导致调蓄功能下降，不利于植物生长和植被发育。粒度组成更细的黏性土，虽然持水性好，但入渗率低，结构致密，不利于大气降水的入渗，也会阻碍植物根系生长。粉砂为主的土壤入渗率较高，且持水性也较好，利于大气降水的入渗。第 7 章的入渗实验资料也充分表明青海湖地区土壤入渗率较高。以粉砂为主，并含有一定量黏粒的土壤是粒度成分较细和粒度成分较为均一的土壤，这种土壤的孔隙度一般较高，使得土壤水库含水空间发育较好（赵景波，2002a；2002b；2004），有可能储存较多水分。这种粒级搭配的土壤孔隙直径通常较小（赵景波，2002a；2004），利于土壤水库保存较多的水分供植物吸收利用。在降水较多的条件下，以粉砂为主的土壤有效水含量较高，供水性较好（赵景波等，2012a），利于植被生长发育。因此，从粒度成分组成考虑，可以确定该区土壤是性质优良的土壤，该区的土壤水库具有优良土壤水库的特点。

根据青海湖流域上述土壤孔隙度的测定结果可知，该区土壤孔隙度较高，一般为 40%~60%，表明土壤含水空间和土壤水库蓄水空间发育较好，具备储存较多水分的良好空间。在具备较多降水的条件下，该区土壤水库能够蓄积较多的水分。前述粒度分析表明，该区土壤粒度成分以粉砂为主，粒度较细，这种细颗粒构成的孔隙直径小，利于水分的保持。从前述测定的土壤上部实际含水量较高，也表明土壤水库蓄水能力较强。该区土壤孔隙度存在一定差异，沙柳河镇草地区土壤孔隙度相对较低，西海镇地区人工林土壤孔隙度较高。土壤孔隙度高低差别一是与土层的结构差异有关，二与植被的不同有关，人工林地土壤的孔隙度较草地偏高。

关于该区土壤水库蓄水量，可以根据土壤厚度与土壤孔隙度计算。该区土壤厚度一般为 0.2~1.5 m，平均约为 1.0 m，土壤孔隙度平均为 50%，按假定土壤蓄水达到饱和的情况计算，该区土壤水库平均最大蓄水量为 35 cm 厚。青海湖流域土壤含水量远未达到饱和状态，整个土壤剖面的平均含水量大约为 20%，按此计算，该区土壤水库平均最大蓄水量为 20 cm 左右的水体厚度。与土层巨厚的黄土高原相比，青海湖流域蓄水量总体较少。

土壤水库都具有不同的调蓄功能，在土壤结构基本相同的条件下，较厚的土层比较薄的土层调蓄功能强。土壤的调蓄功能是土壤在雨季蓄水、旱季供水的功能，这对植被与作物的生长非常重要。一般说来，土壤厚度大，粒度较细，孔隙较小，孔隙度较高的土壤调蓄功能较强。青海湖流域土壤粒度较细，孔隙较小，孔隙度较高，从这几方面而论，土壤水库调蓄功能较强，但该区土壤厚度较小，对需要吸收较大深度土壤中水分的木本植被来说，该区水分调蓄功能较弱，对一般仅需要浅层土壤水分的草原植被来说调蓄功能较好。在青海湖流域土壤厚度大于 30 cm 的地区，土壤水库对草原植被的调蓄功能较好，对土壤厚度小于 20 cm 地区，土壤水库对草原植被的调蓄功能较弱。如前所述，该区土壤水分具有在上部滞留的突出特点，而且水分消耗缓慢，这增强了该区土壤水库的调蓄功能。

8.5 沙柳河镇地区南部土壤水分特征曲线

土壤持水性、供水性是土壤重要的物理性质，对土壤蓄水量有非常重要的影响。深入了解土壤水力学性质是分析土壤水分承载力和生产力的重要依据，也是农、牧业抗旱工作的重要基础（刘胜等，2005；柳云龙等，2009）。近年来由于受水资源短缺的影响，土壤水分物理性质的研究成为热点问题（Raats，2001）。目前，国内外已有许多学者对此问题进行了研究。国外学者主要研究了不同水质、灌溉和作物对土壤水分物理性质的影响（Al-Nabulsi，2001），国内学者多注重研究水土保持林地和草地的水分物理性质（贺康宁，1995；王孟本和李洪建，1995；王孟本等，1999；李洪建等，1996；王庆成等，2001；吴文强等，2002；夏江宝等，2005；2010）。过去对同一地区不同植被类型土壤水理性质的研究较少，对青海湖地区土壤水理性质缺少研究。本书以土壤水的动力学理论为依据，从土壤物理性质和土壤水分特征曲线的测定入手，以土壤的持水性、供水性等为分析重点，对刚察地区不同植被类型的土壤水分特性进行了系统分析，以期为刚察地区合理利用土地资源、防止草原退化、保证农牧业的可持续发展提供科学依据。

8.5.1 采样与研究方法

于 2010 年 7 月，在刚察沙柳河镇南选取了不同植被类型的采样点，包括稀疏低草地（稀草地）和稠密低草地（稠草地）、高草地、油菜地四种类型，分别在不同植被类型区用容积为 2650.7 cm^3 的大环刀采取原状土样品各 1 个，共采集样品 4 个。在实验室对所采集的每一个样品进行两次或更多次土壤水分特征曲线的测定，至少两次获得接近的结果方可作为可信的结果。本实验采用张力计法，吸力测定范围为 0~85 kPa，测定样品的脱湿过程和吸湿过程，获得土壤含水量和吸力之间的关系。吸力值由真空表直接读数，土壤含水量采用烘干法测定，先得到土壤质量含水量，然后将质量含水量转换为体积含水量，进行体积含水量和吸力之间的关系分析。土壤容重和土壤总孔隙度采用环刀法测定，土壤粒度组成采用筛析法和激光粒度仪相结合的方法测定。

8.5.2 不同植被类型的土壤水分特征曲线

土壤水分特征曲线反映了土壤水吸力与土壤含水量之间的关系，通过它可以了解土壤的持水性能和供水性能，对于研究土壤水分的储存、保持、运动、供应及土壤-植物-大气连续体中水流等的机理和状况都有重要意义（姚其华和邓银霞，1992）。将实验计算获得的不同植被类型土层的体积含水量和吸力的一系列值点绘于图（图 8-30）中。从图 8-30 中可以看出，不同植被类型土壤的含水量都随吸力的增加而减少，随吸力的降低而增多。每个样品的吸湿曲线基本都在脱湿曲线下方，即同样的吸力，脱湿过程对应的含水量高于吸湿过程对应的含水量，因为本实验测定的最高吸力值为 85 kPa，所以该实验的水分特征曲线仍表现出明显的滞后现象。

为定量研究土壤的水分特征曲线，前人提出了很多的数学模拟方程（Gardner et al.，1970；Campbell，1974）。其中 Gardner 模型、Brooks-Corey 模型与 Van Genuchten 模型是最常用的土壤水分特征曲线模型。Gardner 模型不能精确描述土壤水分特征曲线的整个变化过程，尤其是饱和含水量附近的曲线变化趋势，Brooks-Corey 模型存在非连续性问题，而 Van Genuchten 模型具有连续性，适用土壤质地范围比较宽，应用土壤含水量范围较广（李洪建等，1996），所以我们采用 Van Genuchten 模型对实验结果进行拟合。Van Genuchten 模型的数学表达式为

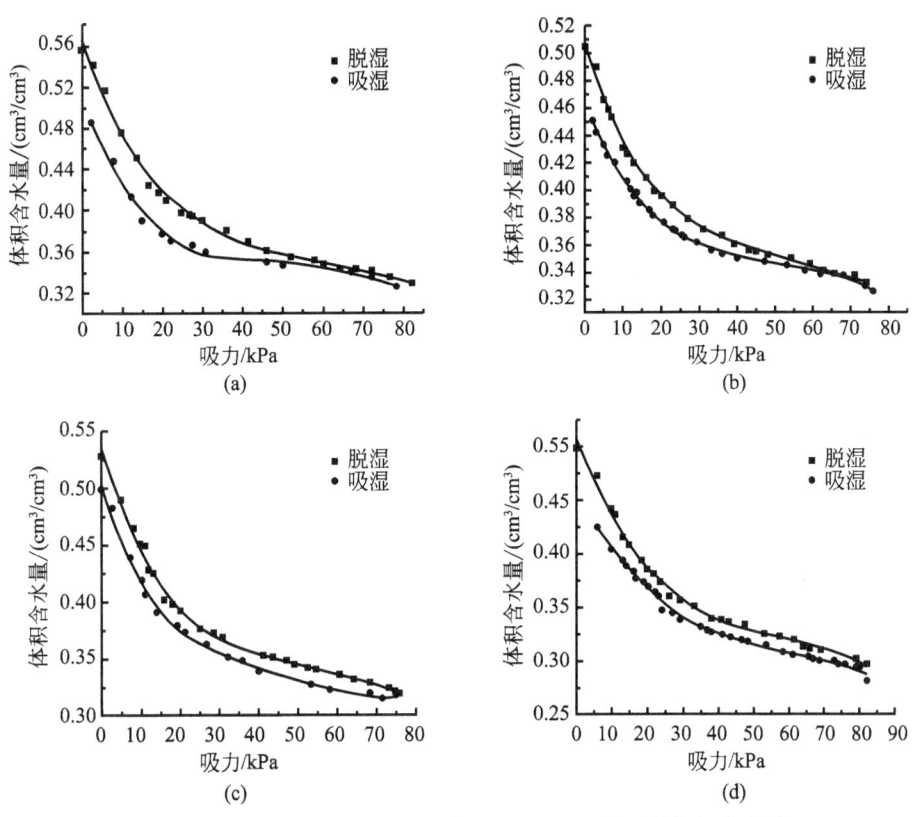

图 8-30 不同植被类型土壤的脱湿和吸湿过程实测数据拟合曲线

(a) 高草地土壤脱湿和吸湿过程拟合曲线；(b) 稀疏低草地土壤脱湿和吸湿过程拟合曲线；
(c) 稠密低草地土壤脱湿和吸湿过程拟合曲线；(d) 油菜地土壤脱湿和吸湿过程拟合曲线

$$\frac{\theta - \theta_r}{\theta_s - \theta_r} = \left(\frac{1}{1 + (ah)^n}\right)^m$$

式中，θ 为体积含水量（cm^3/cm^3）；θ_r 为滞留含水量（cm^3/cm^3）；θ_s 为饱和含水量（cm^3/cm^3）；h 为土壤吸力（kPa）；m、n、a 为拟合参数，且 $m = 1 - 1/n$。为适于目前土壤水分测定方法的习惯，本书以土壤水吸力值（+）代替压力水头（-），以质量含水量（g/g）代替体积含水量（cm^3/cm^3），进行此模型的参数求解。

模型中共有 4 个参数，一般求解难度较大，我们借助新版 origin 8 软件来实现参数的求解和曲线拟合，拟合曲线如图 8-30 所示，拟合结果见表 8-4 和表 8-5。从表 8-4 和表 8-5 中可以看出，无论是脱湿曲线还是吸湿曲线，其拟合的 R^2 值都高达 0.99 以上，说明刚察地区不同植被类型的土壤的水分特征曲线与 Van Genuchten 模型非常符合。

表 8-4 不同植被类型的土壤样品脱湿曲线参数值

类型	θ_r /(cm^3/cm^3)	θ_s /(cm^3/cm^3)	a	n	R^2	数学表达式
高草地	0.020	0.288	0.116	1.770	0.997	$\theta = 0.020 + 0.268/[1 + (0.116h)^{1.770}]^{0.435}$
稀草地	0.018	0.262	0.159	1.484	0.999	$\theta = 0.018 + 0.244/[1 + (0.159h)^{1.484}]^{0.326}$

类型	θ_r/(cm³/cm³)	θ_s/(cm³/cm³)	a	n	R^2	数学表达式
稠草地	0.026	0.278	0.135	1.710	0.996	$\theta=0.026+0.252/[1+(0.135h)^{1.710}]^{0.415}$
油菜地	0.016	0.258	0.094	1.804	0.997	$\theta=0.016+0.242/[1+(0.094h)^{1.804}]^{0.446}$

表 8-5　不同植被类型的土壤样品吸湿曲线参数值

类型	θ_r/(cm³/cm³)	θ_s/(cm³/cm³)	a	n	R^2	数学表达式
高草地	0.160	0.326	0.118	2.251	0.991	$\theta=0.160+0.166/[1+(0.118h)^{2.251}]^{0.556}$
稀草地	0.132	0.293	0.125	1.628	0.996	$\theta=0.132+0.161/[1+(0.125h)^{1.628}]^{0.386}$
稠草地	0.020	0.261	0.163	1.581	0.997	$\theta=0.020+0.241/[1+(0.163h)^{1.581}]^{0.367}$
油菜地	0.032	0.239	0.079	1.707	0.992	$\theta=0.032+0.207/[1+(0.097h)^{1.707}]^{0.414}$

8.5.3　不同植被类型土壤的理化性质

根据粒级划分标准（王挺梅和鲍芸英，1964；徐馨等，1992），以 0.002 mm、0.005 mm、0.01 mm、0.05 mm、0.1 mm 作为胶粒、黏粒、细粉砂、粗粉砂、极细砂的分界线。不同植被覆盖下的土壤物理性质见表 8-6。由表 8-6 可知，刚察地区的土壤质地类型为砂壤土，低草地、高草地、油菜地土壤的粒度组成呈现出由粗到细的变化；不同植被类型土壤的小于 0.01 mm 的物理性黏粒含量表现为油菜地>高草地>低草地；不同植被类型的土壤的容重由大到小的顺序大致表现为高草地>低草地>油菜地，而总孔隙度大小顺序为油菜地>低草地>高草地。土壤理化性质的空间差异性与土壤开垦方式、管理方式及土地的利用方式有密切的关系，这表明油菜地的土壤水分物理性质要明显好于草灌地和高草地的。

表 8-6　不同植被类型的土壤物理性质

	胶粒/%	黏粒/%	细粉砂/%	粗粉砂/%	极细砂/%	物理性黏粒/%	容重/g·cm⁻³	总孔隙度/%	质地类型
低草地	2.77	16.13	21.17	47.93	9.55	40.07	1.25	0.53	砂壤土
高草地	3.31	19.06	20.00	46.02	9.24	42.37	1.28	0.52	砂壤土
油菜地	3.75	24.16	24.00	43.08	4.52	51.92	1.21	0.54	砂壤土

8.5.4　不同植被类型土壤的持水性能

土壤的持水性是指土壤吸持水分的能力。在对作物的有效范围内，土壤所吸持的水分是由土壤孔隙的毛管引力和土壤颗粒的分子引力所引起的，这两种力统称为土壤吸力，土壤水分特征曲线就是表征土壤吸力与土壤水分的关系，是研究土壤持水特性的重要资料。在同一吸力条件下，含水量越高，表明土壤持水性越强，反之说明土壤持水性较弱。从不同植被类型的土壤水分脱湿曲线比较来看（图 8-31），它们之间存在一定的分异。当土壤吸力在 0~20 kPa 范围内，随着土壤吸力的增加，各种植被的土壤持水能力急剧下降,土壤持水能力表现为:高草地>稀草地>油菜地>稠草地;吸力在 20~85 kPa 范围内,各种植被的土壤持水能力变化幅度较平缓,土壤持水能力表现为:高草地>稀草地>稠草地>油菜地。各种植被类型的土壤水分吸湿曲线特点(图 8-31)与脱湿曲线相似,当土壤吸力在 0~20 kPa 范围内,各种植被的土壤持水能力也表现为:高草地>稀草地>油菜区>稠草地;吸力在 20~85 kPa 范围内,各种植被的土壤持水能力则表现为:高草地>稠草地>稀草地>油菜地。上述分析表明,脱湿和吸湿过程的土壤持水能力的总趋势为:高草地>低草地>油菜地。

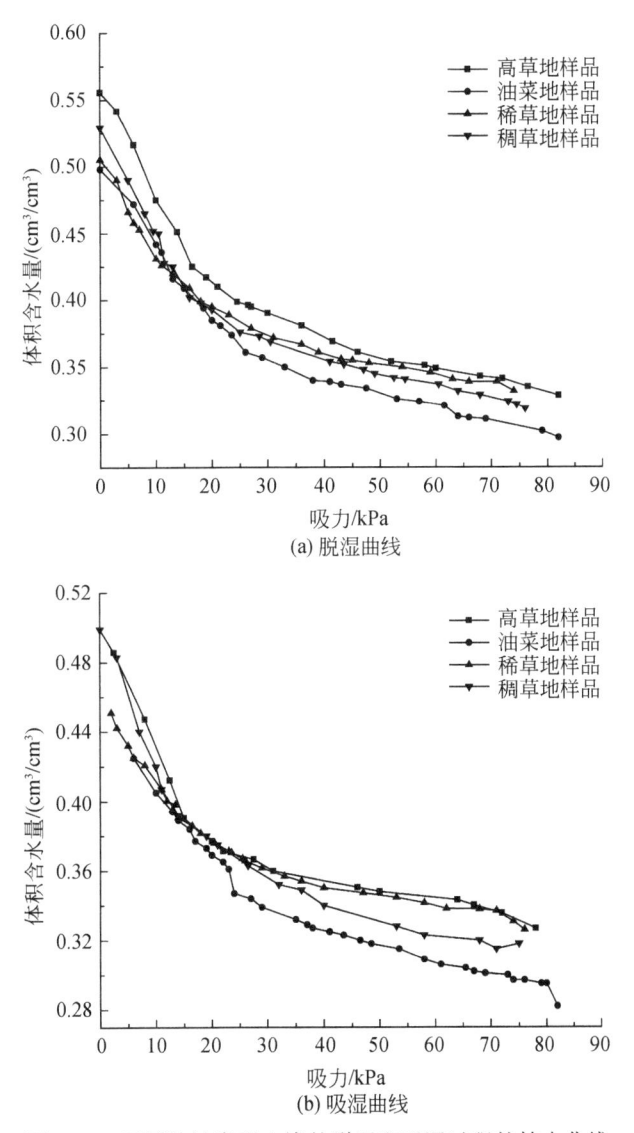

图 8-31 不同植被类型土壤的脱湿和吸湿过程的持水曲线

土壤持水性能的强弱受土壤物理性黏粒的多寡、土壤孔隙度等因素影响(钟兆站等,1996;吴文强等,2002)。表 8-6 和图 8-30 表明,土壤的持水能力与物理性黏粒含量之间并不成明显的函数关系，这可能还取决于土壤的其他性质，这些性质很可能与土壤的有机质和土壤结构有关（张小泉等，1994）。土壤持水性能的大小与土壤容重成正比，与土壤总孔隙度成反比，说明通过改善土壤结构、增加土壤密度和降低土壤总孔隙度等物理性质而能对其持水性能产生积极作用。

8.5.5 不同植被类型土壤的供水性能

土壤水分特征曲线的斜率称为比水容量（$C_{(\theta)}$），$C_{(\theta)}$ 是根据土壤水分特征曲线上的斜率来确定的，即 $C_{(\theta)} = \mathrm{d}\theta/\mathrm{d}h$，按脱水曲线，即每单位质量土壤中增加单位吸力时土壤中释放出的水量，θ 为土壤体积含水量，h 为土壤吸力（陈志雄和汪仁真，1979），它与土壤粒度成分密切相关，黏粒越多，土壤吸力越大。它是评价土壤水分有效性、供水性和耐旱性的重要指标（肖建英等，2007）。比水容量越大，说明其释水或储水性能越好。

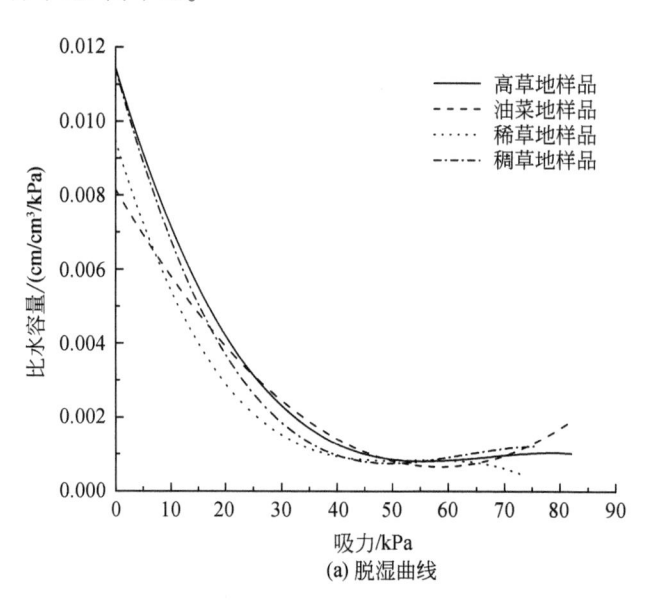

据图 8-32 可知，不同植被类型土壤的比水容量均具有快速下降的特点。土壤脱湿时的比水容量反映土壤的释水或供水性能。当土壤吸力在 0~53 kPa 时，随土壤吸力的增加，脱湿时的比水容量急剧下降，不同植被类型土壤的释水性能具有一定的差异性。不同植被类型土壤释水能力表现为：高草地>稠草地>油菜地>稀草地。吸力大于 53 kPa 时，不同植被类型的土壤释水能力差异性不明显，比水容量较低且变化缓慢，依次表现为：油菜地>稠草地>高草地>稀草地。

土壤吸湿时的比水容量反映土壤的储水性能。由图 8-32 得知，不同植被类型的土壤储水性能也具有一定的差异性。当土壤吸力在 0~25 kPa 时，土壤比水容量下降幅度较大，不同植被类型的土壤储水性能表现为：高草地>稠草地>油菜地>稀草地。在吸力大于 25 kPa 时，土壤比水容量较低且变化缓慢，不同植被类型的土壤持水性能表现为：油菜地>稠草地>稀草地>高草地。

(a) 脱湿曲线

(b) 吸湿曲线

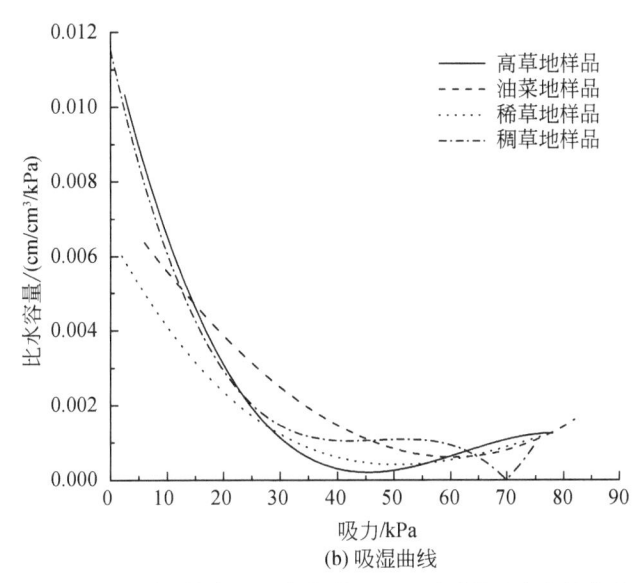

图 8-32　不同植被类型土壤的脱湿和吸湿时的比水容量曲线

由上述分析可知，当土壤吸力在低吸力段或高水势段，高草地和稠草地的土壤释水和储水性能均优于油菜地和稀草地，在高吸力段或低水势段，油菜地和稠草地的土壤释水和储水性能优于高草地和稀草地，表明在降水量较少而蒸发量大的水分极不平衡的刚察地区，高草地和稀草地易于受到干旱的威胁。土壤比水容量的这些差异，反映了不同植被类型土壤在不同吸力段下的释水或储水能力的巨大差别，如果植物以同等能力进行吸水，则在不同吸力下从各种土壤中所吸收到的水分也会有巨大的差别，这就是以比水容量反映土壤水分有效性意义所在。

8.6　青海湖流域土壤水库与草原产草量

对于草原产量变化研究有定量的预测模型（徐斌和杨秀春，2009；樊江文等，2010；周毛措，2010；金云翔等，2011），但这种变化是短期的，长期的变化很难进行准确的预测。通过对青海湖流域土壤含水量与土壤水库的研究，我们可以判断未来在各种气候变化条件下的草原产量的变化。我们通过对青海湖流域 600 多个钻孔剖面的含水量测定认识到，该区土壤具有上部含水量高、下部含水量低的突出特点，即使在缺水的春季和草原蓄水量多的春夏季，土壤上部含水量持续较高，这一突出特点对该流域草原植被的生长是很有利的。虽然该区年降水量较少，该区土壤水库的蓄水量不能满足乔木林发育的需要，但在一定的降水条件下，该区土壤上部蓄水量多，具有独特的草原型土壤水库的优越特点。根据该区土壤水分运移缓慢和土壤水库年消耗量较少的特点，我们能够判断该区未来草原产草量，以指导牧业发展。

8.6.1　土壤含水量与持续时间对草原产量的影响

土壤含水量和土壤水库蓄水量是决定草原产草量的主要依据。根据该区土壤干层的含水量标准,我们得知该区土壤含水量大于11%就能够满足草原植被正常生长需要,这一含水量指标是分析草原产草量变化的主要依据之一。土壤中短暂时段的较高含水量也不能满足草原植被的需要,只有在草原植被的整个生长季节都出现持续性较高含水量才能满足草原植被良好生长的需要。研究表明,青海湖流域在降水正常条件下,土壤上部含水量一般明显大于11%,在整个植被生长季节具有持续性较高含水量的特点,利于草原产出较高产量的土壤水条件。

8.6.2　土壤水库蓄水量与持续时间对草原产量的影响

要全面认识土壤水是否能满足草原植被的生长需要,还要了解土壤厚度、土壤水库蓄水量和土壤水库蓄水量的消耗过程。土壤含水量与一定含水量的持续时间也取决于土壤水库的特点,该区是否适宜发展人工林更要考虑土壤水库的蓄水性和调蓄功能。研究表明,虽然青海湖流域土壤厚度较小,土壤水库调蓄功能较弱,但土壤水分在土壤上部富集且消耗缓慢,这使得该区土壤水库调蓄能力有所增强。青海湖流域土壤水库上部0.6 m深度范围蓄水性好,土壤水库的蓄水量主要在上部0.6 m厚度范围内,在年降水正常条件下,观测年植物生长季节土壤上部蓄水量较多,蓄水量消耗缓慢,能够保持持续性较高蓄水量,能够满足草原植被正常生长的需要。如果没有过度放牧的影响,青海湖流域能够保持正常的产草量。

第9章 青海湖流域近50年气候变化对土壤水的影响

过去气候变化和现代气候变化是国内外广泛关注的重大科学问题，国内外对此开展了大量的研究（刘东生等，1985；安芷生等，1991；郭正堂等，1996；丁仲礼等，1996；方小敏等，1996；陈发虎等，2006；孙继敏和丁仲礼，1997；赵景波，1984；1991；2005；Fedoroff and Goldberg，1982；Ruddiman et al.，1989；Ruddiman and Prell，1997；Broecker，1998；Kukla et al.，1988；Jin et al.，2006；Stevens et al.，2007；Michael et al.，2008；Paolo et al.，2009；Liu et al.，2010；Patricio et al.，2010；Zhao，2005a；2005c；Zhao et al.，2012a；2012b），并取得了很多重要成果。现已认识到，中国北方的气候干旱化历史悠久，早在古近纪和新近纪就已开始变干（赵景波，1989），在第四纪经历了许多重要环境变化事件（Zhao，2005a；2005b；2005c；Zhao et al.，2006；2008；2012a）。长周期气候变化具有非常强的规律性，表现为具有不同时间尺度的周期性（Fink and Kukla，1977；Hell and Liu，1986；Ding et al.，1994；Gallet et al.，1996；Kohfeld and Harrison，2003；Lu et al.，2004；Porter and An，2005；Chen et al.，2006；Thomas et al.，2007），并具有全球普遍性和基本一致性（孙建中和赵景波，1991；Kukla，1987；Maher and Thompson，1995；Gallet et al.，1996；Kohfeld and Harrison，2003；Porter and An，2005；Chen et al.，2006；Thomas et al.，2007）。在最近的地质时期第四纪，有10万年左右的基本周期，还有4万年和2万年左右的周期（刘东生等，1985；Kukla et al.，1988）以及更短的周期（赵景波，2003a）。除此之外，还有异常的气候变化事件（赵景波，2001；2003b；赵景波等，2011a；Guo et al.，1998）会导致灾害的发生，降水减少导致旱灾发生和沙漠化（赵景波等，2011j），降水增多会使降水入渗增加（赵景波，1999a；1999b；2000），土壤侵蚀加强（赵景波等，1999）造成洪涝灾害发生，给人们的生命和财产造成损失（赵景波等，2012c）。近50年来，全球气候变暖，我国气候特别是我国北方的气候在变暖的同时也变得干旱，降水量明显减少，给工农业生产和人们的生活带来了非常不利的影响。气候变化对土壤水和河流水文有最直接、最重要的影响（赵景波，1995；2001；赵景波等，2008b；2008d；2009a，2009b；2010b；赵景波和顾静，2009；赵景波和王长燕，2009；赵景波和刘晓青，2010；Mehrotra，1999；Michael et al.，2008；Paolo et al.，2009；Liu et al.，2010；Patricio et al.，2010），降水量增加，土壤水就增多，降水量减少，土壤水就降低。因此，研究降水量变化对认识土壤水分的长期变化和土壤水分的预测有重要意义。青海湖流域的气象资料主要选自刚察县、海晏县、共和县和天峻县4个气象站从1961~2010年共50年的气温和降水记录（海晏气象站建站时间较短，气象记录从1976年开始）。在降水量的季节划分上，春季为3~5月，夏季为6~8月，秋季为

9~11月，冬季为12月至次年2月。为了研究各气象要素的时间变化特征，利用线性趋势用一元线性回归法和小波分析法，研究青海湖流域4个气象站气温和降水的季节及年度变化特点、变化幅度和周期规律，并探讨该区气候变化与厄尔尼诺、拉尼娜事件的关系。

9.1 青海湖流域近50年气温变化

9.1.1 气温变化趋势

过去的研究表明，青藏高原过去50余年气候明显变暖（蔡英，2003；伏洋等，2009）根据刚察、天峻、共和与海晏4县1961~2010年各季的气温平均值求出近50年各季平均气温值，并绘制成图（图9-1至图9-4）。近50年各季节平均气温变化显示，各季节平均气温均呈上升趋势，其中冬季的温度上升最明显，其次是秋季，再次是夏季和春季。一元线性方程可以表示各气候要素的变化趋势，即

$$x_t = a_0 + a_1 t (t = 1, 2, \cdots, n)$$

式中，x_t 为气象要素的拟合值；a_0 为回归常数；a_1 为回归系数；t 为气象要素每 t 年的变化率（邱新法等，2003）。

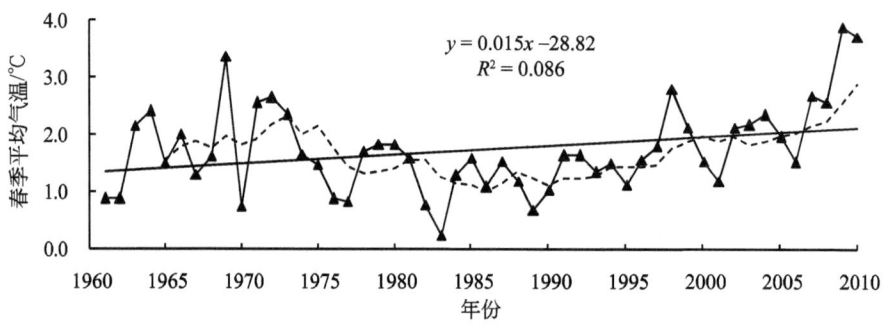

线性回归分析结果表明（图9-1至图9-4），1961~2010年青海湖流域年际和四季气温均呈现缓慢的增加趋势。春季气候倾向率为0.15℃/10a，在对两者的相关性检验中，pearson相关系数为0.29，显著系数［sig.(1-tailed)］为0.02，在方差分析中，F 统计量为4.52，sig.为0.04；夏季气候倾向率为0.30℃/10a，在对两者的相关性检验中，pearson相关系数为0.57，显著系数［sig.(1-tailed)］为0，在进行的方差分析中，F 统计量为23.02，sig.为0；秋季气候倾向率为0.42℃/10a，在对两者的相关性检验中，pearson相关系数为0.76，显著系数［sig.(1-tailed)］为0，在方差分析中，F 统计量为65.99，sig.为0；冬季气候倾向率为0.61℃/10a，在对两者的相关性检验中，pearson相关系数为0.73，显著系数［sig.(1-tailed)］为0，在方差分析中，F 统计量为55.20，sig.为0。由此可见，研究区秋季和冬季增温幅度较大，冬季最大。年气候倾向率为0.401℃/10a，在对两者相关性的检验中，pearson相关系数为0.79，显著系数［sig.(1-tailed)］为0。

图9-1 青海湖流域1961~2010年春季平均气温变化和5年滑动曲线

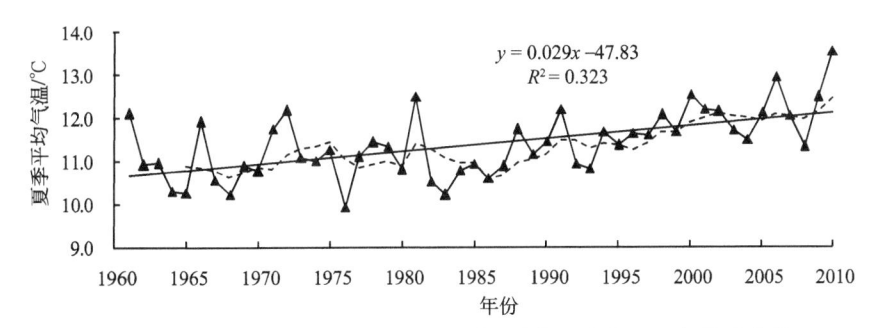

图 9-2　青海湖流域 1961～2010 年夏季平均气温变化和 5 年滑动曲线

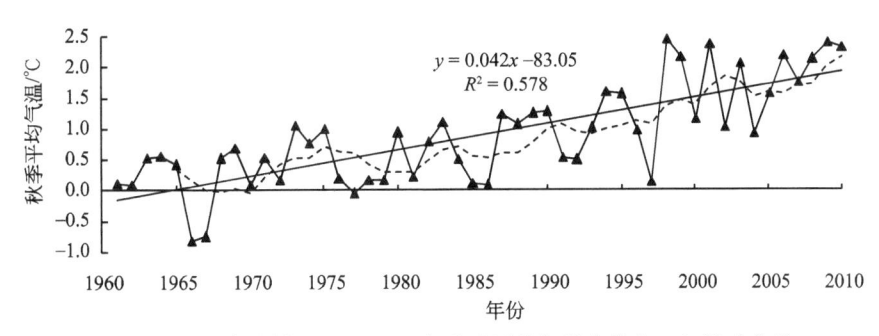

图 9-3　青海湖流域 1961～2010 年秋季平均气温变化和 5 年滑动曲线

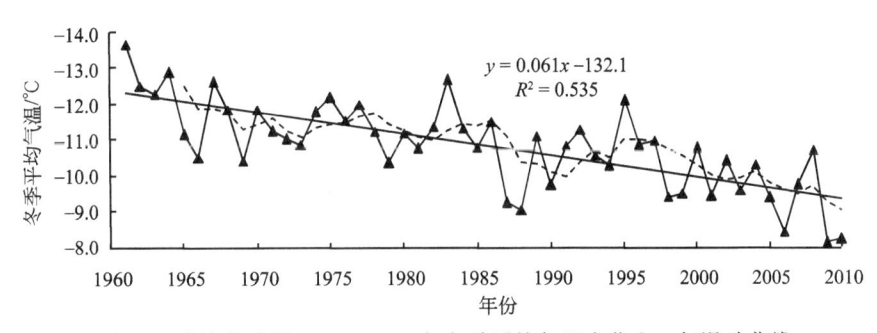

图 9-4　青海湖流域 1961～2010 年冬季平均气温变化和 5 年滑动曲线

根据刚察、天峻和共和 3 县 1961～1975 年各年的年平均气温和刚察、天峻、共和与海晏 4 县 1976～2010 年平均气温绘制出近 50 年气温变化曲线（图 9-5 至图 9-8）。近 50 年气温变化曲线表明，青海湖流域各地 50 年的年平均气温变化（图 9-5 至图 9-9）均呈波动上升趋势，根据线性拟合，流域北部、西部、南部和东部的年平均气温分别以 0.03℃/a、0.05℃/a、0.05℃/a、0.01℃/a 的速率增加。与全国平均气温增长率 0.03℃/a 相比（尹云鹤等，2009）东部增幅最小，其他地区增幅接近或明显高于全国水平，这可能与青藏高原对全球变化反应敏感有关（姚檀栋等，2000）。由多项式拟合结果可知，除东部外，20 世纪 60 年代至 80 年代中期趋势线在平均值以下，年平均气温多为负距平，为相对冷期，80 年代后期气温开始转暖。根据有关专家的研究，认为 1987 年是西北地区西中部气候转向暖湿型的突变年（施雅风等，2003；许何也等，2007）。以 1987 年为界，流域北部、西部、南部 1988～2010 年多年平均气温比 1961～

1987年多年平均气温高0.8℃、1.2℃、1.4℃,远高于全国平均水平（0.35℃）,东部（0.3℃）接近全国平均水平,但低于西北地区水平（0.7℃）。由多项式拟合结果可知,除东部外,20世纪60年代至80年代中期趋势线在平均值以下,年平均气温多为负距平,为相对冷期,80年代后期气温开始转暖。

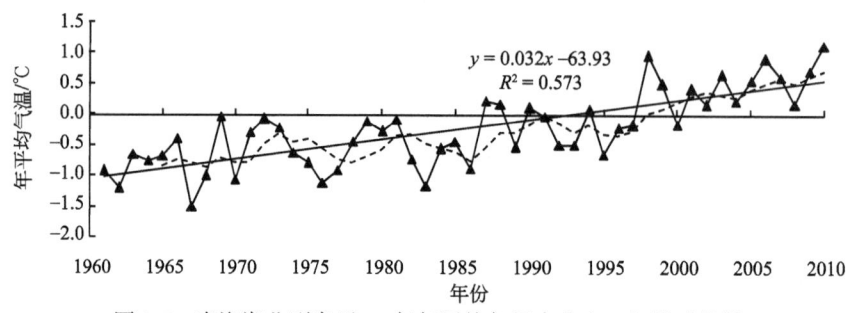

图9-5 青海湖北刚察近50年年平均气温变化和5年滑动曲线

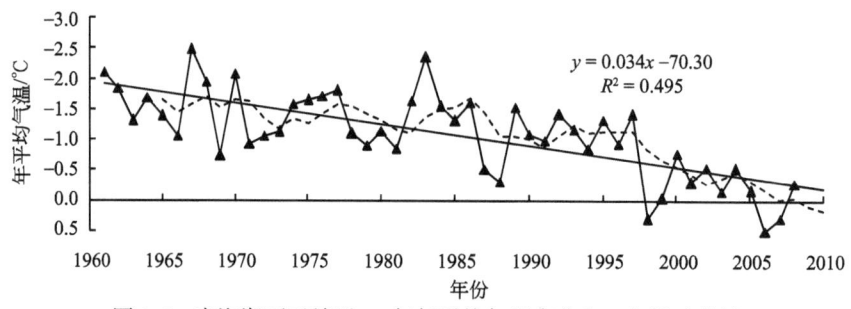

图9-6 青海湖西天峻近50年年平均气温变化和5年滑动曲线

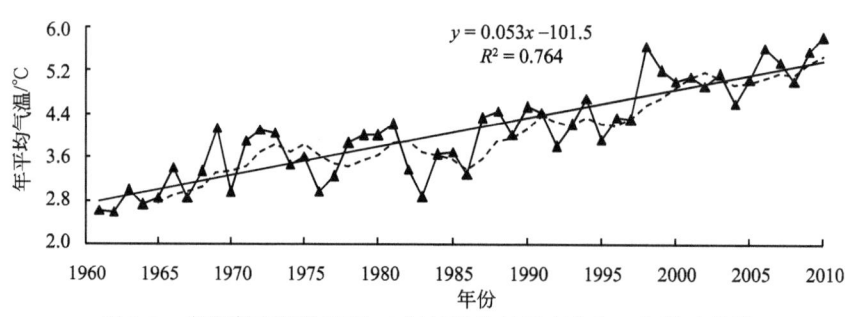

图9-7 青海湖南部共和近50年年平均气温变化和5年滑动曲线

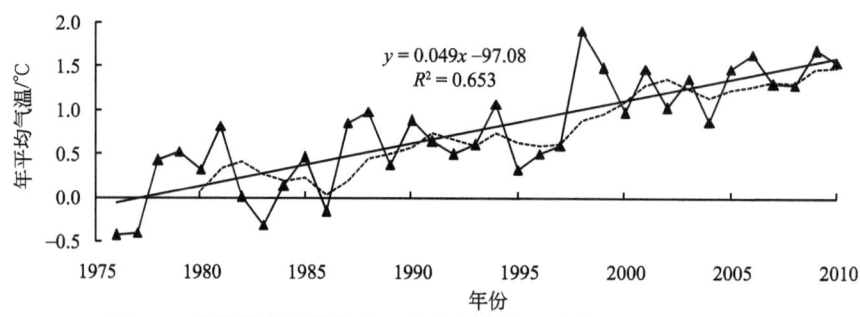

图9-8 青海湖东海晏县近50年年平均气温变化和5年滑动曲线

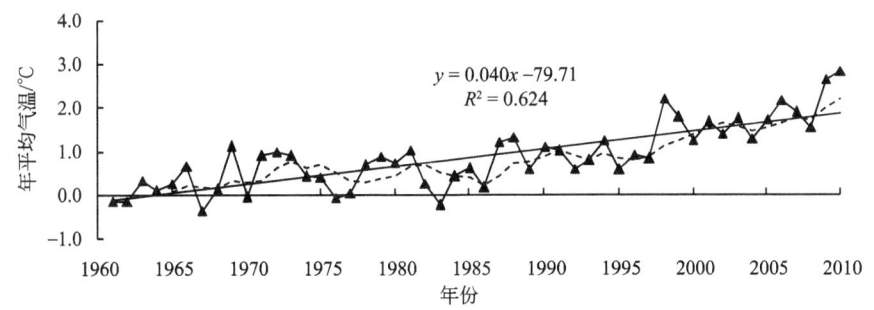

图9-9 刚察、天峻、共和与海晏县1961~2010年四地区年平均气温变化和5年滑动曲线

9.1.2 气温变化周期

气候变化存在一定的时间尺度和周期性。小波分析不但可以揭示气候变化在不同时间尺度下的周期特征，而且可以揭示各种周期信号随时间变化的强弱（Meyers et al., 1993；Lau and Weng, 1995；Torrence and Compo, 1998）。在MATLAB7.0中，利用Morlet小波对青海湖流域1961~2010年平均气温距平进行小波分析（图9-10），气温偏高的区域小波转换系数为正值，偏低的区域为负值。由图9-10可知，研究区在10年时间尺度上周期较为显著，主要存在5年左右的时间震荡。在50年时间尺度上，近十几年来，小波转换系数在0.6以上，研究区增温显著。

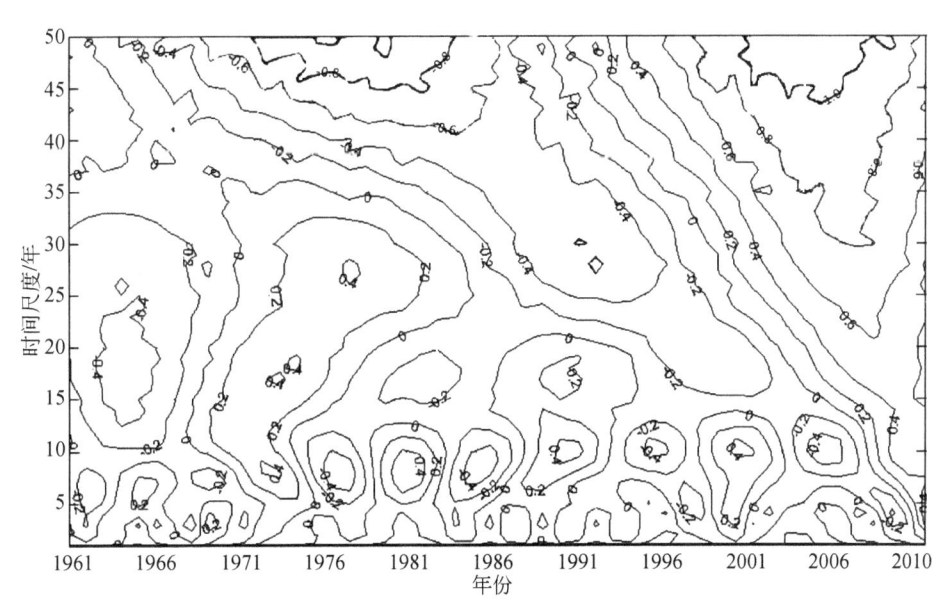

图9-10 青海湖流域1961~2010年年平均气温小波分析

9.2 青海湖流域近50年降水量变化

9.2.1 青海湖流域近50年降水变化趋势

根据刚察、天峻、共和3县1961~1975年的各季降水量和刚察、天峻、共和、海

晏 4 县 1976~2010 年各季降水量求得各季节降水平均值，近 50 年各季节降水量变化（图 9-11 至图 9-14）表明，青海湖流域春季降水具有减少的趋势，其他季节降水随时间变化的线性趋势不明显，没有通过信度检验。通过 3 次曲线对研究区降水随时间变化的趋势进行拟合（图 9-11 至图 9-14）得知，降水变化的转型特征可以利用 3 次曲线的阶段性极值进行判断，表明降水量的年代变化波动均较为明显。从降水量的年变化（图 9-15 至图 9-19）特征来看，青海湖北部的刚察 1961 年以来的年均降水量为 381.8 mm，紧靠流域外南侧的共和县、流域内西部的天峻县、紧靠流域外东部的海晏县的分别为 318.9 mm、344.8 mm、397.9 mm。研究区年降水量年际变化较大，近 50 年流域降水量整体呈现波动上升的趋势（图 9-19），与尹云鹤等（2009）研究表明的 1961 年来我国降水量略有减少，而西部降水量呈增加趋势相符。由于全球变暖，促使海洋和陆面蒸发更多水汽，从而促进水循环增加降水（伏洋等，2009）。该区降水量及其变化存在一定的地区差异，其中北部的刚察和南部的共和降水量增幅较小，分别为 5.0 mm/10 a 和 2.0 mm/10 a。西部天峻降水量增幅最大，以年均降水量 8.7 mm/10 a 的速率增加。根据多项式拟合趋势线及数据分析可知，研究区域 20 世纪 70 年代降水量相对偏少，80 年代出现明显增加，并达到最高，90 年代较 80 年代略有减少，2000 年后降水又继续回升。与 70 年代相比，80 年代年均降水量东部增幅最显著，增加了 52.2 mm，增幅最小的是南部地区，增加了 31.2 mm。

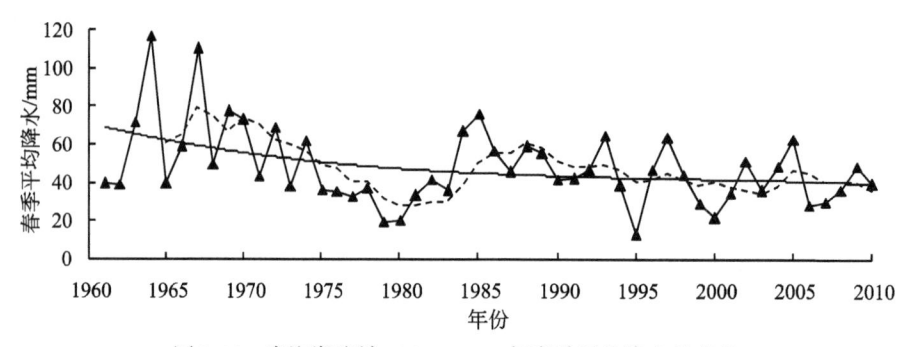

图 9-11 青海湖流域 1961~2010 年春季平均降水量变化

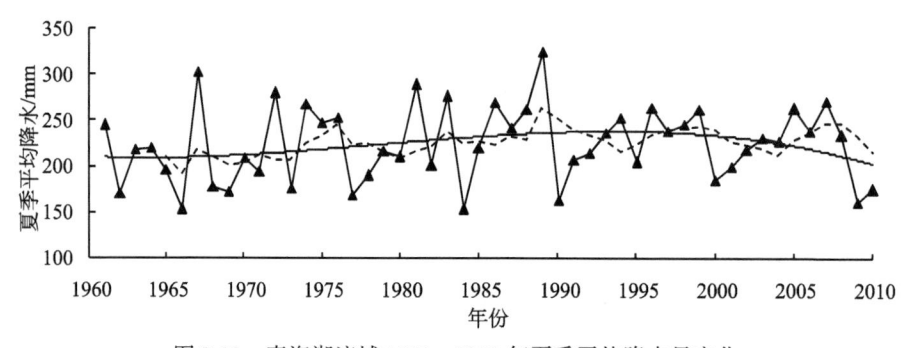

图 9-12 青海湖流域 1961~2010 年夏季平均降水量变化

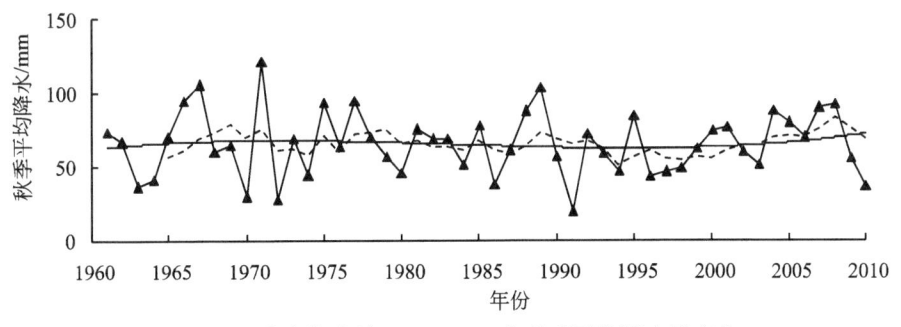

第9章 青海湖流域近50年气候变化对土壤水的影响

图 9-13 青海湖流域 1961~2010 年秋季平均降水量变化

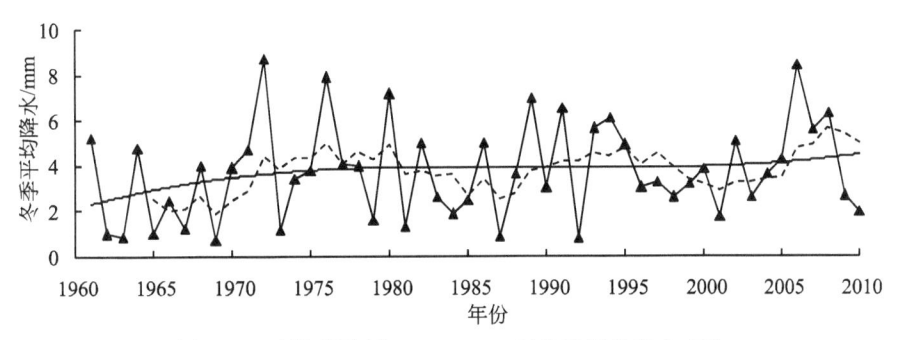

图 9-14 青海湖流域 1961~2010 年冬季平均降水变化

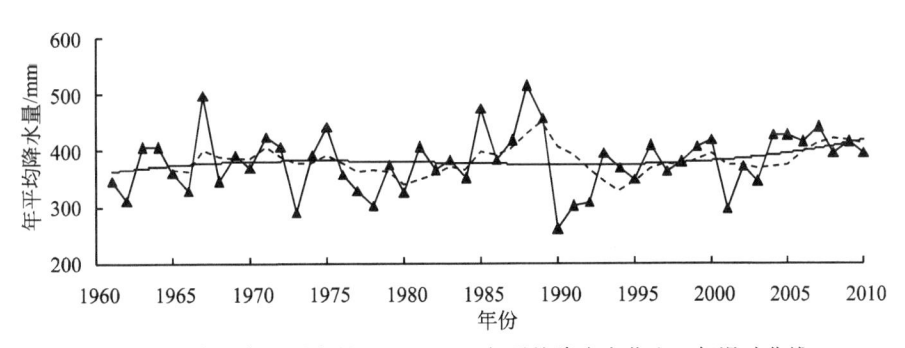

图 9-15 青海湖北刚察县 1961~2010 年平均降水变化和 5 年滑动曲线

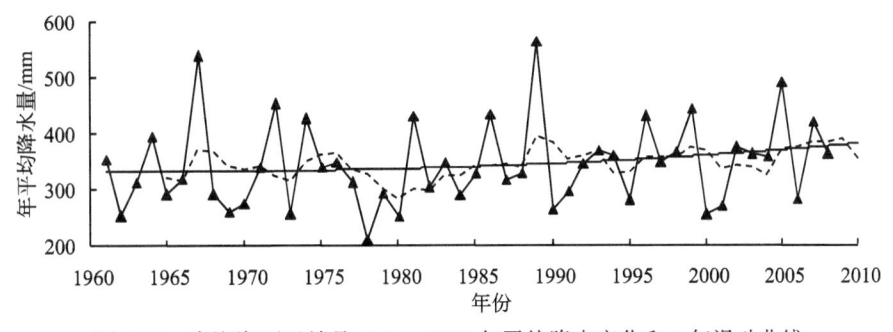

图 9-16 青海湖西天峻县 1961~2010 年平均降水变化和 5 年滑动曲线

· 177 ·

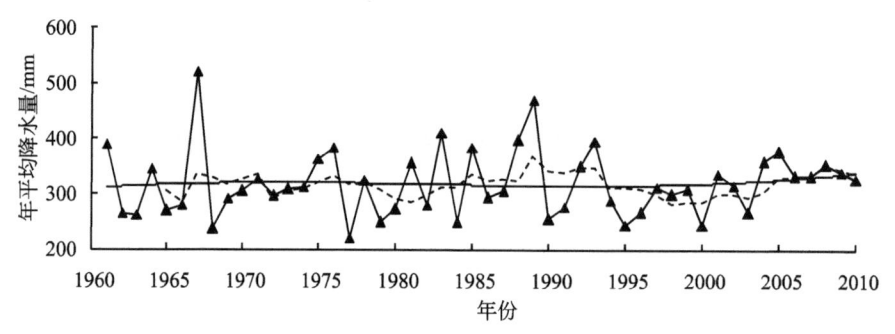

图 9-17　青海湖南共和县 1961～2010 年平均降水变化和 5 年滑动曲线

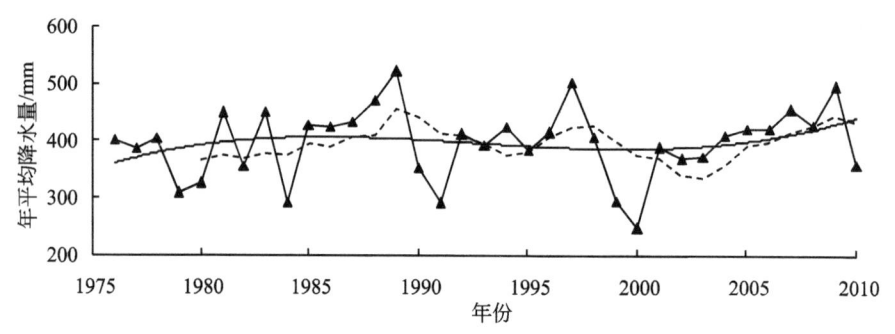

图 9-18　青海湖东海晏县 1961～2010 年平均降水变化和 5 年滑动曲线

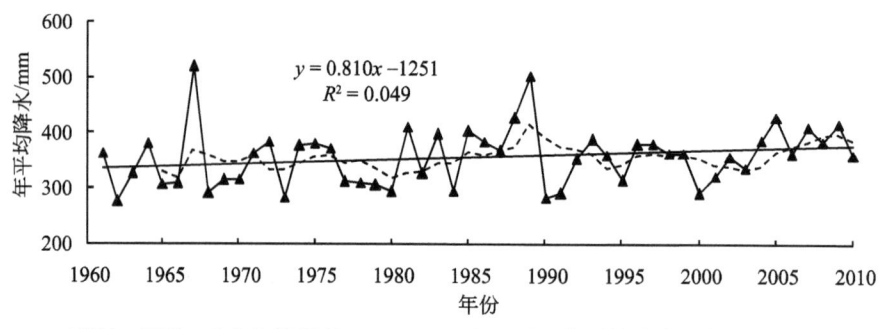

图 9-19　刚察、天峻、共和与海晏县 1961～2010 年四地区年平均降水量变化和 5 年滑动曲线

9.2.2　降水变化周期

在长周期气候变化过程中，降水量变化也有周期性（刘东生等，1985）。短周期的降水量变化也可能伴随周期性。降水量的变化是造成旱涝灾害和植被及土壤类型变化以及土壤侵蚀的重要原因（赵景波，1994；赵景波和顾静，2009；赵景波等，2009a；2011g；赵景波和马莉，2009；赵景波和王长燕，2009），研究其周期变化对旱涝灾害防治有参考价值。在 MATLAB7.0 中，利用 Morlet 小波对青海湖周边 1961～2010 年年平均降水距平进行小波分析（图 9-20），降水偏高区域小波转换系数为正值，偏低的区域为负值。在较长时间尺度上，等值线稀疏，短时间尺度上，等值线密集，不同时间

尺度，周期震荡特征不同（于淑秋等，2003）。图 9-20 说明了青海湖流域 1961～2010 年降水存在显著的多层次结构。在 18～20 年的时间尺度上，显示出强周期位相结构，主要存在 5 个时间段的交替变化。正负位相均以 10 年左右的时间震荡，正位相时段为 1966～1976 年、1985～1995 年、2005～2010 年。负位相时段为 1977～1984 年、1996～2005 年。在 5～10 年的时间尺度上，在 1961～1996 年，正负位相均以 5 年周期较为显著。

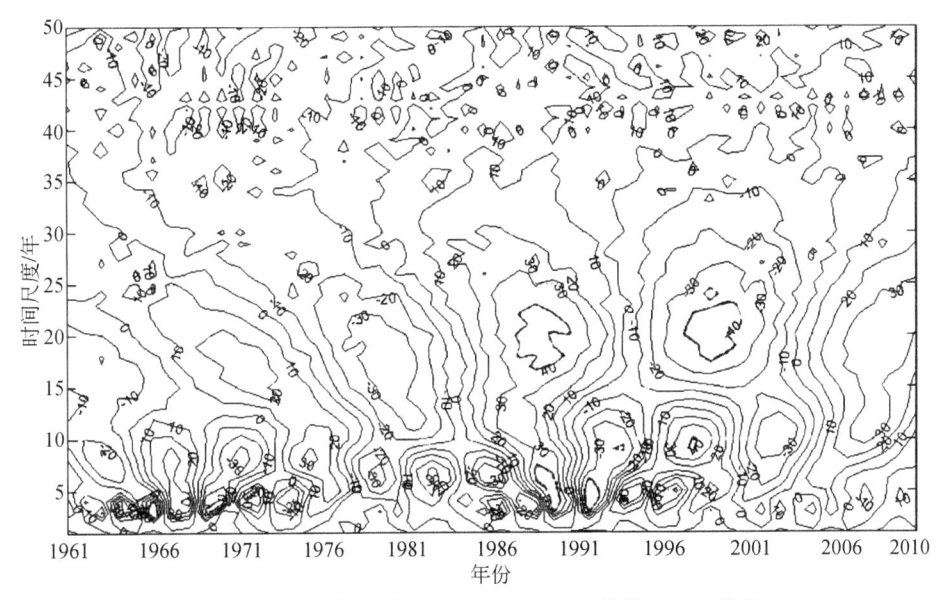

图 9-20　青海湖流域 1961～2010 年年平均降水小波分析

9.3　厄尔尼诺与拉尼娜事件对青海湖流域气温的影响

9.3.1　近 50 年发生的厄尔尼诺与拉尼娜事件

厄尔尼诺与拉尼娜事件会影响降水和旱灾的发生（李恩菊和赵景波，2010；张冲和赵景波，2010；2011；张冲等，2011）。历史时期也常有旱灾发生（赵景波等，2008b；2008d；2009a；赵景波和马莉，2009；赵景波和王长燕，2009），特别是大规模旱涝灾害，很可能与厄尔尼诺事件和拉尼娜事件有关。为了研究厄尔尼诺和拉尼娜事件对气候变化的影响，需要明确厄尔尼诺和拉尼娜事件的定义。但由于不同学者选取的 El Niño 检测区及所用资料指标的不同，加之，厄尔尼诺与拉尼娜事件自身发生发展的复杂性，因此目前国内外对厄尔尼诺与拉尼娜事件的划分无统一标准（李晓燕和翟盘茂，2000；李晓燕等，2005；Trenberth，1997；Satori et al.，2009；Frederick et al.，2011）。根据许多研究者确定的标准（石伟和王绍武，1989；王绍武，1989；阮均石，2000），在赤道东太平洋（10°N～10°S，180°W～90°W）月平均 SSTA（平均海面温度异常）≥ 0.5 ℃（≤ -0.4 ℃），持续时间 6 个月，中断时间不超过 1 个月，定义为 1 次厄尔尼诺事件或1次拉尼娜事件。1961~2009年有16年发生厄尔尼诺事件,共发生厄尔尼诺事件14次,发生概率为0.33;有13年发生拉尼娜事件,共发生拉尼娜事件11次,发生概率为0.27,其余20年为正常年份(表9-1)。厄尔尼诺/拉尼娜事件起止时间不同,在1961~2009年的49年里共发生的14次厄尔尼诺事件中,各季节发生的次数及所占比例为春季6次,占42.9%;夏季5次,占35.7%;秋季3次,占21.4%。11次拉尼娜事件各季节发生的次数及所占比例为春季4次,占36.4%;夏季3次,占27.3%;秋季3次,占27.3%;冬季仅发生1次,占9.0%。由此可见,厄尔尼诺事件和拉尼娜事件发生的时间以春季为主,夏秋季次之。

表9-1　1961年来的厄尔尼诺事件

序号	El Niño事件年份	发生年份	结束年份	持续月数/个	强度	发生季节
1	1963	1963	1963	9	1	夏季
2	1965	1965	1966	15	2	春季
3	1972	1972	1972	12	3	夏季
4	1976	1976	1976	9	1	夏季
5	1982~1983	1982	1983	15	3	秋季
6	1987	1986	1987	18	3	秋季
7	1991	1991	1992	18	2	春季
8	1993	1993	1993	9	2	春季
9	1994	1994	1994	9	2	春季
10	1997	1997	1998	15	3	春季
11	2002	2002	2003	12	1	春季
12	2004~2005	2004	2005	12	1	夏季
13	2006	2006	2007	9	1	秋季
14	2009	2009	2010	10	3	夏季

厄尔尼诺事件和拉尼娜事件持续时间也不尽相同,有的仅持续几个月,如1962年的拉尼娜事件、1963年和1976年的厄尔尼诺事件就是这样。而有的跨2个自然年,甚至有的跨3个自然年。以10年为阶段进行统计(表9-1和表9-2)可知,20世纪90年代以来,厄尔尼诺事件发生次数均达到了4次,与60~80年代的2次相比明显增多,可见90年代以来为厄尔尼诺事件的多发期。

表9-2　1961年来的拉尼娜事件

序号	拉尼娜事件年份	发生年份	结束年份	持续月数/个	强度	发生季节
1	1962	1962	1963	9	-1	秋季
2	1964	1964	1964	9	-1	春季
3	1968	1967	1968	15	-2	春季

续表

序号	拉尼娜事件年份	发生年份	结束年份	持续月数/个	强度	发生季节
4	1970	1970	1971	21	−2	夏季
5	1974	1973	1974	18	−3	夏季
6	1975	1975	1975	12	−3	春季
7	1984~1985	1984	1985	12	−1	冬季
8	1988	1988	1989	12	−3	夏季
9	1995	1995	1996	12	−1	春季
10	1999~2000	1998	2000	21	−3	秋季
11	2007	2007	2008	9	−3	秋季

根据海温距平对厄尔尼诺/拉尼娜事件强度进行等级量化（表9-1、表9-2）。强厄尔尼诺确定为3，中等厄尔尼诺为2，弱厄尔尼诺为1，弱拉尼娜为−1，中等拉尼娜为−2，强拉尼娜为−3，正常年为0。

由图9-21可看出，20世纪60年代以来厄尔尼诺/拉尼娜事件的发生具有波动性，波动周期为2~7年。强厄尔尼诺事件有5个，分别是1972年、1982~1983年、1987年、1997年、2009年。强拉尼娜事件有5个，分别是1974年、1975年、1988年、1999~2000年、2007年。总体而言，厄尔尼诺事件的强度大于拉尼娜事件的强度。

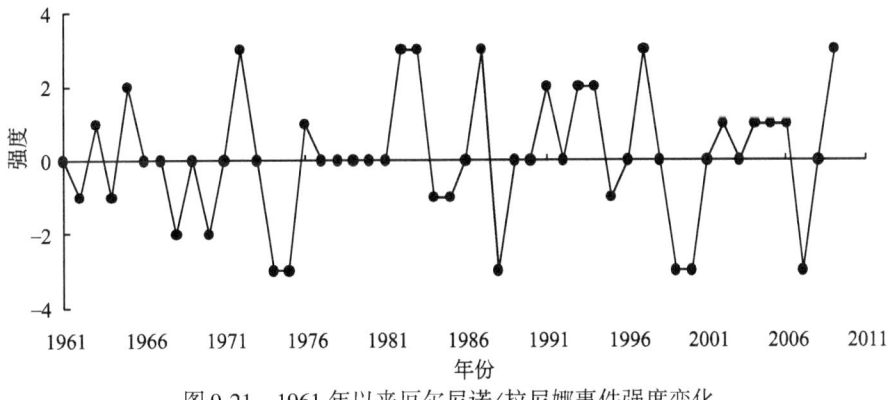

图9-21　1961年以来厄尔尼诺/拉尼娜事件强度变化

研究青海湖流域气候变化与厄尔尼诺/拉尼娜事件关系时，利用2×2列联表（表9-3），进行X^2检验，以确定厄尔尼诺/拉尼娜与该区气候变化的相关性程度和置信水平（徐小玲和延军平，2003）。

表9-3　厄尔尼诺/拉尼娜事件与气候要素相关关系2×2列联表

X	Y +	Y −	Σ
1	a	b	a+b
0	c	d	c+d
Σ	a+c	b+d	N=a+b+c+d

表9-3中，X为厄尔尼诺或拉尼娜事件，Y为气候要素（气温或降水量），1表示出现该事件，0表示不出现该事件，+号代表正距平，-号代表负距平，a为在统计年份内出现厄尔尼诺或拉尼娜事件且气候要素为正距平的年份数，b为出现厄尔尼诺或拉尼娜事件且气候要素为负距平的年份数，c为未出现厄/拉事件且气候要素为正距平的年份数，d为未出现厄/拉事件且气候要素为负距平的年份数，N为所有统计年份之和。

$$X^2 = \frac{\left[(ad-bc)-\frac{1}{2}N\right]^2 \times N}{(a+b)(c+d)(a+c)(b+d)} \quad (9\text{-}1)$$

用式（9-1）求出X^2的统计值，查表与X^2理论值相比较［其中自由度$f=(2-1)(2-1)=1$，置信水平分别取0.1和0.05］。

理论值 $X^2_{(0.01,1)} = 6.64$，$X^2_{(0.05,1)} = 3.84$

若X^2统计值大于X^2理论值，则表明某一气候要素与厄尔尼诺或拉尼娜事件相关；反之则表明两者之间相互独立，即两者之间不具有相关性。

9.3.2 青海湖流域近50年厄尔尼诺和拉尼娜事件对气温影响

由表9-4可知，青海湖厄尔尼诺年年均温距平以正距平为主，拉尼娜年以负距平为主。利用式（9-1）计算X^2值得到，北部$X^2_{ET}=4.13$，$X^2_{LT}=3.08$；东部$X^2_{ET}=1.48$，$X^2_{LT}=0.77$；南部$X^2_{ET}=1.50$，$X^2_{LT}=2.10$；西部$X^2_{ET}=1.51$，$X^2_{LT}=4.85$（E代表厄尔尼诺事件，L代表拉尼娜事件，T代表气温）。与理论值相比可知，青海湖流域北部气温的变化与厄尔尼诺事件和拉尼娜事件相关，厄尔尼诺事件与北部气温的相关性超过了显著水平，拉尼娜事件与北部气温的相关性接近显著水平。此外，西部气温与拉尼娜事件的相关性也超过了显著水平。其他地区气温变化与厄尔尼诺/拉尼娜事件的相关性均未达到相关水平。

表9-4 气温变化与厄尔尼诺/拉尼娜事件关系

流域地区	年均温距平	厄尔尼诺年/年次	拉尼娜年/年次	非厄尔尼诺年且非拉尼娜年/年次	非厄尔尼诺年/年次	非拉尼娜年/年次
北部	+	11	4	7	11	18
	-	5	9	13	22	18
西部	+	10	5	8	13	17
	-	6	8	12	20	19
南部	+	11	4	9	13	20
	-	5	9	11	20	20
东部	+	11	4	11	15	22
	-	5	9	9	18	14

通过对青海湖流域北部气温变化与厄尔尼诺/拉尼娜事件的关系（图9-22）作进一步研究得出，厄尔尼诺年的多年平均气温（-0.49℃）比正常年的（-0.5℃）高0.01℃，

而拉尼娜年的多年平均气温（-0.86℃）比正常年的低0.36℃。另外，1961年以来年平均气温大于0℃的仅有8年，而其中4年为厄尔尼诺事件年，发生概率为50%。

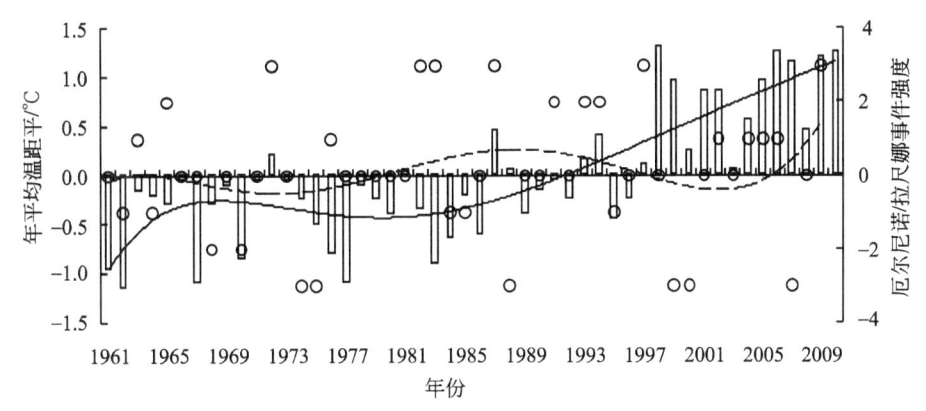

图9-22 1961年以来青海湖流域北部年平均气温与厄尔尼诺/拉尼娜事件发生强度的关系

9.4 厄尔尼诺与拉尼娜事件对青海湖流域降水量的影响

由表9-5，利用式（9-1）计算 X^2 值得出，北部 $X^2_{EP}=0.18$，$X^2_{LP}=0.76$；东部 $X^2_{EP}=1.06$，$X^2_{LP}=0.74$；南部 $X^2_{EP}=0.24$，$X^2_{LP}=0.94$；西部 $X^2_{EP}=1.49$，$X^2_{LP}=0.62$（E代表厄尔尼诺事件，L代表拉尼娜事件，P代表降水量）。与理论值相比可知，青海湖流域降水量的变化与厄尔尼诺事件和拉尼娜事件的相关性均未达到相关水平，表明这两种事件对青海流域降水量的影响不明显。

表9-5 降水量变化与厄尔尼诺/拉尼娜事件关系

流域地区	降水距平	厄尔尼诺年/年次	拉尼娜年/年次	非厄尔尼诺年且非拉尼娜年/年次	非厄尔尼诺年/年次	非拉尼娜年/年次
北部	+	7	5	10	15	17
	−	9	8	10	18	19
西部	+	6	5	11	16	17
	−	10	8	9	17	19
南部	+	8	5	9	14	17
	−	8	8	11	19	18
东部	+	8	7	14	21	22
	−	8	6	6	12	14

9.5 气候变化对青海湖流域土壤水的影响

本书第2章至第6章的研究表明，青海湖流域普遍发育了土壤干层，干层的形成主要与气候有关,特别是与降水量有关,其次与植被、土壤性质和人类活动等因素有关。研究区除了受人为灌溉影响的草灌地和油菜地较少发育土壤干层外,天然草地普遍发育了土壤干层。草灌地和油菜地都是受人类活动影响较大的土地利用类型,人类引水灌溉减弱了这些地区干层的发生。而在当地自然条件下生长的天然草地土壤干层则较为普遍,而且干层的发育较为严重。气候的变化必然对当地的土壤水分状况产生影响。近50年来青海湖周边地区气温变化的研究表明(图9-1至图9-9),研究区年度和四季气温均呈现增加趋势,近十几年来增温趋势更加明显。气温升高会导致蒸发和蒸腾作用加强,会造成土壤水分消耗量增多。因此,如果该区在气温升高的同时没有降水量的增加,就会造成土壤含水量的降低。研究区降水主要集中发生于5~9月,6~9月最多。近50年来青海湖流域降水量呈波动变化并略有增加,气温和降水共同作用的结果究竟会使土壤含水量降低还是会增加是值得研究的重要问题。本书第2章至第5章含水量的测定显示,由于近8年降水量明显增加,使得青海湖流域土壤上部水分含量高。虽然土壤下部水分不足,但对于草原植被的生长而论,已经能够满足其生长的需要。因此,如果未来基本保持近几年的降水量,该区土壤水分是充足的,不但能够满足该区草原植被生长的需要,而且还略有剩余。这表明该区在温度增加的条件下,近几年的土壤水分没有减少,而且略有增加。

小波分析显示,青海湖流域以5年周期的降水变化较为显著。具体表现为2~3年的降水增多和2~3年的降水量减少的周期变化。在这样的波动变化中,极端低的持续2~3年的降水对土壤水分的减少作用最大,极端高的持续2~3年的降水对土壤水分的增加作用最大。从近50年降水变化图(图9-15、图9-16)可知,在天峻县地区,这种持续2~3年的极端低的年降水量一般为250 mm左右,在刚察县地区一般为300 mm左右。特别是在天峻县地区,持续2~3年的极端低的降水阶段出现较为频繁,表现很清楚,是造成土壤水分降低和土壤干化的主要原因。刚察县地区降水比天峻县地区多,持续2~3年的极端低的降水阶段出现较少,对土壤水分降低的作用较弱。因此,天峻地区易于发生土壤水分的不足,刚察县地区土壤缺水相对较少。前述第2章至第6章土壤含水量的研究表明,青海湖流域土壤上部含水量高,下部含水量低,而且土壤上部水分消耗缓慢。由此可以认为,在近一年的极端少的降水一般不会导致严重的土壤水分不足,持续两年或更多年的极端减少才是造成土壤水分不足的原因。从近50年降水变化图(图9-15、图9-16)可知,天峻县地区年降水量变化幅度较大,刚察县地区降水变化幅度较小,这会造成天峻县地区土壤水变化幅度大,刚察县地区土壤水变化幅度小。

虽然该区未来可能会保持近几年较高的降水量或略有增加,但是周期性的波动变化是必然要发生的,所以该区未来也会出现周期性的土壤水分的减少。但是,只要短期的降水减少幅度不大且持续时间不超过两年,该区未来土壤水分不会出现严重缺少的问题。

参 考 文 献

安芷生，吴锡浩，汪品先，等．1991．最近 130ka 中国的古季风–古季风变迁．中国科学（B 辑），21（11）：1209-1215

白乾云．2005．青海草地生态环境的制约因素与治理对策．青海畜牧兽医杂志，35（4）：34-35

勃海锋，刘国彬，王国梁．2007．黄土丘陵区退耕地植被恢复过程中土壤入渗特征的变化．水土保持通报，27（3）：1-5

蔡英．2003．青藏高原近 50 年来气温的年代际变化．高原气象，22（5）：464-470

陈宝群，赵景波，李艳花．2006．特大丰水年洛川人工林地土壤水分特征研究．干旱区地理，29（4）：532-537

陈宝群，赵景波，李艳花．2009．黄土高原土壤干层形成原因分析．地理与地理信息科学，25（3）：85-89

陈发虎，饶志国，张家武，等．2006．陇西黄土高原末次冰期有机碳同位素变化及其意义．科学通报，51（11）：1310-1317

陈桂琛，彭敏．1993．青海湖地区植被及其分布规律．植物生态学与地植物学学报，17（1）：71-81

陈洪松，邵明安，张兴昌，等．2005．野外模拟降雨条件小坡面降雨入渗、产流试验研究．水土保持学报，19（2）：5-8

陈怀满．2005．环境土壤学．北京：科学出版社：68-72

陈克造，黄第藩，梁狄刚．1964．青海湖的形成和发展．地理学报，30（3）：214-233

陈丽华，余新晓．1995．晋西黄土地区水土保持林地土壤入渗性能的研究．北京林业大学学报，17（1）：43-47

陈志雄，汪仁真．1979．中国几种主要土壤的持水性质．土壤学报，16（3）：277-281

成爱芳，赵景波，曹军骥，等．2011．青海湖南侧江西沟土壤水分研究．水土保持通报，31（3）：75-80

戴洋，罗勇，王长科．2010．1961~2008 年若尔盖高原湿地的气候变化和突变分析．冰川冻土，32（1）：35-42

丁文峰，张平仓，任洪玉，等．2007．秦巴山区小流域水土保持综合治理对土壤入渗的影响．水土保持通报，27（1）：11-14

丁永建，刘凤景．1995．近三十年来青海湖流域气候变化对水量平衡的影响及其预测研究．地理科学，15（2）：128-135

丁仲礼，任剑璋，刘东生，等．1996．晚更新世季风沙漠系统千年尺度不规则变化及其机制问题．中国科学（D 辑），26（5）：386-391

董光荣，吴波，慈尤骏，等．1999．我国荒漠化现状、成因与对策．中国沙漠，19（4）：318-332

杜娟，赵景波．2005．西安临潼人工林土壤干化与恢复研究．干旱区资源与环境，19（6）：163-167

杜娟，赵景波．2006．西安地区不同植被下土壤含水量及水分恢复研究．水土保持学报，20（6）：58-61

杜娟，赵景波．2007．西安高陵人工林土壤干层与含水量季节变化研究．地理科学，27（1）：98-103

樊江文，邵全琴，刘纪远，等 . 2010. 1988 ~2005 年三江源草地产草量变化动态分析 . 草地学报，18（1）：5-10

方精云，杨元合，马方红，等 . 2010. 中国草地生态系统碳库及其变化 . 中国科学：生命科学，40（7）：566-576

方小敏，戴雪荣，李吉均，等 . 1996. 亚洲季风演变的突发性与不稳定性——以末次间冰期的古土壤发育为例 . 中国科学（D 辑），26（2）：114-160

伏洋，李凤霞，张国威，等 . 2007. 青海省天然草地退化及环境影响分析 . 冰川冻土，29（4）：525-534

伏洋，张国胜，李凤霞，等 . 2007. 青海省草地生态环境变化态势及驱动力分析 . 草业科学，24（5）：31-36

伏洋，张国胜，李凤霞，等 . 2008. 环青海湖地区生态与环境恢复治理途径 . 草业科学，25（7）：4-10

伏洋，张国胜，李凤霞，等 . 2009. 青海高原气候变化的环境响应 . 干旱区研究，26（2）：267-276

符淙斌 . 1994. 气候突变现象的研究 . 大气科学，18（3）：373-384

符淙斌，王强 . 1992. 气候突变的定义和检测方法 . 大气科学，16（4）：482-493

刚察县志编纂委员会 . 1997. 刚察县志 . 西安：陕西人民出版社：16-79

郭凤台 . 1996. 土壤水库及其调控 . 华北水利水电学院学报，17（2）：72-80

郭海英，赵建萍，韩涛，等 . 2007. 陇东黄土高原土壤干层特征分析 . 土壤通报，38（5）：873-877

郭晓娟，马世震 . 1999. 青海湖流域土壤微量元素含量背景与生态农业 . 青海农技推广，(3)：22-24

郭正堂，Fedoroff N，刘东生 . 1996. 130ka 来黄土–古土壤序列的典型微形态特征与古气候事件 . 中国科学（D 辑），26（5）：392-399

郭忠升，邵明安 . 2003. 半干旱区人工林草地土壤旱化与土壤水分植被承载力 . 生态学报，23（8）：1640-1647

郭忠升，邵明安 . 2009. 半干旱区人工林地土壤入渗过程分析 . 土壤学报，46（5）：953-958

海晏县志编纂委员会 . 1994. 海晏县志 . 兰州：甘肃文化出版社

何福红，黄明斌，党延辉 . 2003. 黄土高原沟壑区小流域土壤干层的分布特征 . 自然资源学报，18（1）：30-35

何其华，何永华，包维楷 . 2003. 干旱半干旱区山地土壤水分动态变化 . 山地学报，21（3）：149-156

贺康宁 . 1995. 水土保持林地土壤水分物理性质的研究 . 北京林业大学学报，17（3）：44-50

侯庆春，韩蕊莲 . 2000. 黄土高原植被建设中的有关问题 . 水土保持通报，20（2）：53-56

侯庆春，韩蕊莲，韩仕峰 . 1999. 黄土高原人工林草地土壤干层问题初探 . 中国水土保持，(5)：11-14

侯庆春，黄旭，韩仕峰，等 . 1991. 黄土高原地区小老树成因及其改造途径的研究 . 水土保持学报，5（2）：76-83

侯琼，王英舜，杨泽龙，等 . 2011. 基于水分平衡原理的内蒙古典型草原土壤水动态模型研究 . 干旱地区农业研究，29（5）：197-203

胡广韬，杨文远 . 1984. 工程地质学 . 北京：地质出版社

胡和平，杨志勇，田富强 . 2009. 空间均化分层土壤入渗模型 . 中国科学（E 辑），39（2）：324-332

胡良军，杨海军 . 2008. 略论土壤干化层的判定问题 . 中国水土保持，(1)：47-50

胡培兴 . 2009. 中国沙化土地现状及防治对策 . 林业建设，(6)：3-9

黄明斌，杨新良，李玉山，等 . 2001. 黄土区渭北旱塬苹果基地对区域水循环的影响 . 地理学报，56（1）：7-13

黄锡荃，李惠明，金伯欣 . 1998. 水文学 . 北京：高等教育出版社：228-236

黄肖勇，李生宝．2009．半干旱黄土丘陵区土壤水分动态变化研究综述．农业科学研究，30（3）：69-72

黄哲仁．2004．河流生态恢复目标．中国水利，（10）：13-14

贾宏伟，康绍忠，张富仓，等．2006．石羊河流域平原区土壤入渗特性空间变异的研究．水科学进展，17（4）：471-476

简季，李洪建，戴晓爱．2006．青海湖区土地荒漠化遥感地学分析．地球信息科学，8（2）：116-119

姜娜，邵明安，雷廷武．2005．水蚀风蚀交错带坡面土壤入渗特性的空间变异及其分形特征．土壤学报，42（6）：904-908

姜恕．1988．草地退化及其防治策略．自然资源，（3）：54-61

姜在兴．2003．沉积学．北京：石油工业出版社

蒋德明，刘志民，曹有成，等．2003．科尔沁沙地荒漠化过程的生态恢复．北京：中国环境科学出版社

蒋定生，黄国俊．1986．黄土高原土壤入渗速率的研究．土壤学报，23（4）：299-305

蒋礼学，李彦．2008．三种荒漠灌木根系的构型特征与叶性因子对干旱生境的适应性比较．中国沙漠，28（6）：1118-1124

金云翔，徐斌，杨秀春，等．2011．内蒙古锡林郭勒盟草原产草量动态遥感估算．中国科学（C辑），41（12）：1185-1195

康绍忠．1994．土壤–植物–大气连续体水分传输理论及其应用．北京：水利电力出版社

康相武，马欣，吴绍洪．2007．基于景观格局的区域沙漠化程度评价模型构建．地理研究，26（2）：298-299

雷廷武，刘汗，潘英华，等．2005．坡地土壤降雨入渗性能的径流–入流–产流测量方法与模型．中国科学（D辑），35（12）：118-186

雷志栋，胡和平，杨诗秀．1999．土壤水研究进展与评述．水科学进展，10（3）：311-318

雷志栋，杨诗秀．1982．非饱和土壤水一维流动的数值计算．土壤学报，19（2）：141-145

雷志栋，杨诗秀，谢森传．1988．土壤水动力学．北京：清华大学出版社：1-24

李恩菊，赵景波．2010．厄尔尼诺/拉尼娜事件对山东省气候的影响．陕西师范大学学报（自然科学版），38（5）：80-84

李凤霞，伏洋，杨琼，等．2008．环青海湖地区气候变化及其环境效应．资源科学，30（3）：348-353

李广英，赵生奎．2008．青海湖流域生态保护与经济社会可持续发展对策．环境科学与技术，（2）：15-18

李海滨，林忠辉，刘苏峡．2001．Kriging方法在区域土壤水分估值中的应用．地理研究，20（4）：446-452

李洪建，王孟本，柴宝峰．2003．黄土高原土壤水分变化的时空特征分析．应用生态学报，14（4）：515-519

李洪建，王孟本，陈良富，等．1996．不同利用方式下土壤水分循环规律的比较研究．水土保持通报，16（2）：24-28

李柯懋，杨成，关弘弢．2009．青海湖湿地生态系统及监测方法初步研究．青海农牧业，4（2）：24-28

李林，王振宇，秦宁生．2002．环青海湖地区气候变化及其对荒漠化的影响．高原气象，21（1）：59-65

李林，朱西德，王振宇，等．2005．近42年来青海湖水位变化的影响因子及其趋势预测．中国沙漠，25（5）：689-696

李佩成，刘俊民，魏晓妹，等．1999．黄土原灌区三水转化机理及调控研究．西安：陕西科学技术出

版社：126-135

李森，杨萍，高尚玉，等.2004.近10年西藏高原土地沙漠化动态变化与发展态势.地球科学进展，19（1）：63-70

李绍良，陈有君.1999.锡林河流域栗钙土及其物理性状与水分动态的研究.中国草地，（3）：71-76

李天杰，赵烨，张科利.2003.土壤地理学.北京：高等教育出版社：76-78

李晓宏，高甲荣.2010.密云水库区不同植被覆盖下土壤水分入渗试验.林业科技，35（2）：22-24

李晓燕，翟盘茂，任福民.2005.气候标准值改变对ENSO事件划分的影响.热带气象学报，21（1）：72-78

李晓燕，翟盘茂.2000.ENSO事件指数与指标研究.气象学报，58（1）：102-109

李毅，门旗，罗英.2000.土壤水分空间变异性对灌溉决策的影响.干旱地区农业研究，18（2）：80-85

李瑜琴，赵景波.2005.蓝田、长安人工林地土层含水量研究.干旱区地理，28（4）：511-515

李瑜琴，赵景波.2006.西安地区丰水年农田深层土壤含水量研究.干旱地区农业研究，24（3）：78-81

李瑜琴，赵景波.2007.西安附近丰水年秋季苹果林地土壤水分恢复研究.中国生态农业学报，15（4）：75-77

李瑜琴，赵景波.2009.西安地区丰水年林地土壤水分恢复效应研究.干旱地区农业研究，27（3）：101-106

李玉山.1983.黄土区土壤水分循环特征及其对陆地水分循环的影响.生态学报，3（2）：91-101

李玉山.2001.黄土高原森林植被对陆地水循环影响的研究.自然资源学报，16（5）：427-432

李元寿，王根绪，丁永建，等.2008.青藏高原高寒草甸区土壤水分的空间异质性.水科学进展，19（1）：61-65

李云峰.1991.洛川黄土渗透性与孔隙性的关系.西安地质学院学报，13（2）：60-64

李政海，鲍雅静，王海梅，等.2008.锡林郭勒草原荒漠化状况及原因分析.生态环境，17（6）：2312-2318

李卓，吴普特，冯浩.2009.容重对土壤水分入渗能力影响模拟实验.农业工程学报，25（6）：40-45

林代杰，郑子成，张锡洲，等.2010.不同土地利用方式下土壤入渗特征及其影响因素.水土保持学报，24（1）：33-36

刘东生，等.1985.黄土与环境.北京：科学出版社：191-207

刘刚，王志强，王晓岚.2004.吴旗县不同植被类型土壤干层特征分析.水土保持研究，11（1）：126-129

刘汗，雷廷武，赵军.2009.土壤初始含水量和降雨强度对黏黄土入渗性能的影响.中国水土保持科学，7（2）：1-6

刘卉芳，曹文洪，王向东.2008.黄土区不同地类土壤水分入渗与模拟研究.水土保持研究，15（5）：42-45

刘庆，周立华.1996.青海湖北岸植物群落与环境因子关系的初步研究.植物学报，38（11）：887-894

刘胜，贺康宁，常国梁.2005.黄土高原寒区青海云杉人工林地土壤水分物理特性研究.西部林业科学，34（3）：25-29

刘苏峡，刘昌明.1997.90年代水文学研究的进展和趋势.水科学进展，8（4）：365-369

刘小园.2004.青海湖流域水文特征.水文，24（2）：60-61

柳领君，张宏，罗岚.2009.青藏高原东缘高寒地区土壤水分的空间异质性.武汉大学学报（理学

版),54(4):414-420

柳云龙,施振香,尹骏,等.2009.旱地红壤与红壤性水稻土水分特性分析.水土保持学报,23(2):232-235

卢晓杰,李瑞,张克斌.2008.农牧交错带地表覆盖物对土壤入渗的影响.水土保持通报,28(1):15-18

吕少宁,李栋梁,文军.2010.全球变暖背景下青藏高原气温周期变化与突变分析.高原气象,29(6):990-998

罗小勇,陈蕾,李斐.2004.金沙江干流梯级开发环境影响分析.中国环境水力学,25(14):7-10

马履一.1997.国内外土壤水分研究现状与进展.世界林业研究,(5):26-32

马燕飞,沙占江,牛志宁.2010.环青海湖地区生态与环境恢复治理途径.干旱区研究,27(6):954-961

穆兴民,徐学选,王文龙,等.2003.黄土高原人工林对区域深层土壤水环境的影响.土壤学报,40(2):210-217

牛俊杰,赵景波.2008.山西土壤水环境与植被建设.北京:中国环境科学出版社

牛俊杰,赵景波,王尚义.2008.论山西褐土区农田土壤干燥化问题.地理研究,27(3):519-526

祁如英,李应业,王启兰,等.2009.青海省高寒草地土壤水分变化特征.水土保持通报,29(3):206-210

乔照华.2008.土壤水分入渗特性的时间变异规律研究.灌溉排水学报,27(3):118-120

秦伯强,施雅风.1992.青海湖水文特征及水位下降原因分析.地理学报,47(3):268-273

青海省地方志编纂委员会.1998.青海省志.西宁:青海人民出版社

青海水文总站.1984.青海湖流域水文特征.水文,(2):47-62

邱新法,刘昌明,曾燕.2003.黄河流域近40年蒸发皿蒸发量的气候变化特征.自然资源学报,18(4):437-442

曲耀光.1994.青海湖水量平衡及水位变化预测.湖泊科学,6(4):298-307

阮均石.2000.气象灾害十讲.北京:气象出版社:66-67

邵天杰,赵景波,董治宝,等.2011.巴丹吉林沙漠湖泊及地下水化学特征.地理学报,66(5):662-672

邵新庆,石永红,韩建国,等.2008.典型草原自然演替过程中土壤理化性质动态变化.草地学报,16(6):566-571

沈大军,刘昌明.1998.水文水资源系统对气候变化的响应.地理研究,17(4):435-443

施雅风,陈梦熊,李维质,等.1958.青海湖及其附近地区自然地理(着重地貌)的初步考察.地理学报,24(1):33-48

施雅风,沈永平,李栋梁,等.2003.中国西北气候由暖干向暖湿转型的特征和趋势探讨.第四纪研究,23(2):152-164

石伟,王绍武.1989.1857~1987年南方涛动指数.气象,15(5):29-33

时兴合,李凤霞,扎西才让.2005.海西东部及环青海湖地区40多年的气候变化研究.干旱地区农业研究,23(2):215-222

时兴合,李生辰,江青春,等.2008.青海湖区降水序列及其变化的特征研究.冰川冻土,30(5):795-800

史德明,梁音.2002.我国脆弱生态环境的评估与保护.水土保持学报,16(1):6-10

史建全,祁洪芳,杨建新.2004.青海湖自然概况及渔业资源现状.淡水渔业,34(5):3-5

史良胜,蔡树英,杨金忠.2007.降雨入渗补给系数空间变异性研究及模拟.水利学报,38(1):

79-85

宋炳煜.1995.草原不同植物群落蒸发蒸腾的研究.植物生态学报,19(4):319-328

宋理明,娄海萍.2006.环青海湖地区天然草地土壤水分动态研究.中国农业气象,27(2):151-155

孙保平.2000.荒漠化防治工程学.北京:中国林业出版社

孙继敏,丁仲礼.1997.近13万年来干湿气候的时空变化.第四纪研究,17(2):168-174

孙建中,赵景波.1991.黄土高原第四纪.北京:科学出版社

孙健初.1938.青海湖.地质论评,3(5):507-512

孙武.2000.近50年坝上后山地区人畜压力与沙漠化景观之间的互动关系.中国沙漠,20(2):23-30

孙菁.2004.青海湖区针茅草原生物量的动态变化.草业科学,21(7):18-21

孙永亮,李小雁,汤佳,等.2008.青海湖流域气候变化及其水文效应.资源科学,30(3):354-362

唐艳,刘连友,杨志鹏,等.2009.毛乌素沙地南缘灌丛沙丘土壤水分与粒度特征研究.水土保持研究,16(2):6-10

唐仲霞,王有宁.2009.青海湖流域沙漠化现状及综合治理研究.安徽农业科学,37(5):2267-2269

铁媛.2009.青海湖流域草原生态环境存在的问题及治理对策.青海畜牧兽医杂志,39(2):49-50

佟长福,史海滨,李和平,等.2010.呼伦贝尔草甸草原人工牧草土壤水分动态变化及需水规律研究.水资源与水工程学报,21(6):12-14

佟乌云,陈有君,李绍良,等.2000.放牧破坏地表植被对典型草原地区土壤湿度的影响.干旱区资源与环境,14(4):55-60

汪青春,秦宁生,唐红玉,等.2007.青海高原近44年来气候变化的事实及其特征.干旱区研究,24(2):237-238

王长燕,赵景波,杜娟,等.2010.长安少陵塬近5年麦地土壤水分变化与土壤水资源研究.干旱区资源与环境,24(1):137-142

王芳,刘佳,燕华云.2008.青海湖水平衡要素水文过程分析.水利学报,39(11):1229-1237

王国梁,刘国彬,周生路.2003.黄土高原土壤干层研究述评.水土保持学报,17(6):156-159

王建源,杨容光.2009.土壤湿度对气候变化的响应——以山东省泰安市为例.安徽农业科学,37(35):17795-17796

王康,张仁铎,王富庆,等.2007.土壤水分运动空间变异性尺度效应的染色示踪入渗试验研究.水科学进展,18(2):158-163

王克勤,王斌瑞.1998.集水造林防止人工林植被干化的初步研究.林业科学,34(4):14-21

王力,邵明安,侯庆春.2000.土壤干层量化指标初探.水土保持学报,14(4):87-90

王力,邵明安,侯庆春.2001.延安试区人工刺槐林地土壤干层状况.西北植物学报,21(1):101-106

王孟本,柴宝峰,李洪建,等.1999.黄土区人工林的土壤持水力与有效水状况.林业科学,35(2):7-14

王孟本,李洪建.1995.晋西北黄土区人工林土壤水分动态的定量研究.生态学报,15(2):178-184

王庆成,张彦东,王政权.2001.微立地土壤水分-物理性质差异及对水曲柳幼林生长的影响.应用生态学报,12(3):335-338

王全九,来剑斌,李毅.2002.Green-Ampt模型与Philip入渗模型的对比分析.农业工程学报,18(2):13-16

王绍武.1989.近500年的厄尔尼诺事件.气象,15(4):15-20

王栓全,岳宏昌,王伟.2009.黄土丘陵沟壑区不同土地类型的土壤水分特性.干旱地区农业研究,

27（6）：93-96

王涛，吴薇，薛娴，等.2003.中国北方沙漠化土地时空演变分析.中国沙漠，23（3）：230-235

王挺梅，鲍芸英.1964.黄河中游黄土之粒度分析.北京：科学出版社：35-40

王义风.1991.黄土高原植被资源及其合理利用.北京：中国科学技术出版社

王月玲，蒋齐，蔡进军，等.2008.半干旱黄土丘陵区土壤水分入渗速率的空间变异性.水土保持通报，28（4）：52-55

王月玲，张源润，蔡进军，等.2005.宁南黄土丘陵不同生态恢复与重建中的土壤水分变化研究.中国农学通报，21（7）：367-369

王志强，刘宝元，路炳军.2003.黄土高原半干旱区土壤干层水分恢复研究.生态学报，23（9）：1944-1950

王志强，刘宝元，张岩.2008.不同植被类型对厚层黄土剖面水分含量的影响.地理学报，63（7）：703-713

魏永林，马晓虹，宋理明.2009.青海湖地区天然草地土壤水分动态变化及对牧草生物量的影响.草业科学，26（5）：76-80

吴波.2001.我国荒漠化现状、动态与成因.林业科学研究，14（2）：195-202

吴文强，李吉跃，张志明，等.2002.北京西山地区人工林土壤水分特性的研究.北京林业大学学报，24（4）：51-55

吴向培，田俊量，王建荣，等.2003.青海湖景区草地与湿地现状及其保护对策.青海环境，13（1）：35-38

夏江宝，曲志远，朱玮，等.2005.鲁中山区不同人工林土壤水分特征.中国水土保持科学，3（3）：45-50

夏江宝，许景伟，李传荣，等.2010.黄河三角洲退化刺槐林地的土壤水分生态特征.水土保持通报，30（6）：75-80

肖建英，李永涛，王丽.2007.利用 Van Genuchten 模型拟合土壤水分特征曲线.地下水，29（5）：46-47

熊国富.2009.谈青海湖环湖流域土地沙漠化综合治理.现代农业科技，25（8）：243-244

徐斌，杨秀春.2009.东北草原区产草量和载畜平衡的遥感估算.地理研究，28（2）：402-408

徐小玲，延军平.2003.近30年毛乌素沙区的气候与厄尔尼诺/拉尼娜事件的相关分析.干旱区研究，20（2）：117-122

徐馨，何才华，沈志达，等.1992.第四纪环境研究方法.贵阳：贵阳科技出版社：74-77

许何也，李小雁，孙永亮.2007.近47年来青海湖流域气候变化分析.干旱气象，25（2）：50-54

许鹏.1993.新疆草地资源及其利用.乌鲁木齐：新疆科技卫生出版社

许喜明，陈海滨，原焕英，等.2006.黄土高原半干旱区人工林地土壤水分环境的研究.西北林学院学报，21（5）：60-64

杨邦杰，隋红建.1997.土壤水热运动模型及其应用.北京：中国科学技术出版社

杨川陵.2007.青海湖流域湿地系统退化现状及原因分析.青海草业，16（2）：21-26

杨贵林，刘国东.1992.青海湖水平下降与趋势预测.湖泊科学，4（3）：17-24

杨培岭.2005.土壤与水资源学基础.北京：中国水利水电出版社：83-111

杨世琦，高旺盛，隋鹏，等.2005.共和盆地土地沙漠化因素定量研究.生态学报，25（12）：3181-3187

杨维西.1996.试论中国北方地区人工植被的土壤干化问题.林业科学，32（1）：78-85

杨文治，韩仕峰，侯宝华.1984.杏子河流域土壤水资源及其合理利用.水土保持通报，4（5）：

410-414

杨文治,马玉玺,韩仕峰,等.1994.黄土高原地区造林土壤水分生态分区研究.水土保持学报,8(1):1-9

杨文治,邵明安.2002.黄土高原土壤水分研究.北京:科学出版社:85-111

杨文治,田均良.2004.黄土高原土壤干燥化问题探源.土壤学报,41(1):1-6

杨文治,余存祖.1992.黄土高原区域治理与评价.北京:科学出版社:91-294

杨修,孙芳,任娜.2003.环青海湖地区生态环境问题及其治理对策.地域研究与开发,22(2):39-42

姚其华,邓银霞.1992.土壤水分特征曲线模型及其预测方法的研究进展.土壤通报,23(3):142-144

姚檀栋,刘晓东,王宁练.2000.青藏高原地区的气候变化幅度问题.科学通报,45(1):98-105

易亮,李凯荣,张冠华,等.2009.黄土高原人工林地水分亏缺研究.西北林学院学报,25(4):5-9

尹云鹤,吴绍洪,陈刚.2009.1961~2006年我国气候变化趋势与突变的区域差异.自然资源学报,24(12):2147-2156

于淑秋,林学椿,徐祥德.2003.我国西北地区近50年降水和温度的变化.气候与环境研究,8(1):9-18

于振文.2003.作物栽培学各论(北方本).北京:中国农业出版社:98-101

袁宝印,陈克造,Bowler J M,等.1990.青海湖的形成与演化趋势.第四纪研究,(3):233-243

张北赢,徐学选,李贵玉,等.2007.土壤水分基础理论及其应用研究进展.中国水土保持科学,5(2):122-129

张冲,赵景波.2010.厄尔尼诺/拉尼娜事件对陕西气候的影响.陕西师范大学学报(自然科学版),38(5):98-104

张冲,赵景波.2011.厄尔尼诺/拉尼娜事件对长江流域气候的影响研究.水土保持通报,31(3):1-6

张冲,赵景波,罗小庆,等.2011.近60年ENSO事件与甘肃气候灾害相关性研究.干旱区资源与环境,25(11):106-113

张登山.2000.青海共和盆地土地沙漠化影响因子的定量分析.中国沙漠,20(1):59-62

张国胜,徐维新,童立新,等.1999.青海省旱地土壤水分动态变化规律.干旱区研究,16(2):36-40

张兰生,方修琦,任国玉.1997.全球变化.北京:高等教育出版社:1-21

张强,韩永翔,宋连春.2005.全球气候变化及其影响因素研究进展综述.地球科学进展,20(9):990-998

张小泉,张清华,毕树峰.1994.太行山北部中山幼林地土壤水分的研究.林业科学,30(3):194-200

张学龙,车克钧.1998.祁连山寺大隆林区土壤水分动态研究.西北林学院学报,13(1):1-9

张扬,赵世伟,梁向锋,等.2009.黄土高原土壤水库及其影响因子研究评述.水土保持研究,16(2):147-150

张玉宝,谢忠奎,王亚军,等.2006.黄土高原西部荒漠草原植被恢复的土壤水分管理研究.中国沙漠,26(4):574-579

张治伟,朱章雄,王燕,等.2010.岩溶坡地不同利用类型土壤入渗性能及其影响因素.农业工程学报,26(6):71-76

赵串串,杨晓阳,张凤臣,等.2007.青海湖流域湿地现状调查与分析.陕西林业科技,(4):49-51

赵荟,朱清科,秦伟,等.2010.黄土高原干旱阳坡微地形土壤水分特征研究.水土保持通报,

30（3）：64-68

赵景波.1984.西安附近黄土中古土壤发育时的植被与气候.科学通报,29（7）：417-419

赵景波.1989.山西、西安第三纪晚期红土研究.沉积学报,7（3）：113-120

赵景波.1991.关中平原黄土中古土壤淀积深度研究.科学通报,36（18）：1397-1400

赵景波.1994.西北黄土区第四纪土壤与环境.西安：陕西科学技术出版社

赵景波.1995.黄土中古土壤淀积类型.地理学报,50（1）：35-40

赵景波.1999a.细粒松散沉积地层中垂直循环带岩溶划分.中国岩溶,18（2）：116-122

赵景波.1999b.关中平原500～10 ka BP黄土地层岩溶作用研究.地质论评,45（5）：548-554

赵景波.2000.风化淋滤带地质新理论——$CaCO_3$淀积深度理论.沉积学报,18（1）：29-35

赵景波.2001.陕西黄土高原500 ka BP的古土壤与气候带迁移.地理学报,56（3）：323-331

赵景波.2002a.黄土形成与演变模式.土壤学报,39（4）：459-466

赵景波.2002b.淀积理论与黄土高原环境演变.北京：科学出版社

赵景波.2003a.关中地区全新世大暖期的土壤与气候变迁.地理科学,23（5）：554-559

赵景波.2003b.黄土高原450 ka BP前后荒漠草原大迁移的初步研究.土壤学报,45（5）：651-656

赵景波.2004.中国最发育的优良土壤资源.干旱区地理,27（3）：283-286

赵景波.2005.关中平原420～350kaBP古土壤与环境.地理学报,60（1）：32-40

赵景波,曹军骥,侯雨乐.2011b.青海湖北沙柳河镇土壤水分特征与植被建设.水土保持通报,31（1）：180-185

赵景波,曹军骥,孟静静,等.2010a.青海湖西侧石乃亥附近土壤水分研究.水土保持学报,24（5）：114-125

赵景波,曹军骥,邵天杰,等.2011a.西安东郊S_5土壤中$AgSO_4$等矿物的发现与研究.中国科学（D辑）,41（10）：1487-1497

赵景波,陈颖,曹军骥,等.2011c.青海湖西北部土壤入渗规律研究.陕西师范大学学报（自然科学版）,39（3）：90-96

赵景波,杜娟,李艳花,等.2004.西安蓝田人工林地土壤干层研究.陕西师范大学学报（自然科学版）,32（2）：97-101

赵景波,杜娟,周旗,等.2005a.西安附近苹果林地的土壤干层.生态学报,25（8）：2120-2125

赵景波,杜娟,周旗,等.2005b.陕西咸阳人工林地土壤干层.地理科学,25（3）：322-328

赵景波,顾静.2009.关中平原全新世土壤与环境研究.地质评论,55（5）：753-760

赵景波,顾静,杜娟.2008a.关中平原第5层古土壤发育时的气候与土壤水环境研究.中国科学（D辑）,38（3）：364-374

赵景波,顾静,邵天杰.2009a.唐代渭河流域与泾河流域涝灾研究.自然灾害学报,18（2）：50-55

赵景波,侯甬坚.2003.黄土高原土壤干化原因及防治.中国沙漠,23（6）：612-615

赵景波,侯雨乐,曹军骥,等.2011d.青海湖西吉尔孟附近土壤水分研究.地理科学,31（4）：394-400

赵景波,李艳芳,董雯,等.2008b.关中地区清代干旱灾害研究.干旱区研究,25（6）：872-876

赵景波,刘晓青.2010.渭河眉县段高河漫滩沉积与洪水变化研究.自然灾害学报,19（3）：119-125

赵景波,马莉.2009.明代陕南地区洪涝灾害研究.地球科学与环境学报,31（2）：207-211

赵景波,马延东,邢闪,等.2010c.腾格里沙漠宁夏中卫沙层含水量研究.山地学报,28（6）：653-659

赵景波,马延东,邢闪,等.2011e.腾格里沙漠宁夏回族自治区中卫市沙层水分入渗研究.水土保持通报,31（1）：12-16

赵景波, 牛俊杰, 杜娟, 等 . 2008c. 咸阳市三原县新庄不同植被土层含水量研究 . 地理科学, 28 (2): 247-252

赵景波, 牛俊杰, 王娜, 等 . 2007c. 长安少陵塬黄土含水条件与控制因素研究 . 中国沙漠, 27 (6): 955-960

赵景波, 邵天杰, 侯雨乐, 等 . 2011f. 巴丹吉林沙漠高大沙山区含水量与水分来源探讨 . 自然资源学报, 26 (4): 694-702

赵景波, 邵天杰, 牛俊杰 . 2009b. 西安白鹿原黄土渗透性与含水条件 . 地理研究, 28 (5): 1188-1196

赵景波, 孙贵贞, 顾静, 等 . 2007a. 陕西省靖边县不同土层含水量与干层差异研究 . 水土保持学报, 27 (5): 1-5

赵景波, 孙贵贞, 岳应利, 等 . 2007d. 关中平原人工林地的干层及其成因 . 地理研究, 26 (4): 763-772

赵景波, 王长燕, 刘护军, 等 . 2010d. 陕西洛川黄土剖面上部土层水分入渗规律与含水条件研究 . 水文地质工程地质, 37 (1): 124-134

赵景波, 王长燕, 岳应利, 等 . 2007b. 西安地区人工林土壤干层与水分恢复研究 . 自然资源学报, 22 (6): 890-895

赵景波, 王长燕, 周旗, 等 . 2010b. 兰州市黄河近代漫滩沉积与洪水事件研究 . 陕西师范大学学报 (自然科学版), 38 (2): 83-88

赵景波, 王长燕 . 2009. 兰州黄河高漫滩沉积与洪水变化研究 . 地理科学, 29 (3): 409-414

赵景波, 邢闪, 董红梅, 等 . 2011g. 西安蓝田杨家湾黄土中第一层古土壤 (S_1) 元素含量与环境 . 第四纪研究, 31 (3): 514-521

赵景波, 邢闪, 马延东 . 2012a. 刚察县不同植被类型的土壤水分特征研究 . 水土保持通报, 32 (1): 14-18

赵景波, 邢闪, 邵天杰, 等 . 2012b. 腾格里沙漠南缘沙层含水量与水分平衡研究 . 自然资源学报, 27 (3): 480-488

赵景波, 邢闪, 周旗 . 2012c. 关中平原明代霜雪灾害特征及小波分析研究 . 地理科学, 32 (1): 81-86

赵景波, 殷雷鹏, 刘护军 . 2009c. 陕西长武黄土剖面 $S_1 \sim L_4$ 土层入渗率与成因 . 海洋地质与第四纪地质, 29 (5): 123-130

赵景波, 殷雷鹏, 郁耀闯, 等 . 2009e. 陕西长武黄土剖面 $L_3 \sim S_6$ 土层渗透性研究 . 第四纪研究, 29 (1): 109-116

赵景波, 郁科科, 邵天杰, 等 . 2011h. 腾格里沙漠沙层水分状况初步研究 . 资源科学, 33 (2): 259-264

赵景波, 张冲, 董治宝, 等 . 2011j. 巴丹吉林沙漠高大沙山粒度成分与沙山形成 . 地质学报, 85 (8): 1389-1398

赵景波, 张允, 陈宝群, 等 . 2009d. 陕西洛川中更新统下部黄土入渗规律研究 . 土壤学报, 46 (4): 965-972

赵景波, 周旗, 陈宝群, 等 . 2011i. 咸阳地区近年苹果林地土壤含水量动态变化 . 生态学报, 31 (18): 5291-5298

赵景波, 周晓红, 顾静 . 2008d. 西安草滩渭河古河漫滩沉积与洪水变化 . 水土保持学报, 22 (3): 36-42

赵景波, 朱显谟 . 1999. 黄土高原的演变与侵蚀历史 . 土壤侵蚀与水土保持学报, 5 (2): 58-63

赵静，师尚礼．2010．灌溉量对土壤水分和苜蓿生长的影响．山西农业科学，38（7）：48-52

赵鹏宇，徐学选，刘普灵，等．2009．黄土丘陵区不同土地利用方式土壤入渗规律研究．水土保持通报，29（1）：40-44

赵小军．2009．浅谈青海湖区域草地生态环境问题及治理对策．草业与畜牧，11（1）：28-30

赵勇钢，赵世伟，曹丽花，等．2008．半干旱典型草原区退耕地土壤结构特征及其对入渗的影响．农业工程学报，24（6）：14-20

郑度，姚檀栋．2004．青藏高原形成演化及其环境资源效应研究进展．中国基础科学，6（2）：15-21

郑燕燕，冯绍元．2009．沟灌条件下层状土壤入渗与排水实验研究．灌溉排水学报，28（5）：30-33

中国科学院兰州地质研究所．1979．青海湖综合考察报告．北京：科学出版社：1-25

钟兆站，赵聚宝，薛军红，等．1996．晋中东山地区褐土土壤水分特征的测定与研究．中国农业气象，17（3）：1-6

周笃珺，马海州，山发寿，等．2006．青海湖流域及周边地区的草地资源与生态保护．资源科学，28（3）：94-101

周毛措．2010．青海省共和县天然草地产草量地面监测报告．养殖与饲料，（12）：92-93

周旗，郁耀闯，赵景波．2007．陕西咸阳和户县人工林地土壤含水量研究．生态经济，（1）：32-35

周旗，赵景波．2011．关中地区干旱化的环境响应与适应对策．北京：科学出版社

周择福，洪玲霞．1997．不同林地土壤水分入渗和入渗模拟的研究．林业科学，33（1）：9-17

朱冰冰，张平仓，丁文峰，等．2008．长江中上游地区土壤入渗规律研究．水土保持研究，28（4）：43-47

朱幼军，郭志成，苏吉安．2007．呼伦贝尔天然林草植被退化及防治对策．内蒙古林业科技，33（3）：42-45

朱震达．1989．中国沙漠化研究进展．中国沙漠，9（1）：1-13

朱显谟．2006．重建土壤水库是黄土高原治本之道．中国科学院院刊，21（4）：320-324

Al-Nabulsi Y A. Saline drainage water, irrigation frequency and crop species effects on some physical properties of soil. 2001. Agronomy & crop science, 186, 15-20

Anne H, Tobias V, Katrin V, et al. 2009. Impact of climate change on soil moisture dynamics in brandenburg with a focus on nature conservation areas. Ecological Modelling, 220（17）：2076-2087

Atrick J. 2002. Use of limited soil property data and modeling to estimate root zone soil water content. Journal of Hydrology：272：1-2

Boix F C. 1997. The role of texture and st ructure in the water retention capacity of burnt mediterranean soils with varying rainfall. Catena, 31（3）：219-236

Brakensiek D L, Rawls W J. 1994. Soil containing rock fragments：effects on infiltration. Catena, 23：99-110

Broecker W S. 1998. The end of the present interglacial how and when? Quaternary Science Reviews, 17：689-694

Budagovskii A I. 1985. Soil water resources and available water supply of vegetation cover. Water Resources, 12（4）：317-325

Campbell G S. 1974. A simple method for determining unsaturated conductivity from moisture retention data. Soil Science, 117：311-314

Chen J, Chen Y, Liu L W, et al. 2006. Zr/Rb ratio in the Chinese loess sequence and implication for changes in the East Asian winter monsoon strength. Geochimica et Cosmochimica Acta, 70：1471-1482

Cheng Hai. 2004. The mutation study of global climate argues or acts. Chinese Science Bulletin, 49（13）：1339-1344

Ding Z L, Yu Z W, Rutter N W, et al. 1994. Towards an orbital time scale for Chinese loess deposits. Quaternary Science Reviews, 13: 39-70

Fedoroff N, Goldberg P. 1982. Comparative micromorphology of two Pleistocene palaeosols in the Paris Basin. Catena, 9: 227-251

Fink J, Kukla G J. 1977. Pleistocene climates in central Europe: at least 17 interglacials after the Olduvai event. Quaternary Research, 7: 363-371

Franzluebbers A J. 2002. Water infiltration and soil structure related to organic matter and its stratification with depth. Soil & Tillage Research, 66: 197-205

Frederick S, Royce C W, Fraisse G A. 2011. ENSO classification indices and summer crop yields in the Southeastern USA. Agricultural and Forest Meteorology, 151: 817-826

Gallet S, Jahn B M, Trii M. 1996. Geochemical characterization of the Luochuan loess-paleosol sequence, China, paleoclimatic implications. Chemical Geology, 33: 67-88

Gardner W R, Hillel D, Benyamini Y. 1970. Post irrigation movement of water: I. Redistribution. Water Resource Research, 6: 851-861

Grayson R B, Western A W. 1998. Towards area estimation of so water content from point measurements: time and space stability of mean response. Journal of Hydrology, 207: 68-82

Green W H, Ampt G A. 1911. Studies on soil physics: 1. The flow of air and water though soil. Journal of Agriculture Science, 4: 1-24

Guo Z T, Liu T S, Fedoroff N, et al. 1998. Climate extremes in loess of China coupled with the strength of deep-water formation in the North Atlantic. Global and Planetary Change, 18: 113-128

Hell F, Liu T S. 1986. Paleoclimate and sedimentary history from magnetic susceptibility of loess in China. Geophysical Research Letters, 13: 1169-1172

Horton R E. 1940. An approach to ward a physical interpretation of filtration-capacity. Soil Science Society of America Journal, 5: 399-417

Jasper K, Calanca P, Fuhrer J. 2006. Changes in summertime soil water patterns in complex terrain due to climatic change. Journal of Hydrology, 327: 550-563

Jin Z D, Cao J J, Wu J L, et al. 2006. A Rb/Sr record of catchment weathering response to Holocene climate change in Inner Mongolia. Earth Surface Processes and Landforms, 31: 285-291

Kohfeld K E, Harrison S P. 2003. Glacial-interglacial changes in dust deposition on the Chinese Loess Plateau. Quaternary Science Review, 22: 1859-1878

Kostiakov A N. 1932. On the dynamics of the coefficient of water percolation in soils and on the necessity of studying it from dynamic point of view for purposes of amelioration. Soil Science, 97: 17-21

Kukla G J. 1987. Loess strata in central China. Quaternary Science Reviews, 6: 191-219

Kukla G J, Heller F, Liu X M, et al. 1988. Pleistocene climates in China dated by magnetic susceptibility. Geology, 16 (9): 811-814

Lau K M, Weng H Y. 1995. Climate signal detection using wavelet transform: how to make a time series sing. Bulletin of the American Meteorological Society, 76: 2391-2402

Liu W Z, Zhang X C, Dang T H, et al. 2010. Soil water dynamics and deep soil recharge in a record wet year in the southern Loess Plateau of China. Agricultural Water Management, 97: 1133-1138

Lu H Y, Zhang F Q, Li X D. 2004. Periodicities of paleoclimatic variations recorded by the loess-paleosol sequence in China. Quaternary Science Reviews, 23: 1891-1900

Lvovich M I. 1980. Soil trend in hydrology. Hydrological Sciences Bulletin, 25: 33-45

Machiwa L D, Jha M K, Mal B C. 2006. Modeling infiltration and quantifying spatial soil variability in a wasteland of kharagpur, India. Biosystems Engineering, 95: 569-582

Maher B A, Thompson R. 1995. Paleorainfall reconstructions from pedogenic magnetic susceptibility variations in the Chinese loess and paleosols. Quaternary Research, 44: 383-391

Mehrotra R. 1999. Sensitivity of runoff, soil moisture and reservoir design to climate change in central inland river basins. Climatic Change, 42: 725-757

Meyers S D, Kelly B G, O′Brien J J. 1993. An introduction to wavelet analysis in oceanography and meteorology: with application to the dispersion of Yanai waves. Monthly Weather Review, 121: 2858-2866

Michael H C, Thomas J J, Susan M, et al. 2008. Temporal persistence and stability of surface soil moisture in a semi-arid watershed. Remote Sensing of Environment, 112: 304-313

Nassar I N. 1996. Thermally induced water movement in uniform clay soil. Soil Science, 162: 471-479

Paolo N, Tamir K, Giovanni B C, et al. 2009. Scaling soil water retention functions using particle-size distribution. Journal of Hydrology, 374: 223-234

Patricio G, Jinsheng Y, Kenneth G H, et al. 2010. Soil water recharge in a semi-arid temperate climate of the Central U.S. Great Plains. Agricultural Water Management, 97: 1063-1069

Philip J R. 1957. The theory of infiltration: 5. the influence of the initial moisture content. Soil Science, 84: 329-339

Porporato A, Daly E, Rodriguez I. 2004. Soil water balance an ecosystem response to climate change. American Naturalist, 164: 625-632

Porter S C, An Z S. 2005. Episodic gullying and paleomonsoon cycles on the Chinese Loess Plateau. Quaternary Research, 64: 234-241

Raats P A C. 2001. Developments in soil-water physics since the Mid-1960s. Geoderma, 100: 355-387

Ritsema C J. 1999. Special issue: preferential flow of water and solutes in soil. Journal of Hydrology, 215: 1-3

Ruddiman W F, Prell W L. 1997. Introduction to the uplift-climate connection. In: Ruddiiman W F. Tectonic Uplift and Climate Change. New York: Plenum Press: 3-15

Ruddiman W F, Raymo M E, Martionson D G, et al. 1989. Pleistocene evolution: north hemisphere ice sheets and North Atlantic Ocean. Paleooceanography, 4: 453-462

Satori G, Williams E, Lemperger I. 2009. Variability of global lightning activity on the ENSO time scale. Atmospheric Research, 91: 500-507

Sonia I S, Thierry C, Edouard L D, et al. 2010. Investigating soil moisture-climate interactions in a changing climate: a review. Earth Science Reviews, 99: 125-161

Stevens T, Thomas D S G, Armitage S J, et al. 2007. Reinterpreting climate proxy records from late Quaternary Chinese loess: a detailed OSL investigation. Earth Science Review, 80: 111-136

Tang C L, Piechota T C. 2009. Spatial and temporal soil moisture and drought variability in the Upper Colorado River Basin. Journal of Hydrology, 379: 122-135

Torrence C, Compo G P. 1998. A practical guide to wavelet analysis. Bulletin of the American Meteorological Society, 79: 61-78

Trenberth K E. 1997. The definition of El Niño. Bulletin of the American Meteorological Society, 78: 2771-2777

Zeleke T B, Si B C. 2006. Characterizing scale-dependent spatial relationships between soil properties using multifractal techniques. Geoderma, 134: 440-452

Zhao J B. 1992. Illuvial depth of $CaCO_3$ of the paleosols in the loess of Guanzhong Plain. Chinese Science

Bulletin, 37: 403-407

Zhao J B. 2003. Paleoenvironmental significance of a paleosol complex in Chinese loess. Soil Science, 168: 63-72

Zhao J B. 2004. The new basic theory on Quaternary environmental research. Journal of Geographical Sciences, 14 (2): 242-250

Zhao J B. 2005a. Middle Holocene soil and climatic migration. Soil Science, 170 (4): 292-299

Zhao J B. 2005b. Desert-steppe migration on the Loess Plateau at about 450 kaBP. Journal of Geographical Sciences, 15 (1): 115-122

Zhao J B. 2005c. The five major changes in the evolution of the Loess Plateau. Journal of Geographical Sciences, 15 (4): 475-483

Zhao J B, Cao J J, Shao T J. 2012a. Discovery and study of silver surfate mineral in S_5 from the eastern suburb of Xi'an. Science China (Earth Sciences), 55 (3): 456-463

Zhao J B, Chen B Q, Du J, et al. 2006. Karst division in vertical cycle zone and its significance. Journal of Geographical Sciences, 16 (4): 472-478

Zhao J B, Du J, Chen B Q. 2007. Dried earth layers of artificial forestland in the Loess Plateau of Shaanxi Province. Journal of Geographical Sciences, 17 (1): 114-126

Zhao J B, Gu J, Du J. 2008. Climate and soil moisture environment during development of the fifth paleosol in Guanzhong Plain. Science China (series D), 51 (5): 665-676

Zhao J B, Long T W, Wang C Y, et al. 2012b. How the Quaternary climatic change affects present hydrogeological system on the Chinese Loess Plateau: a case study into vertical variation of permeability of the loess-palaeosol sequence. Catena, 92: 179-185

Zhao J B, Wang C Y, Jin Z D, et al. 2009. Seasonal variation in nature and chemical compositions of spring water in Cuihua Mountain, Shaanxi Province, central China. Environmental Geology, 57: 1753-1760